新文科·中国语言文学系列教材

丛书总主编 王本朝

美学原理

主　编　寇鹏程

副主编　何林军　谭玉龙　廖茹菡

西南大学出版社
国家一级出版社　全国百佳图书出版单位

图书在版编目(CIP)数据

美学原理/寇鹏程主编. -- 重庆：西南大学出版社，2024.4
新文科：中国语言文学系列教材
ISBN 978-7-5697-1907-9

Ⅰ.①美… Ⅱ.①寇… Ⅲ.①美学理论—高等学校—教材 Ⅳ.①B83-0

中国国家版本馆CIP数据核字(2023)第196111号

美学原理
MEIXUE YUANLI

主编◎寇鹏程

| 总 策 划：杨　毅　杨景罡
| 执行策划：钟小族　鲁　艺
| 责任编辑：陈铎夫
| 责任校对：钟小族
| 整体设计：魏显锋
| 排　　版：吕书田
| 出版发行：西南大学出版社（原西南师范大学出版社）
| 　　　　　重庆·北碚　邮编：400715
| 印　　刷：重庆新荟雅科技有限公司
| 成品尺寸：185 mm×260 mm
| 印　　张：16.5
| 字　　数：333千字
| 版　　次：2024年4月第1版
| 印　　次：2024年4月第1次
| 书　　号：ISBN 978-7-5697-1907-9
| 定　　价：59.00元

新文科·中国语言文学系列教材

丛书编委会

主　任　王本朝

委　员（按姓氏笔画排序）

邓章应　苏宏斌　李　立　李卫东

杨　观　吴翔宇　邱庆山　张春泉

陈文新　陈寿琴　林启柱　周锦国

赵锦华　荣维东　段茂升　姜　飞

凌孟华　黄劲伟　梅　杰　寇鹏程

程　翔　管新福

本书教学资源

联系电话:023-68252455

总序

"新文科·中国语言文学系列教材"是由西南大学文学院和西南大学出版社合作出版的一套教材。在工作开展过程中,确立的编写目标,就是贯彻落实新文科理念。新文科建设勃兴于新时代,是对传统文科的革故鼎新。新文科新在哪里?它要求围绕培养堪当民族复兴大任的德智体美劳全面发展的时代新人,构建展现中国实践、凝练中国经验、体现中国智慧、发出中国声音的文科学派,形成交叉、融合、守正、创新的文科形态和目标。新文科之新,体现在多个方面。从学科维度,它主要体现在人文精神的主题变化、多学科交叉融合、信息技术的渗透和影响等;从历史维度,它是人文精神随历史发展而不断演变的必然结果;从时代维度,它是教育领域应对"百年未有之大变局"和"人文学科危机"的产物;从中国维度,它是构建中国学科体系、话语体系、学术体系的必然要求,突出人才培养立德树人的中心地位。新文科之"新"不仅是新旧之"新",更是创新之"新"。唯其如此,方能体现新文科的本质和核心要义。创新之意重在价值重塑和交叉融合。相对于自然科学,人文学科具有以"人"为中心的价值理性,带有鲜明的主观性、民族性、理念性和意识形态特征。

新文科建设带来了一场革命,谈得最多的则是突破小文科思维,构建大文科视野,注重与其他学科的交叉融合。学科交叉和科际整合,已经成为推动学科建设的重要手段。新文科的最大特点是文理交叉。在方法论上,传统人文社科的方法,转向了运用现代科技、信息技术和人工智能,特别是运用算法,将文科的定性方法与定量方法相统一,彰显了新文科的科学性。如何建设新文科,则需要在理论体系、学科体系、教学体系、评价体系上积极探索,强化价值引领、打造数字人文、彰显文科质性。建构新文科理论体系,应把握过去,面向未来,扎根中国大地,厚植中华文明,坚定文化自信,着力阐释中国精神、中国价值、中国力量,提升中国学术的话语权,同时借鉴汲取人类文明中一切有价值、有意义的思想成果,坚持守正创新,贡献学术新知和学理创见,不断扩展人类的知识疆域和理论边界。要深刻解读历史性变革中蕴藏的内在逻辑,运用中国理论解读中国实践,为新时代社会发展提供强大精神动力和理论支撑。

建构新文科教学体系,就要持续做好现有专业、方向、课程的更新、优化、改造、提升和赋能,同时加快对新专业或新方向、新课程的探索与拓展。对现代大学而言,学科是引领,专业是方向,课程就是基础。我们主持编写的"新文科·中国语言文学系列教材",主要针对汉语言文学、中文国际教育相关专业。汉语言文学是中国大学最早开设的专业之一,最早出现于19世纪末,1980年代以后,得到了快速发展,对中国人文科学做出了重大贡献。它的课程一般分为三类,除必修的公共课程外,还有专业必修课程和选修课程。专业必修课程,即所谓的老八门,"文学类"有"文学概论""中国古代文学史""中国现当代文学史""外国文学史","语言类"有"语言学概论""古代汉语""现代汉语",再加上"写作学"。虽名称有差异,如"文学概论",也称为"文学原理""文学基本理论","写作学"也有称"文学写作""创意写作"的。无论怎样,中文专业的基本课程总是脚踩在两条船——语言和文学上。学好基础课程,才会转身灵活。至于专业选修课,那是五花八门,多种多样,不同学校根据教师治学专长开设不同课程。围绕中外经典作家作品,可开设如杜甫、李白、苏轼、李清照、鲁迅、莎士比亚等作家专题课程,以及《诗经》《楚辞》《战国策》《红楼梦》《野草》等专书课程,还有某种文体及流派研究等课程。

这是中国语言文学专业的基本课程,因存在不同区域、不同层次、不同类型的差异,在统一课程名称下面,主要还是通过教材和教法来体现。编写"新文科·中国语言文学系列教材",就意在向上接通新文科理念,向下立足专业差异,特别是区域和层次差异,对中国语言文学专业课程进一步优化和完善,保证课程、教材、教学和学生的无缝对接,体现学生、学术、学科一体化发展。积极贯彻新文科理念,坚持以文化人、以文培元之宗旨,真切体验文学之"道",感悟语言之"教",倡导新语文思维,坚守语言文学的工具性与存在性、概念性与审美性、人文性与生态性相统一,真正践行新文科人才培养的特色、全面、综合之路,不断提高人才培养质量。

我们相信,一时代有一时代的学科,新时代呼唤新文科。从传统文科到新文科,显然不是对传统文科的否定和颠覆,而是进一步推动传统文科与时俱进、自我转型、自我变革。这套教材的编写就是在原有教材和教学实践基础上,以原创性、可读性、可操作性为原则,着重培养中国语言文学的应用型、复合型人才,同时坚持体例统一、各有侧重、区分主次的编写原则。我们的倡议,很快就得到了国内兄弟院校的积极响应,一批知名专家、教授担任主编、副主编或直接参与编写,负责总撰和统稿,既保证了坚实的学术质量,又融入了丰富的教学实践。可以说,这是一套具有前沿性、学术性、科学性和实用性的专业教材。

2023年孟冬

目录

第一章 美学学科 /1
第一节 美学学科的诞生 …………………… 4
第二节 美学的研究对象 …………………… 10
第三节 中国美学的发展 …………………… 16
第四节 西方美学的进程 …………………… 28

第二章 美的定义 /43
第一节 美学史上定义美的各种视角 ……… 45
第二节 美的定义 …………………………… 54

第三章 美的特点 /65
第一节 美的形象性 ………………………… 67
第二节 美的非功利性 ……………………… 70
第三节 美的情感性 ………………………… 73
第四节 美的时代性 ………………………… 77
第五节 美的民族性 ………………………… 80

第四章 审美活动 /85

第一节 审美活动的产生 …… 87
第二节 审美活动的过程 …… 92
第三节 审美活动的特点 …… 110

第五章 审美范畴 /117

第一节 优美 …… 119
第二节 崇高 …… 122
第三节 喜剧 …… 127
第四节 悲剧 …… 134
第五节 意境 …… 140

第六章 艺术 /147

第一节 艺术的各种定义 …… 150
第二节 艺术的存在 …… 158
第三节 艺术的创作 …… 164
第四节 艺术的类型 …… 177

第七章 审美教育 /199

第一节 美育的历史演进 …… 201
第二节 美育的特征 …… 234
第三节 现代性与美育 …… 241

后记 /253

第一章　美学学科

本章概要

本章主要介绍与美学学科有关的基本问题。首先介绍从原始社会以来人类审美活动与审美意识的发展,以及美学作为一门学科诞生的情况;其次介绍美学的研究对象问题,在说明理论家对于这一问题的看法之后,解释我们对这方面的认识;再次介绍中国美学思想史发展概况;最后介绍西方美学思想史发展概况。

学习目标

1.了解:美学学科建立的基本情况;美学的研究对象;中西美学思想发展的基本脉络。

2.理解:作为人类实践的审美活动与作为学术思考的美学学科之间的联系与区别;美学与哲学之间的关系;中西美学思想发展的阶段性与延续性。

3.掌握:为提高创造与欣赏美的能力所应奠定的学科理论基础;为培养健康积极的审美观、人生观、世界观所需的审美历史知识;为增强对民族传统的审美自信、弘扬中华优秀传统文化所应具备的审美眼界与哲学基础。

学习重难点

学习重点

1.美学学科建立的历史。
2.中国美学思想史发展概况。
3.西方美学思想史发展概况。

学习难点

1.美学与哲学、文艺学、心理学、人类学等学科之间的联系。
2.美学研究对象确立的逻辑性和现实基础。
3.中西美学发展史上的主要代表人物及其思想。

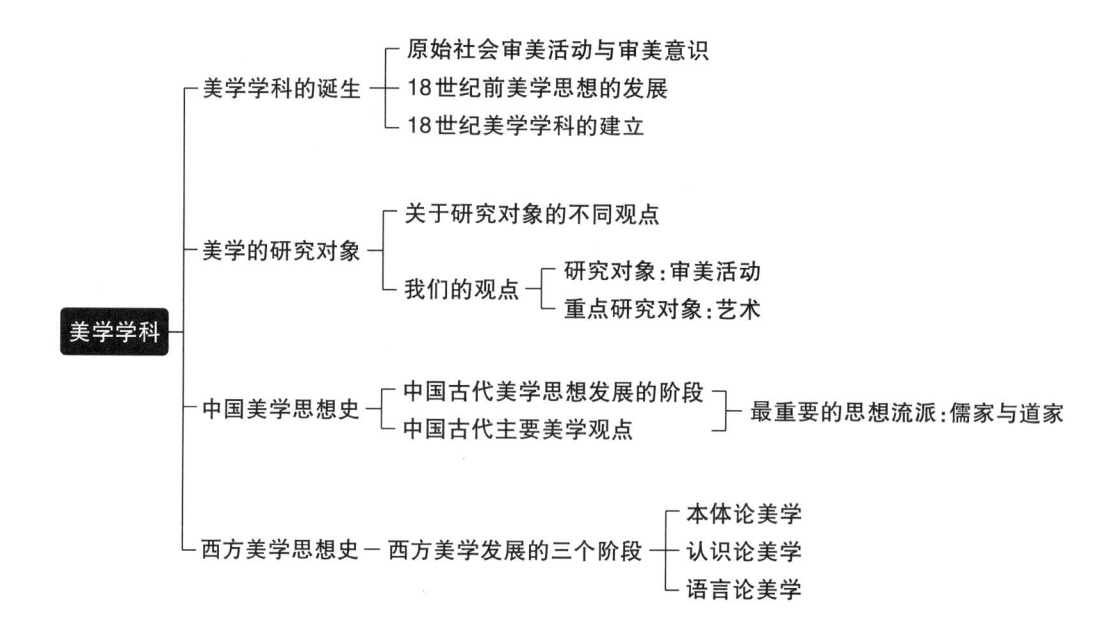

思维导图

- 美学学科
  - 美学学科的诞生
    - 原始社会审美活动与审美意识
    - 18世纪前美学思想的发展
    - 18世纪美学学科的建立
  - 美学的研究对象
    - 关于研究对象的不同观点
    - 我们的观点
      - 研究对象：审美活动
      - 重点研究对象：艺术
  - 中国美学思想史
    - 中国古代美学思想发展的阶段 — 最重要的思想流派：儒家与道家
    - 中国古代主要美学观点
  - 西方美学思想史 — 西方美学发展的三个阶段
    - 本体论美学
    - 认识论美学
    - 语言论美学

美学是对与"美"有关的一切问题的理论性思考。要思考美、研究美,首先必须去感受美。"美"是一个令人神往的字眼。它如明珠般散落在自然界,凝结于人类社会漫长的历史中,也回响于文学、绘画、雕塑、音乐、影视等艺术领域,并可分为自然美、社会美与艺术美。

先看自然美。怪石奇木,长河峻岭,流云朝霞,异草香卉,诸如此类,都是自然的美。大江东去浪淘尽的长江,奔流到海不复回的黄河……这一道道水有如自然写给人类的歌行;秀丽深幽的峨眉、青城,险峻奇拔的泰山、华山……这一座座山仿佛自然赐给人类的盆景。在陶渊明、谢灵运、李白、杜甫、韩愈、柳宗元、苏轼、曹雪芹、雪莱、普希金、梭罗、哈代、海明威等人的文字里,可见自然界的山山水水具有令人心旷神怡的审美效果。

再看社会美。社会美全是人类直接创造的审美成果,内容涉及人类社会的方方面面,是人类文明中特殊、优秀的组成部分。长城、故宫、金字塔、泰姬陵、"空中花园"、秦始皇兵马俑,这些古代世界中的文化奇迹,都属于广义的社会美。浮于云端的高山梯田、蜿蜒萦回的盘山公路、精致玲珑的水果雕塑、舒适宜人的家居环境,这些也都是社会美。它们是人的本质力量生动而有力的体现,是人类智慧和汗水的结晶。

最后看艺术美。艺术美是社会美中的特殊成员,其特殊性主要体现于艺术美是人们用不同符号(如文字、线条、色彩、形体、光影等)对外面的客观世界和自己内心的主观世界所的审美呈现。如音乐方面,从小提琴协奏曲《梁祝》的低回旋律中,我们仿佛一面听见了天下有情人在倾诉希望聚首的情愫,一面感受到他们对不得不分离的幽怨;所以,那两只拍翅远飞的蝴蝶,将诀别的伤口印在中国文化的上空,久久难以愈合。又如雕塑方面,从米开朗琪罗《哀悼基督》令人叹为观止的立体造型中,我们可以看见圣母玛利亚失去儿子的悲伤和那份圣洁的母爱;因为母爱的圣洁,所以作者宁愿把年老的母亲塑造成一个青春美丽的少女形象。

自然的、社会的、艺术的美组成一条立体的缤纷的画廊。从古至今,美的画廊上总是人头攒动。为了美,人间还生出许多故事。沉鱼落雁、闭月羞花、东施效颦、看杀卫玠、烽火戏诸侯,诸如此类的传说广为传播。还有发生在埃及艳后与两位古罗马名人恺撒和安东尼之间的故事,不仅震动了埃及,也让地中海周围的历史有所变化,以至于法国帕斯卡尔在《思想录》中说:如果克莉奥佩屈拉的鼻子再短一点的话,整个地球的

米开朗琪罗的《哀悼基督》,既表现丧子的悲痛,又突出母爱的圣洁。

面貌将为之改观。在神话里,著名的特洛伊之战则起因于"不和女神"厄里斯的一个苹果。在帕里斯王子将题着"献给最美的女神"的金苹果判给美神阿佛罗狄忒(即罗马神话中的"维纳斯")之后,美神穿过智慧女神雅典娜和"权力后台"赫拉(宙斯之妻)错愕的目光,带着帕里斯拐跑了斯巴达国王的妻子海伦。战争因此爆发了。

　　俗话讲,爱美之心,人皆有之。对美的喜爱应是人类的一种心理本能,美与真、善一起构成人类追求的三个基本目标。但美的真面目又使人很难看清楚,以至于有人将它比喻成难解的司芬克斯之谜。古希腊哲人柏拉图在他的《大希庇阿斯篇》中借苏格拉底之口说:"美是难的。"但人类从未放弃对"美"的追问与研究,一直在尽力解开美神维纳斯的面纱。从大千世界中美的现象入手,对美的发问和反思,就构成了美学的历史。美学一般要说明如下问题:①从现象上指明美在哪里(where);②从依据上解释为什么美(why);③从本质上剖析美是什么(what);④从实践上指导如何欣赏和创造美(how)。可见,为了追求美,应该走近美学。"美"是"美学"的源头活水,"美学"则是对"美"的归纳。

第一节　美学学科的诞生

　　学界公认的一个说法是:美学作为一门独立学科而诞生,其时间是在1750年。这意味着,"美学学科的历史"迄今不到300年。但是,"美学本身的历史"(即对美进行思考的历史)却比这要长得多,从逻辑上讲,可以上溯到原始社会;从事实上看,在中国的春秋战国时期和西方的古希腊时期,就有了辉煌的起点。历史上对美的认识以及理论思索,是美学学科诞生的基础和前提。据现有资料看,在旧石器时代中晚期,人类就有比较充分的审美和艺术活动了。在那个时候,人们的审美和艺术活动带有明显的实用目的:它们首先不是"为艺术而艺术"的活动,而是"为生存而艺术"的活动。不管这类活动的性质如何,它们都显示和证明了人类对美和艺术有了某种意识,并且能够将其运用到实践中。虽然原始社会的审美意识可能还比较粗糙、朦胧,但通过遗传、积淀、学习与传播等途径,可以影响与指导后来的审美活动,并逐渐成熟和丰富,为后世美学理论的建构准备了第一笔财富,成为美学学科诞生的历史资源。当文字产生以后,逐步走向自觉的美学构建,又为美学学科的产生准备了直接的养料。美学学科的从无到有,经历了一个漫长的发展过程。这一过程可以细分为三个阶段:

第一个阶段是原始社会中审美意识的形成。由于此时的人类思维还没有理论的自觉性,以及囿于生存的艰难和文字的缺乏等条件,审美活动大多停留于朦胧、直观的认识水平之上,不太可能形成具有体系的美学学说。这些朦胧的认识也不可能流传后世,今天人们只能通过文物来推测古人的审美意识。

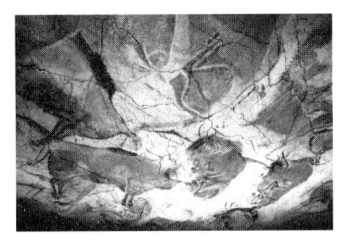

"史前西斯廷教堂"——西班牙阿尔塔米拉洞穴的壁画"野牛"。这种绘画主要不是为了"艺术",而是为了"生存"。捕获野牛,首先要熟悉野牛,获得征服野牛的知识与力量。

第二个阶段是文字产生以后美学思想与美学理论的日渐丰富。文字的产生被视为人类走出原始社会、进入文明社会的标志之一。文字产生之后,人类活动的专业化分工开始加速和细化,独立的审美与艺术活动也日益增多。随着人类思维能力和认识水平的提高,历史上逐渐出现了各种美学思想或美学理论。

第三个阶段是1750年美学学科的诞生。这一年,德国美学家鲍姆嘉通出版了历史上第一部以"美学"为题的著作,并确立了美学的专门研究对象。这标志着美学作为一门独立的学科的诞生,鲍姆嘉通因此被称为"美学之父"。此后,美学研究进入更加自觉和繁荣的阶段。

一、原始社会中审美意识的形成

审美意识是指人对于审美现象和审美活动的看法。人类诞生之初,抽象思维还不发达,因此当时的审美意识一般是朴素而不自觉的。审美意识源于人们的审美经验,但它又制约人们对审美经验的评价,指导审美活动的展开。如此循环,审美意识经历了一个从不太清晰到逐渐清晰、从不太成熟到日益成熟的发展过程。人们在自己的生活实践中从事带有审美性质的活动,会产生一定的审美经验和审美意识,但因为文字的匮乏,其原貌和具体情形难以为后人所确切了解,所以我们只能凭借原始社会留下来的雕塑、绘画、乐器和其他实物来推测。

要了解原始人的审美意识,首先必须了解原始人的审美活动。以今天的眼光来看,可以纳入原始人审美活动范围的有:舞蹈、壁画、雕塑、乐器制作、对劳动工具的装饰以及人自身的美化等。但是,这些在当时是纯粹的审美活动吗?不是的。这是因为原始人的生存条件是极为艰难的,不仅时时有"天灾"——人与大自然的对抗,也处处有"人祸"——部落与部落

史前舞蹈记录:青海大通上孙家寨出土的舞蹈纹彩陶盆,距今约5000年。这是纯粹的艺术舞蹈吗?

之间的争斗。因此，原始社会的绝大多数时期不可能存在独立的审美活动，也没有专门的艺术人才。人们的一切活动首先是为了生存，出于为生存服务的实用目的，譬如岩画多以动物为描绘对象，主要目的是通过绘画使人们可以熟悉狩猎对象的习性，提高自己的狩猎本领。为了解决生存的难题，人们还发展出巫术，进而发展出舞蹈、绘画、音乐、雕塑和诗歌等等。巫术在人类社会分布广泛，类型多样，延续久远。巫术产生的原因不外乎强大的外部力量与人类自身的渺小之间强烈的反差，产生的目的则是乞求于神灵或神秘力量，以实现人与外部世界的和谐或者获得战胜外部世界的力量。所以，巫术产生的动机源于生存方面的实用心态。在原始社会，巫术几乎无所不在，常常借助各种仪式化活动来体现，如舞蹈、音乐、诗歌、雕塑、壁画等等，不少是直接从此类仪式化活动发展而来的。

所以，原始社会的审美与艺术活动多具有明显的巫术色彩。让我们以《维林朵夫的维纳斯》为例来说明这一点。这是一尊裸体雕塑，被发现于奥地利维林朵夫山洞中，属于石灰石圆雕，高约10厘米，宽5厘米。据考证，它距今3万年左右。雕塑头部是绳纹式卷发，面目五官不清，足部和手部省略，而乳房、大腿、臀部等与生殖相关的部位却得到了突出表现。雕塑粗壮的大腿向下逐渐变细连接小腿，很可能是为了便于插在泥土里以供人祭拜。从巫术方面来看，此雕塑具有女性崇拜、生殖崇拜等含义，这也是它被叫做"维纳斯"的原因之一。在神话里，维纳斯既是爱神与美神，又是生殖女神，因此史前有关生殖崇拜的女性雕塑都被后人冠以"维纳斯"的名称，像出土于法国的《罗塞尔的维纳斯》和宁夏大麦地的岩画（亦可看作岩石浮雕）《史前维纳斯》等作品都是如此。

《维林朵夫的维纳斯》：人类雕塑艺术的开端。在当时，这不是自觉的艺术，而是因生殖崇拜、女性崇拜的现实需要才产生的。

原始人类的实用心态和巫术行为，非但没有阻止反而还推动了审美和艺术行为的发展，于是，人们的审美意识也得以逐步丰富。这主要是因为巫术仪式是肃穆而神圣的，在仪式中，人们的态度极为虔诚，注意力也高度集中，这有利于细化人们的审美感受。虽然原始社会的审美和艺术行为多出自实用目的，难以摆脱巫术痕迹，不能以独立的形式存在，但毫无疑问，人们的审美能力和审美意识却在不自觉中得到了发展。

可以认为，原始社会遗留下来的审美产品是当时人们的实用考虑和审美追求相混杂的结果。一切活动围绕生存而展开，这阻碍了当时人们对美进行自觉而纯粹的创造和思考，因此当时的审美意识必然有朦胧、直观和不纯粹的一面。基于此，我们才可以理解人类进行审美创造和艺术活动的历史只有区区几万年；在史前人类的造型史上,先有动物的绘像,然后才以植物为审美对象;史前女性雕像都是面部模糊、手足粗糙但乳房饱胀、腹部隆起。所有的原因都归为,那个时候人类的一切活动都是围绕生存这一现实问题而展开的。不过,当时的审美与艺术活动与日常活动还是有区别的:日常活动是实用的、功利的,很难看出其中有什么审美因素和审美追求;而原始的审美与艺术活动则是实用性与审美性兼而有之,体现了人们对审美规律的某种把握和运用能力,也体现了人们对美的追求。比如,阿尔塔米拉洞窟内的各种动物壁画首先都是实用性、功利性的,但那熟练的色彩运用以及简练生动的动物造型,无疑体现了人们在色彩和形式规则等方面的把握能力。人类学家和考古学家还告诉我们:原始人磨光石器,首先是为了有利于劳动,其次体现了对形式的美感;原始人佩戴贝壳,既是为了驱邪避祸,也是为了美观与装饰。普列汉诺夫也认为,在非洲某些部落,男人喜欢戴上象牙或者野猪牙,是为了表示他们打死过大象或野猪,戴得越多表明他们打死的大象或野猪越多,他们在部落中也就越受尊重。很多没有打死过大象或野猪的人也想方设法戴上象牙或其他动物的牙齿,这样,佩戴象牙或其他饰物就慢慢失去实用意义,变成一个普遍的审美行为。从历时性的角度来看,随着时间的推移,人们的审美与艺术活动应该是实用性因素越来越薄弱,而审美性和超功利性因素越来越明显。

二、美学思想与美学理论的日益丰富

从原始社会进入文明社会,随着生存能力的提高和生活空间的扩大,以及思维水平的发展与审美活动的深入,人们提出了很多美学思想和美学理论,由于文字的出现,这些珍贵的思想与理论可以流传下来,惠及后人。原始社会的审美意识,大多是不自觉的感性直观认识,这是因为:第一,当时的审美活动是不纯粹的,因而审美意识也具有不纯粹的一面;第二,当时人们的理性认识水平还不发达。而美学思想、美学理论是理性认识的产物,是人们运用一定的概念范畴,对美的现象所展开的理性总结,与原始社会的审美意识比较,它们无疑更为深刻和全面。18世纪之前,孔子、荀子、老子、庄子、刘勰、严羽、柏拉图、亚里士多德等提出了比较丰富的美学主张,也有了一些以"部门美学"出现的纯粹的美学著作,像中国的《乐记》是音乐美学的专著,刘勰的《文心雕龙》、亚里士多德的《诗学》是文艺美学的专著,严羽的《沧浪诗话》是诗歌美学的专著。当然,在18世纪之前,大多数美学思想还散落在序跋诗文里,或混杂在历史文献、哲学典籍中,美学未能从哲学、伦理学或艺术学中独立出来,从自觉的学科意识角度来宏观地以"美"为研究对象的著作也未出现。

中国美学思想的第一次黄金时期出现在先秦,[①]而西方美学思想最早的辉煌归属于古希腊。这两个时期同属德国哲学家雅斯贝斯(Karl Jaspers)所谓的"轴心时代"(Axial Period)。他认为,在公元前500年前后(跨度范围为公元前800—前200年左右),中国、印度、古希腊以及包含伊朗、巴勒斯坦、以色列在内的阿拉伯地区,同时出现了思想上的辉煌,并对此后世界的发展产生了决定性的影响[②]。

轴心时代的古希腊美学是欧美美学的源头,也是西方美学史上很难逾越的高峰。西方学者梯利指出,希腊哲学从探究客观的本质开始。它最初主要是对外在的自然感兴趣(自然哲学),逐渐地转向内部,转向人类本身而带有人文主义性质。[③]由于那时候的美学依附于哲学,因此古希腊美学实际上也经历了这一变迁。古希腊最早的美学思想来自公元前6世纪的毕达哥拉斯学派,他们认为美在于数的比例与和谐。古希腊美学后经赫拉克利特、德谟克利特、苏格拉底等人的发展,到柏拉图手里进行了第一次大综合,亚里士多德又进行了第二次大综合。此后,这两人交错地影响着西方美学和艺术的发展进程。

轴心时代的先秦子学是中国美学的开端,先秦诸子百家尤其是儒、道两家确立了中国美学的基本面貌。中国古代虽无"美学"的名称,但有关美学的思想是丰富的,它的最早表现是老庄和孔孟美学思想。老子和孔子是中国美学的肇始。不过,中国美学史上关于美的最早论述却来自《国语·楚语上》中的一段话:"夫美也者,上下、内外、小大、远近皆无害焉,故曰美。若于目观则美,缩于财用则匮,是聚民利以自封而瘠民也,胡美之为?"伍举这种"无害曰美"的观点出自一种民本主义的立场,具有明显的社会功利性特点,开了将美学与伦理学混合在一起的先河。这种将美学与伦理学混合在一起的做法,在后来的儒家美学中得到了突出和强调。在先秦诸子百家中,除儒家和道家之外,其他各家也有自己的美学思想。墨家是先秦时期的显学,后来却逐渐衰落。从美学方面看,墨家坚持的是一种以民为本的功利主义美学;墨子思想中的尚贤、尚同、节用、节葬、非乐、非命、天志、明鬼、非攻、兼爱都体现了这一点。与墨家相比,法家的美学是一种极端的功利主义。韩非子尚质轻文,提出"文用而国乱",因此"以吏为师",其推崇霸道和刑法的思想在中国古代政治中颇有市场。这里附带说一下名家,其代表公孙龙有思辨兴趣,他提出的"白马非马",是中国古代哲学中非常值得重视的逻辑悖论,但因为中国古代文化一直关心的是现实生活,对逻辑悖论、哲学玄思缺乏兴趣,因此,当芝诺在西方世界被尊称为"科学家"时,公孙龙却在中国古代被归入"诡辩家"的行列。

---

① 此处指狭义的先秦,即春秋战国;本教材所讲的"先秦",一般指春秋战国。
② 卡尔·雅斯贝斯.历史的起源与目标[M].魏楚雄,俞新天,译.北京:华夏出版社,1989:8.
③ 弗兰克·梯利.西方哲学史[M].葛力,译.北京:商务印书馆,1995:7.

如果说古希腊是欧洲人的精神故乡,那么春秋战国则是中国人的心灵故土。它们对各自文化版图的影响可以说是空前的。在很大程度上,在相当长的时期内,它们在各自所属的文化区域内,不仅决定了思想的基本内容,也决定了思想的主要方法。西方人回望历史,总是首先回到古希腊;中国人把握世界,则总是回到春秋战国,回到孔孟、老庄或墨子。古希腊引领了欧洲的精神之旅,春秋战国则引领了中国的精神之旅。

三、美学学科的诞生和独立

中国古代有"美"字,但没有"美学"一词。中国古代也有丰富的美学思想和相关著作,如音乐美学(如《荀子·乐论》)、文艺美学(如《典论·论文》《文赋》《艺概》)等,但没有纯粹论"美"的著作,也没有美学这门学科。我们认为主要的原因在于:首先,中国古人"立言"的出发点不在理论思辨和形而上式的追问,而在于面对政治、心理和道德,直接回答现实问题,于是形成了中国古代文化中强大的实用理性主义传统,这一点在儒学那里最为明显。其次,中国古代有一种不相信甚至轻视语言的潮流,所谓的"言不尽意",即属于这一潮流。中国古代的各种理论,其语言大体是简略的;其思想表述只重结论,不重推论,如孔子讲"仁者爱人",对于何谓"仁"、如何做到"爱人"这些问题却没有向学生讲明;理论表达多感性描述而少理性梳理。再次,重视体悟与经验思维,缺乏抽象分析的传统。西方那种抽丝剥茧、条分缕析的理论思维和言说模式在中国古代并不发达。最后,诗歌是中国古代文学的正宗,受此影响,理论表述也具有诗化和诗意化特点,《文赋》《文心雕龙》《沧浪诗话》《人间词话》等著作,都是这方面的典范。

美学作为一门独立学科,首先诞生在西方,标志就是1750年鲍姆嘉通《美学》的出版。"美学"的德文原文是"Aesthetik",音译为"埃斯特惕卡";英语中的"Aesthetics",意思是"美学""审美学"等。而在鲍姆嘉通那里,其原意是感觉学、感性学,与"美学"的希腊语原意是相通的。"美学"的希腊语源头是αισqησs,即感觉、感知的意思。日本学者在翻译"Aesthetics"时,将它译为"美学",传进中国后被大家认可,并且流传开来。之所以说鲍姆嘉通《美学》的出版是美学学科诞生的标志性事件,源于两点:第一,这是第一本专门的系统的美学著作;第二,它确立了美学的独立研究对象,即人类的感性认识。他认为美学就是研究人的感觉的学问,美学即感性学。他指出,美是"感性认识的完善","与此相反的就是感性认识的不完善,这就是丑"。[①]

[①] 转引自朱光潜.西方美学史:上卷[M].北京:人民文学出版社,1979:297.

对于鲍姆嘉通的历史地位,学界的评价并不一致,有些人对他不以为然,像意大利美学家克罗齐在他的《美学史》里就说,"美学"这个名称虽然是鲍姆嘉通提出来的,并且流传下来了,但这个新名称却没有什么新内容。反之,克罗齐认为维柯的《新科学》才有资格被视为第一本独立的美学著作,维柯才是美学学科的创立者。但这个观点没有被学界所广泛采纳。

鲍姆嘉通之后,西方美学迎来了自古希腊以来的第二座高峰,这就是德国古典美学。在康德、歌德、席勒、费希特、谢林、黑格尔这些思想巨匠手里,德国古典美学完成了对西方美学集大成式的总结和发展。从19世纪中叶开始,美学学科建设进入快速发展阶段,出现了以德国里普斯为代表的"移情说"美学,以法国丹纳为代表的艺术社会学美学,等等。20世纪,美学进入一个更加多元化的时代,新意迭出,思潮林立,流派纷呈。

第二节　美学的研究对象

一、关于美学的研究对象的几种主要观点

1. 美学的研究对象是艺术

法国的丹纳在《艺术哲学》中提出,美学的研究对象就是艺术。但最有名的代表还是黑格尔。他认为美学实乃艺术哲学,其《美学》开宗明义地说,这些演讲是讨论美学的;它的对象就是广大的美的领域,说得更精确一点,它的范围就是艺术,或则毋宁说,就是美的艺术。黑格尔只重视艺术美的思考,而对其余审美类型有所贬低。

从实际情况来看,艺术美确实是人类从精神上掌握世界的一种独特方式,是人类审美理想的集中体现;了解了艺术美,就能更好地理解审美规律,进而促进对自然美和社会美的认识。但是仅以艺术美为对象,有两个问题:其一,把美学研究对象仅仅限定在艺术美的圈子里,就会把广泛的其他形态的美排除在外,比如自然美、社会美等,这无疑会影响美学研究的广度与深度;其二,在美学研究中片面强调艺术美而忽视其他,会使美学收缩为专门的艺术理论,从而既失去了美学研究应有的广度,又使艺术理论丧失其独立性和特殊性。

2.美学的研究对象是审美心理经验

随着自笛卡儿以来思想界对人的重视程度逐渐加深,以及随之而来的心理学的发展,一切心理学性质的美学基本上持这种观点,比如费希纳的实验美学、里普斯的移情说、阿恩海姆的格式塔心理学美学等,都是从人的审美心理经验入手来研究美。利用心理学知识来切入美学研究,不失为一条有启发性的途径,是对传统的自上而下的哲学思辨方法的纠偏,加深了对人类内在心理世界的了解。但完全选择心理学路径而忽视对其他方面的思考,并不能解决一切美学问题。在重视审美主体研究的同时,忽视了对审美客体的研究。心理学的描述法和实验归纳法有不稳定、不可靠、不全面的弊病,所以难以保证研究的客观性与科学性。

法国人丹纳在他的《艺术哲学》中,按照其社会学眼光,提出了著名的影响艺术的三因素说:时代、种族、环境。

3.美学的研究对象是人与现实的审美关系

车尔尼雪夫斯基提出"美是生活"的看法,认为美学的研究对象是现实生活,或者说,是人与现实的审美关系。将人与现实的审美关系当作美学的研究对象,使美学研究具有广泛而具有活力的根基,这是因为美或者属于生活,或者源于生活。但是车尔尼雪夫斯基忽视了对艺术的研究,认为艺术是比生活低一等的存在,如果说生活是黄金的话,艺术不过是纸币罢了。这就像黑格尔一样,走向了一个极端。黑格尔忽视了对自然美和现实生活美的研究,车尔尼雪夫斯基则贬低了对艺术的研究。

车尔尼雪夫斯基"美是生活"的观点虽不全面,却继承了俄国知识分子人本主义思想的优良传统,他认为真正的美就在老百姓的生活里。

二、美学的研究对象:审美活动

综合以上观点,我们认为美学的研究对象是审美活动,准确地说,是以艺术活动为重点的审美活动。

1.审美活动的内涵

所谓审美活动,是指人与对象紧密融合在一起的一种特殊过程,是人类的一种基本实践活动,是人与对象之间的审美关系的现实展开,也是人类在满足生存需要之后或忘却生存需要之际产生的一种高级的精神性活动,是富有情感愉悦和心灵自由的实践活动。通俗地说,审美活动包括人类发现美、创造美、欣赏美和评价美的一切活动。

审美活动是人类基本而特殊的实践活动。说审美活动是"基本的"人生实践，是指审美活动是人类生存过程中一种精神上的"必需"，无法设想，人的一生中完全没有审美这种精神活动会是什么样子。可以说，审美活动是人们的一种生活常态，即使贫穷、困顿，也可能停下脚步去欣赏路边的一朵野花。说审美活动是"特殊的"人生实践，原因在于：第一，审美活动是后发性的人类实践活动，而不是人类一开始就存在的活动。道理显而易见，人类首先是生存，其次才是发展。前面讲了，人类最初的活动都是实用的活动，在这些活动中逐渐萌发了审美活动。审美活动是从日常活动中逐渐成熟并慢慢独立出来的。第二，审美活动不是功利性的活动，即它的动机不是为了解决实际的生存问题，不是出于现实的利害关系的考虑，也很难解决我们在物质生存方面的实际难题。饿了，还是得吃饭；冷了，还是得穿衣……审美在这些方面是帮不上忙的。第三，审美活动是"奢侈性"的精神活动。"奢侈"是说审美活动只是一种精神活动。它既是后发的，即后于生存活动；又是高级的，是人的智力、情感和想象综合运作的心理过程。作为一种高级的精神行为，审美活动能使人获得情感愉悦与精神净化，拥有一种自由和超越的状态。这是因为审美活动摆脱了现实功利目的的羁绊，不是为占有某个对象的内容，不以眼前的现实利益或实际利害关系为目的，而主要是被对象的形象外观所吸引，以最终获得心理快感为目的。审美活动不同于道德伦理活动、科学认识活动等功利性的活动，因而它是轻松愉悦的，有利于我们从复杂的现实功利关系中超脱出来，在专注和忘我中，获得精神上的自由和超越。

2.审美活动作为美学研究对象的理由

第一，从学科性质上看。美学是一门综合性或跨学科性的人文学科。现代一般将科学分为自然科学、社会科学和人文科学（或人文学科）。自然科学是关于自然的知识体系，包括数学、物理学、天文学、地理学、地质学、生物学、生理学等，采用实验、实证方法和量化方式，追求精确性，最终目的是求真，研究结论是可以证实或证伪的。社会科学是关于人类社会的知识体系，研

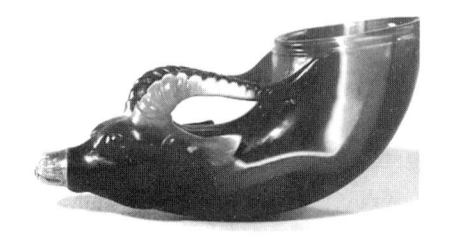

审美是轻松而愉悦的，如欣赏国宝级文物唐代兽首玛瑙杯（估计制作年代在8世纪前期，唐代玉器工艺精湛水平的代表）。

究对象是社会制度、社会机构、社会组织、社会关系等等，一般包括经济学、政治学、社会学、法学、人类学、心理学、管理学、新闻学、传播学等。和自然科学一样，社会科学多采用归纳、实验方法，它可以部分量化，也可以部分证实或证伪。而人文学科是关于人的生活与特性的知识体系，研究对象是人本身，更准确地说，是人类的精神现象。它很难量化，也很难证实或证伪。美学与其他人文学科一样，其社会效

应不是立竿见影的,而只能在人们长期的修"心"养"性"当中体现出来。它也很难像计算机专业那样,给人具体的技能,它所做的事情只是面对精神、提炼精神、领悟精神。简言之,人文学科是以人类精神现象为研究对象的知识门类,而审美活动是人类重要的精神活动,是精神活动中的高级形式,集中体现了以人为中心、关注人的精神品格的人文性,强调情感、想象等精神因素在其中的关键地位,人文关怀向度是审美的应有之义。基于此,美学应当以审美活动或审美关系为研究对象。

所谓"综合性"或"跨学科性",指的是美学研究需要利用哲学、文学、艺术学、伦理学、人类学、心理学等多种学科资源。美学是一门交叉学科,其研究具有跨学科的特点。其中哲学是美学的基础,历史地看,美学是哲学的一个分支,历史上大多数哲学家兼具美学家的身份,譬如孔子、孟子、老子、庄子、柏拉图、亚里士多德、康德、黑格尔、海德格尔、维特根斯坦等。文学艺术是美学最重要的分析对象,因此在大学中美学有设在哲学系的,也有设在中文系的。单纯的真(认识论的目标)或单纯的善(伦理学的中心)都不等于美,只有当真或善取得某一形式时才是美的。美的东西包含真与善的因子,美是真善统一的生动形式,于是,美学与认识论、伦理学也是相关的,高尔基因此指出,美学是未来的伦理学。

海德格尔,20世纪西方最有影响力的哲学家与美学家之一。

第二,从逻辑上看。审美活动内含真与善的因子,是合规律性与合目的性的统一;不仅使人获得自由,也使对象自由地存在。审美活动是既有超越性又有沉浸性的人类生存活动,它不是一般的认识活动、伦理活动或其他社会功利活动。认识活动、伦理活动或其他社会功利活动具有他律性,受到外在实用目的的约束。审美活动是自律性的,没有外在的实用目的,容易使人沉浸或忘我,是一种诗意性的精神自由的活动,是人与对象、与世界之间共同建立起来的一种和谐状态。有人用"谋生""荣生""乐生"三个词来概括人类生存的三种基本方式,其中,"谋生"是指动物式的自然人生,"荣生"是指大我式的道德人生,而"乐生"则是指自由舒畅的审美人生。综上,从逻辑上看,审美活动应该而且必然成为美学研究的对象。

第三,从研究基础上看。把美学研究对象定位于审美活动以及这种活动的物化或物态化形式(如社会美、自然美、艺术美三大审美领域,以及优美、崇高、悲剧、喜剧等审美形态),为美学研究提供了极其丰富的材料。审美活动是人类社会中基本而常见的活动,对自然美的欣赏,对社会美的建构,对艺术美的创造,每天都在发生。审美活动与人类社会须臾不离。因此,美学只有以审美活动为研究对象,才具有丰富而全面的材料。

第四,从研究广度上看。以审美活动为研究对象,能全面涵括审美现象,避免其他研究方法的片面性。审美活动包括了一切审美现象,举凡自然审美、社会上的好人好事、吟诗作画等等,都是审美活动的不同表现形式。审美活动的范围既包括客体方面,也包括主体方面,因而以审美活动为对象既可以研究客体的审美性质,又可以研究主体的审美心理,避免心理学美学只注重分析主体审美心理的失误,也避免黑格尔和车尔尼雪夫斯基的局限性。黑格尔只以艺术为对象,车尔尼雪夫斯基只以生活为对象,二者的美学研究视野都是有失全面的。

荷兰风景画家霍贝玛(1638—1709)的名作《林荫道》。从动态方面分析,美就是人与世界的交融。

3.艺术是美学研究对象中的重点

我们认为美学的研究对象是以艺术为重点的。为什么要以艺术为研究重点呢?原因在于:

首先,从美学研究的理论目的看。美学研究的理论目的是总结美的规律,把握美的真相。相比于自然美或社会美,通过艺术美进行研究能更容易地实现这一点。一般而言,在自然美、社会美和艺术美这三大审美领域中,艺术的审美形式是最为集中、最为纯粹的,因而也最容易吸引人们走进审美世界,把握审美原理。它是艺术家精神、智慧、技巧的生动展示,对人们有特别的诱惑力。不论是绘画、雕塑、建筑之类的静态艺术,还是音乐、舞蹈、影视、戏剧之类的动态艺术,或是文学这种想象性的语言艺术,都是利用不同符号来对世界进行"赋形"。不同类型的艺术虽有不同的符号形式,但毫无疑问,这些符号形式都具有生动具体的特点。在审美形式上,自然美虽有精美绝伦的,但大多简单朴素;社会美虽有或伟岸或雅致的,却大多隐而不彰。艺术的审美形式化程度高于其他领域,因此更具有吸引力,也更有利于人们去了解美的真相。

在反映人与现实的审美关系方面,艺术美也比自然美和现实美更为自觉、更为典型,因为在进行艺术创作时,审美主体一般带着明确的审美意图,展开的是纯粹而集中的创造美的行为。艺术通过截取生活中理想的片段,运用典型化方法所塑造的审美世界,能够将芜杂、紊乱的现象有目的、有秩序地呈现出来,进而使原生态的现实美得以彰显,也使丑恶的东西变得更为醒目,比如西方文学中的四大吝啬鬼形象和中国文学名作《儒林外史》中的严监生,通过艺术的夸张,极其生动地表现了人物吝啬刻薄的丑态。这样一来,艺术也就能让人更容易了解审美现象。

再次，从美学研究的现实任务看。美学研究的现实任务是提高人们发现美、创造美和欣赏美的能力，促进人们精神素质的发展，进而使人们过上更有品质的生活。就培养人们的审美能力和精神素质而言，艺术的功能是最为显著的，因为艺术活动或艺术审美作为一种高级精神活动，能让人们获得充分的精神力量。艺术审美首先是艺术创作，其次才是艺术接受或艺术欣赏。艺术创作是审美主体自觉而典型化的审美创造，在这一过程中体现出来的审美能力和精神质素，相比于自然审美和社会审美来说更为集中而纯粹。艺术是艺术家内在灵魂、情感精神的显影，智慧、阅历、技巧的外扬。它是艺术家创造出来专门满足人们审美需要的，人们从中不仅可理解艺术家的精神火花，也可更好地了解自己的精神世界。例如从鲁迅的作品里，我们看到了他对人性的反思，因此农民和知识分子在他作品中有的愚昧如华老栓，有的可叹如阿Q，有的孤苦如祥林嫂，有的沧桑如闰土，有的迂腐如孔乙己，有的世故如涓生、子君。铁屋里的呐喊，世路上的彷徨，这种种精神的复杂滋味通过艺术形象生动地呈现在我们面前。进入鲁迅的艺术世界，人们的审美能力和精神境界都将得到锻造和拓展。

葛朗台，与夏洛克、阿巴贡、泼留希金一起，被叫做西方文学中的"四大吝啬鬼"。

艺术审美经验相比于现实生活中的审美经验更加纯净，因而通过艺术，人们可以更好地把握审美经验的本质与特点，也能更好地认识世界。在现实中，人们的审美经验总是容易与一些功利性现象混在一起，影响人们对美的正确认识，进而影响到自己的生活。反观艺术，它提供了旁观现实的平台，因此有利于人们以一种出世的眼光来打量现实生活。在现实生活中，人们有时难以判断真相，譬如虚伪不是一次两次可以看出的，而艺术中人物的虚伪，借助烘托、夸张等艺术手法，便可以轻易被人们所识别。《包法利夫人》中鲁道尔夫的虚伪，通过他给包法利夫人写情书时滴上水表示眼泪的细节，得到了很好的揭示。

最后，从美学研究的方法论意义看。美学研究的方法是多元的，通过艺术来展开美学研究，从方法论意义看，具有事半功倍的效果。通过艺术来把握审美观念的发展和审美原理的内涵，既具有较高的可信度，又能够节省时间和精力。考古的方法、田野调查的方法等等，可能都比不上艺术研究来得便捷。艺术是外在世界的审美折射，可以反映人们审美心理、审美趣味等的历史性变迁。比如西方造型艺术对身体的审美，从古希腊到中世纪再到文艺复兴时期，经历了"繁荣—禁止—复兴"的过程，这反映了从人的时代到神的时代再到人的时代的历史变迁，在这种历史变迁中，人们的审美观念和审美水平也处于发展中；而较之于繁琐的资料检索和考证工作来说,通过《断臂维纳斯》《掷铁饼者》《大卫》《维纳斯的诞生》等造型艺术来了解审美观念和审美水平的发展,是一种便利的途径。当然,就研究的全面性和准确性来说,只依赖于艺术研究还是不够的。

第三节　中国美学的发展

春秋战国时期的儒家和道家,再加上西汉末年至东汉初年传入我国的佛家,构成中国古代美学的三原色。中国古代美学是丰富的,但它常常散落在序跋、诗歌、书信、历史文献和理论典籍当中。

一、中国古代思想史的主要阶段

要了解中国古代美学,就要先了解中国古代思想。因为中国古代的美学并非独立的,它的很多方面包含于中国古代的思想史中。中国古代思想史的基本发展线索是:子学(春秋战国)—经学(汉代)—玄学(魏晋)—佛学(隋唐)—程朱理学(宋代)—陆王心学(明代)—朴学(清代)。

春秋战国是中国历史上第一个乱世,延续了550年左右。这一时期的老子、孔子、墨子、孟子、庄子、韩非子、公孙龙等,每一个人的思想都有其特异之处,形成百家争鸣的局面,思想史进入"子学"时代。诸子百家决定了中国古代思想发展的基本面貌。

汉代董仲舒提出"罢黜百家,独尊儒术",汉武帝欣然采纳,于是儒家从诸子百家中脱颖而出,并有了自己的"五经"。经学和纬学(谶纬神学)通过官方和民间两种途径,扩大了儒家的影响,树立了儒家独尊的地位,思想史进入"经学"时代。汉代是儒家在其发展史上的第一个春天。儒家美学也在此奠定了它在中国古代美学中的主导位置。

魏晋南北朝与春秋战国一样,常年战争不断,也是中国古代历史上一个著名的乱世。当时知识分子的生存陷入前所未有的困难境地,孔融、祢衡、嵇康、潘岳等相继死于非命,因此有人认为,魏晋时期是中国历史上少有的全社会都充满着死亡恐怖的年代。魏晋知识分子几乎集体"出走",放弃孔孟的"有为",选择老庄的"无为",从外在世界进入内心世界,去发现和建立生命的意义,思想史进入"玄学"时代。当时知识分子从"三玄"(《周易》《老子》《庄子》)中寻找话题:一方面争论"无"与"有"的问题,便有了关于世界之本体论思考;另一方面争论

"言"与"意"的问题,便有了关于语言之工具论思考。中国思辨哲学继春秋战国墨子、公孙龙等人之后,进入又一个黄金时期。这也是中国古代美学发展最为关键的阶段之一,艺术审美在此时进入自觉状态,出现了一个美学意味颇浓的词汇——魏晋风度。

隋唐时期对于思想史的独特贡献,是将儒、道引入佛教当中,完成了对佛教的中国化改造,其成果主要是禅宗,思想史进入佛教本土化的"佛学"时代。佛教从传入中国到实现本土化,经过了近600年的时间。禅宗主要分为以神秀为代表的北宗禅和以惠能为代表的南宗禅,前者强调渐悟,后者强调顿悟。隋唐流行的禅宗主要是南宗禅。禅宗对唐代以后的中国文人和中国艺术的影响是非常大的。司马光写道:"近来朝野客,无坐不谈禅。"可见北宋时期禅宗在知识分子中流行的盛况。南宋严羽在诗学上提倡"妙悟",直接的来源就是禅宗的顿悟说。

《竹林七贤》图。知识分子在时代的逼迫下展开针对自我的审美追求,于是有了"魏晋风度"。魏晋风度的精髓在于"玄心""洞见""妙赏""深情"。

两宋时期,儒家迎来了其发展史上的第二个春天,标志性事件是出现了"四书",从此"四书五经"成为儒家经典的代称,思想史进入"理学"时代。两宋理学出现的背景之一,是外部羸弱的两宋需要强化内部统治。我们知道,汉、唐是中国人心目中强盛王朝的象征,后世流行的汉服、唐装就是例证;宋代在中国人心目中的印象是复杂的,文化的繁荣令人向往,而军事与外交上所受的屈辱则叫人扼腕。这种外部孱弱导致的内外失衡,使强化内部管理变得尤为迫切。以弘扬儒家为目的的理学适应当时的发展需要。理学的代表是北宋程颢程颐两兄弟,南宋的代表是朱熹,故而两宋理学也称为程朱理学。理学使中国古代美学的儒学化得到了一次强化。

明代心学和清代朴学是中国古代思想谱系上的两个重要阶段。心学是对儒家思想的继承和发展,只是与理学相比,前者主"内"而后者主"外",前者的"心本体"与后者的"理本体"内涵不同,但都是儒学内部的分支。心学的起源是在南宋陆九渊那里,代表无疑是明代王阳明,因此有"陆王心学"之说。王阳明心学建立的标志是"龙场悟道",他和他的弟子既推广了儒学,又解放了儒学。解放儒学的结果一是培养了儒家第一个惊世骇俗的反叛者——李贽,二是对晚明思想启蒙和浪漫主义文学运动发挥了推动作用。

清代朴学出现的一个直接原因是清廷对汉族知识分子严苛与残酷的镇压,具体事件主要有康熙、雍正、乾隆时期的文字狱。于是清代思想界除了清初,大部分时间是沉寂的,汉族知识分子以"学问"取代"思想",埋头于典籍文献的训诂考证,这便是朴学,在乾嘉年间盛行,因此朴学以乾嘉学派为主。朴学意味着清代学术的繁荣和走向集大成式的总结,但也意味着清代思想的单调与萧条。

二、儒、道、佛三家美学

自汉代以来,儒家在中国思想史上占据了主流位置,即使在魏晋南北朝道家取得优势地位的时期,儒家依然是有市场的。而反观道家,它的显赫阶段除了魏晋南北朝以外就几乎没有了。但是,道家的逍遥精神和有关审美的许多主张,却以沉稳的方式进入中国文人的骨子里,对中国美学的风貌发挥了不亚于儒家的深远影响。佛家虽自汉代就传入中国,但对中国美学产生大面积影响的却是唐代南宗禅的创立,而南宗禅其实是佛、道、儒融合的产物,因此可说,在相当长的时间内,中国思想和文化的支柱是儒家和道家,两者一明一暗,交相辉映,形成中国古代文化精神的两翼,儒道互补或外儒内道成为中国古人的基本生存方式。中国人喜欢说"以出世的精神做入世的事业",这里面其实贯穿了儒道两家的生存智慧。

当然,唐代以来思想文化的发展,必须注意到佛家尤其是禅宗的影响。南怀瑾在《论语别裁》中指出,唐宋以后的中国思想与文化,要讲儒、释、道三家,也就变成三个大店。佛家像百货店,里面百货杂陈,样样俱全,有钱有时间,就可去逛逛,逛了买东西也可,不买东西也可,根本不去逛也可以,但是社会需要它。道家则像药店,不生病可以不去,生了病则非去不可。儒家则好比粮食店,是必须天天去的。

儒家对于中国古代社会来说是不可或缺的,从历史事实来看,它的影响也是最大的。儒家重视人的道德养成,重视思想对社会道德、政治的实际作用,其学说是社会学性质的,尤其关注伦理和政治问题,因而其美学也强调文艺的社会功用。儒家是入世的,其理想人格是"圣"。它的思想主张的基本特色是:第一,以伦理为本位,重视个人道德修养和"君臣父子"等之间的人伦秩序。儒家强调正心才能正世,自正方能正人,没有道德的自觉则不可能有真正道德的行为。第二,以经世为追求。学而优则仕,以天下为己任,对立德、立功、立言的推崇等,都是儒家经世致用思想的体现,由此可看出儒家有担当和崇高的一面。第三,以和谐为目标。从个人身心的和谐,到群体之间的和谐,再到社会的和谐,是儒家"中庸""中和""大同"等概念所包含的意思。

南怀瑾把道家比作药店,一方面是很形象而准确的,因为不管是对个人还是对国家民族,道家确实常常发挥疗伤的作用。个人一旦受阻,多数便投向道家的怀抱,例如柳宗元,意气风发时是典型的儒家,贬谪失意时便是典型的道家。而在国家民族层面,统治阶级常常拿道家做武器,使社会矛盾得以纾解。另一方面又是不全面的,也就是说,道家有药店的功效,但它又绝不仅仅是药店。这是因为道家还影响了中国人的胸襟和生活,如超脱旷达的心境与生存方式,也影响到中国的建筑、绘画和文学等艺术的形式与风格。道家思想的关键,体现在"道""无""自然"这些词上。"无"是道的根本,而道即自然,自然即本色,本色即纯净,受此影响,中国艺术追求的是自然之美、本色之美、清新之美、纯净之美。与儒家比较,道家是出世的,其理想人格是"仙"。它呼吁人们要有虚静的心灵,抱朴守拙,少私寡欲,过上一种内倾的生活,方能走向自然本真的赤子之境。有人说这种内倾式人生乃浪漫化、艺术化人生①。

佛家与道家一样,也是一种出世的学说,其核心在于"悟""空"两个字。"悟"可说是佛家最主要的方法论,是佛家认为走向涅槃境界的不二法门;"空"可说是佛家最主要的世界观,苦海无边的彼岸是四大皆空。这两个词也深刻影响了中国美学对艺术意境的理解,创造或领会意境的方法之一是悟或妙悟,而意境本身最重要的特质在于佛家所讲的"空"或道家所讲的"无"。意境的想象空间或含蓄的韵味,正来源于意境之中空无的营造。

简单地总结三家的美学,可以说:儒家主张的是美在善,美在社会;道家主张的是美在真,美在自然;佛教主张的是美在悟,美在境界。

三、先秦儒家美学

儒家思想的发展按照牟宗三、杜维明等人的说法,可分为"三期",孔、孟是儒学第一期,宋明理学是儒学第二期,熊十力至牟宗三、唐君毅,为儒学第三期。李泽厚则提出"儒学四期说",即孔、孟、荀为第一期,汉儒为第二期,宋明理学为第三期,现在或未来如要发展,则应为虽继承前三期,却又颇有不同特色的第四期。②

儒家美学的创立者是孔子。孔子名丘,字仲尼,春秋鲁国人,是儒家思想的创立者,有"至圣先师""素王"之称。雅斯贝斯的巨著《大哲学家》中将孔子与苏格拉底、佛陀、耶稣并列,称这四个人是人类思想范式的创造者,在思想史上处于地位最高的级别;第二等级上有柏拉图、奥古斯丁、康德这三个思想方面的集大成者;而老子则和龙树③、普洛丁、巴门尼德、斯宾诺莎、安瑟尔谟、阿那克西曼德、赫拉克利特并列,被誉为第三等级上的原创的形而上学家。孔子思想主要见于《论语》,这部书由于包含丰

作为中国古人的"精神领袖",孔子身上保守与高尚兼而有之。

---

① 金元浦,谭好哲,陆学明.中国文化概论[M].北京:首都师范大学出版社,1999:321.
② 李泽厚.己卯五说[M].北京:中国电影出版社,1999:13.
③ 龙树菩萨为印度大般若宗的代表,大乘中观派创始人,生卒年不详。与中国颇有渊源的印度佛徒鸠摩罗什是最先介绍龙树学说到中国的人。

富的内容而在后世有"半部论语治天下"之誉。孔子学说以"仁"为根据,以"礼"为保障,仁礼兼重,致力于"内圣外王",即对己而言强调格物、致知、正心、诚意、修身,对外而言强调齐家、治国、平天下。简言之,孔子儒学重内在人格修养和外在事功建设两个方面。

在美学上,他的主要观点是:首先,美是善的,但美与善又有区别。所以他说,有些音乐尽美尽善,有些音乐却"尽美"而"未尽善"。他的美学可说是一种"内容美学",即强调艺术的善的内容,为此他提出"人而不仁,如乐何?"(《论语·八佾》)。其次,"文质彬彬,然后君子"(《论语·雍也》)。这是说内容与形式、内在与外在要一致。再次,文学有"兴""观""群""怨"的作用。又次,"兴于诗,立于礼、成于乐"(《论语·泰伯》),主张礼教、乐教、诗教三种教育的并行。最后,"知者乐水,仁者乐山"(《论语·雍也》),这是中国自然审美观中"比德说"的源头和经典表述。总体来看,孔子进一步张扬了伍举"无害曰美"这种美学观的社会功利向度,将艺术活动与社会生活尤其是道德、政治紧密联系起来,在后世得到了广泛利用。孔子的一些做法,损害了文艺发展的独立性;但同时,他对文学艺术的重视,使文艺活动和审美化生存方式在中国民间得到尊崇和普及,书香门第在民间成为一个褒称就可以证明。

徐复观说:"中国文化的主流,是人间的性格,是现世的性格。"[①]李泽厚也指出,中国传统文化的基本特色在于强调"实用理性",即强调经验的合理性。[②]这些学者所指出的中国文化的基本特点,最集中地包含在儒家思想和儒家美学中。

儒家的第二个重要代表是孟子。孟子名轲,战国时期鲁国邹人,是孔子之后儒家学派最有影响的人物,有"亚圣"之称。孟子主张"仁政",认为只有具备"不忍人之心",才能"行不忍人之政"。他还说:"恻隐之心,仁之端也;羞恶之心,义之端也;辞让之心,礼之端也;是非之心,智之端也。"(《孟子·公孙丑上》)可见孟子信奉性善论,强调内在品质的修养,高扬人的主体人格,在"内圣"方面发扬了孔子儒学。这一点在他如下两段著名的美学论述中亦得以体现:其一是《孟子·公孙丑上》:(孟子曰:)"我善养吾浩然之气。"(公孙丑曰:)"敢问何为浩然之气?"(孟子曰:)"难言也!其为气也,至大至刚,以直养而无害,则塞于天地之间。其为气也,配义与道,无是,馁也。是集义所生者,非义袭而取之也。"其二是《孟子·尽心下》:"可欲之谓善,有诸己之谓信,充实之谓美,充实而有光辉之谓大,大而化之之谓圣,圣而不可知之之谓神。"孟子在这两段话中提出的"浩然之气"与"充实之谓美",是中国古典美学中重要的美学观点,对于培养中国古代士人的精神气度产生了持久的影响。如曹丕云:"石可破而不可夺坚,丹可磨而不可夺赤。"(《三国志》卷二)南北朝时期梁人萧宏亦云:"弃燕雀之小志,慕鸿鹄以高翔。"(《梁书》卷二十)从这些言论中都可看出

---

① 徐复观.中国艺术精神[M].沈阳:春风文艺出版社,1987:"自叙"1.
② 李泽厚.实用理性与乐感文化[M].北京:生活·读书·新知三联书店,2005:12.

孟子的痕迹。《孟子·告子上》还谈到了审美的普遍性问题:"口之于味也,有同耆焉;耳之于声也,有同听焉;目之于色也,有同美焉。"审美是一个主观与客观发生关系的活动,而这种生理与心理的相通性,保证了审美既不是纯粹主观的,也不是纯粹客观的,而是具有主客观融合基础上的普遍性。

荀子,战国赵人,先秦儒家代表之一,有人说他是战国后期"黄老之学"和"稷下学"的主要代表,韩非子和李斯皆为其入室弟子。与孟子相比,荀子多谈"外王",发展了孔子学说中的"礼",如《荀子·君道》云:"隆礼重法,则国有常;尚贤使能,则民知方。"他主张性恶论,《荀子·性恶》云:"今人之性,生而有好利焉,……人之性恶明矣,其善者伪也。"因此荀子主张"化性起伪"。他还认为人定胜天,在《荀子·天论》中提出了"制天命而用之"的看法。总体来看,荀子思想强调儒法调和,主张王道与霸道的并行。荀子美学丰富而驳杂,重要的观点有:其一,《荀子·解蔽》:"人何以知道?曰:心。心何以知?曰:虚壹而静。"发挥了管子学派"虚壹而静"的思想,对审美心理学影响很大。其二,《荀子·礼论》:"无伪则性不能自美。"这是从性恶论发展而来的观点。其三,《荀子·劝学》:"君子知夫不全、不粹之不足以为美也。"认为理想的美或真正的美在于"全"与"粹"。其四,荀子音乐美学思想对后世影响深远,主要包含在《荀子·乐论》中。其中,他对墨子基于民本立场而提出的"非乐"观点明确表示了反对,因为:首先,"夫乐者乐也,人情之所必不免也",这是从音乐产生的根源和人的根本需要上来说的。其次,"乐合同,礼别异",这主要是从音乐对人和社会的作用上来说的,指出音乐的作用是调和人的身心进而调和整个社会,而礼的作用是区分人的社会差异并用仪式性行为强化这种差异。最后,音乐能"移风易俗,天下皆宁,美善相乐",这还是从音乐的社会作用上来说的。

文天祥的肉体可以陨灭,但"正气"永不陨灭。这是孟子"浩然之气"观点影响下涌现出的一个志士仁人。

总体而言,以孔子为代表的儒家美学具有明显的功利性,它主要是为了回答和解决现实问题。儒家的文艺美学也不例外,从《论语·为政》所说的"思无邪"到韩愈与柳宗元倡导的"载道"说或"传道"说,都可以看出儒家文艺观与社会之间的难分难解的关系。这决定了他们不可能走抽象的哲学思考的道路。例如,孔子面对礼崩乐坏的时局,胸怀重整乾坤的宏愿,创立他的美学世界。带着对现实的困惑和拯救乾坤的愿望来面对美学,使他的美学具有了一种明显的实用性品格。《论语·八佾》的"人而不仁,如乐何"与《论语·学而》的"行有余力,则以学文",都说明了文艺在孔子那里不是独立的,也不是唯美的。这使中国古代文艺在内容上具有了特殊的民族性特征,从积极的意义上说,这使得空疏无用的文艺失去市场;从消极的意义上说,这使得中国古代文艺在发展过程中受到了一定束缚。儒家美学倡导入世,倡导君子人格,倡导承担兴国安邦的责任,这使儒家在追求社会功利的同时具有崇高的品格,具有大我的襟怀和观照天下的眼界。以孔子为代表的中国士人对个人修养和刚毅人格的推崇,对社会和谐和人伦亲情的重视,对于现代社会来说具有极大的现实意义。在工具理性膨胀和人际关系疏远的当下,学习和推广儒学,很大程度上可以促进家庭和睦和社会和谐,从而在一个充满物质的空间里添加精神的润滑剂,温暖日渐冰冷的肉体和灵魂,使儒学真正参与到中国式现代化的历史进程中。在此意义上,当代思想家们推行儒学等国学的努力有值得钦佩的地方。

四、先秦道家美学

与儒家思想总体上具有伦理学和社会学的倾向相比,道家思想更具有哲学气质(老子)和艺术精神(庄子)。老庄思想直接而深入地影响了中国文艺对"飘逸""空灵""神韵""境界"等审美品格的追求和建构。因此,徐复观将中国艺术精神的主要渊源追溯到道家尤其是庄子:"庄子之所谓道,落实于人生之上,乃是崇高的艺术精神;而他由心斋的工夫所把握到的心,实际乃是艺术精神的主体""老、庄思想当下所成就的人生,实际是艺术的人生;而中国的纯艺术精神,实际系由此一思想系统所导出"。[①]

道家在先秦的发展,按照冯友兰《中国哲学简史》的说法,分为三个阶段。第一个阶段是杨朱和早期隐者。杨朱之类的隐者既是欲洁其身而避世的个人主义者,又是认为社会不可救药的"败北主义者"。为了给自己的避世提供一套说词,于是有了最早的道家。《孟子·尽心上》中说杨朱"拔一毛而利天下,不为也"。杨朱这样做是为了保全自身。冯友兰因此说,道家哲学的出发点是全生避害。

第二个阶段是老子。老子是楚国人,出生地属于今天河南的南部,其生卒年迄今难以确定,一般认为比孔子稍年长,孔子可能聆听过他的教诲。老子的著作《老子》又名《道德经》,有人说这本著作"在中国两千多年的历史上,至少在士人阶层,它的影响不在《论语》之下"。[②]在我们看来,这是道家思想的真正形成时期,老子才是道家哲学和美学的开创者,因为老子思想不像杨朱那样单薄,也不只是一种生存策略,还是具有深厚的哲学底蕴和气质,并包含自然哲学、人生哲学、政治哲学、艺术哲学等的集合。老子的美学就包含在哲学中。

老子:问"天"是为了问"道",问道是为了救世。老子不是纯粹的隐士。老子的智慧告诉我们,有时跳出世界,只是为了更好地进入世界。

[①] 徐复观.中国艺术精神[M].沈阳:春风文艺出版社,1987:41.
[②] 韦政通.中国思想史(上)[M].上海:上海书店出版社,2003:94.

在自然哲学方面,他探讨了宇宙中事物起源的真相和事物变化的规律,如《老子·四十二章》:"道生一,一生二,二生三,三生万物。"从大自然的"现象"追问至"道"的本质。"道"是道家思想最核心的范畴。"道"最根本的特性是"无"。"道"唯其为"无",才在逻辑上可充当万物或万有的源头,才可化生出万物或万有。道不仅是万物的源头,也是万物存在之后的本体或本质,同时也是万物发展的规律。这就是说,老子的道论是哲学上发生论、存在论和发展论的统一。这是老子思想中最具哲学气质的部分,等同于亚里士多德所说的"形而上学"。

老子思想包括"道"和"德"两部分,如果说"道"部分属于"形而上"方面的天地之问、宇宙之问,那么"德"部分则属于"形而下"方面的人间之问、社会之问,思考的主要是社会政治、人的生存以及美学问题。老子思想包含丰富的生存智慧和政治智慧。他说"道法自然"(《老子·二十五章》),"道常无为而无不为"(《老子·三十七章》),这些话既是对道之本性的言说,也可用来指导人生和政治。二十二章中,他还说"曲则全","夫唯不争,故天下莫能与之争"。老子将如何做人生和政治减法题的智慧传授给我们,而诸如此类的智性之思在《老子》中可说俯拾即是,诸如"守柔曰强""欲先民,必以身后之""夫惟弗居,是以不去"等。

在审美方面,老子既有一定的反美学态度:"五色令人目盲,五音令人耳聋"(《老子·十二章》)。又认为"美"与"真"并不一致:"信言不美,美言不信"(《老子·八十一章》)。即真话无需美化或夸饰,而凡是美化过的话大多不真实。他在六十三章中还提出"味无味",即以"无味"为至味,这个"无味"乃是"恬淡"之味,乃是"妙";中国古人谈诗文书画,总喜欢用"味""淡""妙"等词来品评,明显是受到老子的影响。在审美心理方面,老子也有一段著名的话:"致虚,极也;守静,笃也。万物并作,吾以观其复也。夫物芸芸,各复归其根,曰静。"①即是说,要发现事物的本相,只有排除欲念和先见,保持内心的虚静;虚、静二者是体悟"道"的根本方法或原则。这一段话本是针对了解世界和道本身而言的,却成为后世审美心理说的重要源头。

第三个阶段是庄子。庄子是战国时期宋国蒙地(今山东与河南交界处)人,与杨朱、老子一样是隐士。冯友兰称庄子为先秦最大的道家。

如果说老子是"站立在天地的尽头"思考宇宙起源、存在、发展问题,庄子则是"站立在天地的高处"扩大人的胸襟,提高人的眼界。

《庄子》文本不如《老子》那样抽象玄奥,它奇伟瑰丽,诗意盎然,想象力有如天外来客,本身即是一个非常

庄子苦苦追问的只有一个问题:哪里才是我们精神上的家园?他的答案是:回到自然,回到本真,回到人之初。

---
① 据帛书《老子》改。

艺术化的文本。李泽厚因此说,庄子的哲学是美学。[1]闻一多也说,庄子是"最真实的诗人","他的思想的本身就是一首绝妙的诗"。[2]确实,庄子虽有对时世的愤世嫉俗,但更有对生命的独特热忱。在我们看来,这份热忱表现在以下观念中。

第一,重自然。"自然"在庄子思想中有两种意思:一是指自然本身,在《庄子》文本中常以"天"出现;二是指像自然一样,自然而然,随意适性。老、庄有一个共同之处,即他们都提倡回归自然。庄子回归自然的想法不乏对"人间世"的逃避,其深刻之处在于:他认为"自然"不仅是身体的回归之所,更是心灵的"诗意栖居"之地,自然之道即是天道,人与天应该和谐统一。因此有人说庄子思想的主题是"还乡",这是精辟之见。《庄子·至乐》中"鼓盆而歌"的故事就说明"自然"是人类永恒的家园:

庄子妻死,惠子吊之,庄子则方箕踞鼓盆而歌。惠子曰:"与人居,长子、老、身死,不哭亦足矣,又鼓盆而歌,不亦甚乎!"庄子曰:"不然。是其始死也,我独何能无概! 然察其始而本无生;非徒无生也,而本无形;非徒无形也,而本无气。杂乎芒芴之间,变而有气,气变而有形,形变而有生。今又变而之死。是相与为春秋冬夏四时行也。人且偃然寝于巨室,而我噭噭然随而哭之,自以为不通乎命,故止也。"

人源于自然,最后要归于自然。更重要的是此处说明了人的正确的生存方式:人要以自然为榜样,要像自然那样本色地活着,自然而然地活着。老庄都主张"无为",从其积极性而言,是在教导我们要顺其自然,不贪求、不痴迷。

把庄子的这些意思用美学的形式表达出来,就是"美在自然""美在天然",正如他所说:"天地有大美而不言。"(《庄子·知北游》)他关于人籁、地籁和天籁的文字,也在比喻的意义上说明了自然的东西以及像自然一样本色的东西才是美的,其中天籁一般的东西才是最美的。道家以自然本色为美的观点为后世所推崇。如元好问《论诗三十首》其中一首写道:"一语天然万古新,豪华落尽见真淳。南窗白日羲皇上,未害渊明是晋人。"另一首又写道:"东野穷愁死不休,高天厚地一诗囚。江山万古潮阳笔,合在元龙百尺楼。"元好问之所以推崇陶潜、贬抑孟郊,根本原因就是前者的诗歌有天然之美,而后者的诗歌充满人工的痕迹。"二句三年得,一吟双泪流"的苦吟派作风对追求"出水芙蓉"之天然美的中国诗人来说,常常是不大受欢迎的。

第二,重平等。《庄子·齐物论》集中地体现了庄子强调宇宙万物都平等的思想。所谓齐物,即万物平等、物我一体的意思。"非彼,无我;非我,无所取。"这里有辩证法的运用,即物我之间既是有差别的存在,又是有关联的存在;也有后来海德格尔所说的人与世界"共在"的意味,还体现了物我之间的平等关系,也就是庄子所说的

---

[1] 李泽厚.中国古代思想史论[M].天津:天津社会科学院出版社,2003:168.
[2] 转引自叶朗.中国美学史大纲[M].上海:上海人民出版社,1985:106.

"天地与我并生,而万物与我为一"。人类不应该在利用了自然之后,就把自然置之脑后。人对自然施以"人祸",自然只有以"天灾"来回复。站在今天的世界回望庄子,可以发现他的《齐物论》是中国最早关于自然伦理、宇宙伦理、生态伦理的宣言。《齐物论》还提出"厉与西施,……道通为一",认为万物在道的高度是一致的、平等的;也提出过"毛嫱西施,人之所美也;鱼见之深入,鸟见之高飞,麋鹿见之决骤,四者孰知天下之正色哉?"。有人认为庄子在这里突出了美的相对性,其实里面包含了庄子关于万物平等和尊重万物之"自性"(独立的自我本性)的深刻见解。

第三,重逍遥。在《逍遥游》中,庄子极富热情地表达了对鲲鹏翱翔太空的神往。这种对逍遥精神的描绘,是庄学最精彩的部分,对中国士人人格和中国艺术风格都产生了重要影响。在艺术中要获得高度的逍遥或自由境界,庄子说明了两点:第一要有内在的功夫,即心无旁骛、静心少欲、专注忘我;第二要有外在的功夫,又包括两个方面,其一是要有长期辛苦的实践,其二是要把握"道",把握规律,即把握客观的必然性,不能强来,而要顺应天然、"依乎天理"。如此方能游刃有余,"游心于物之初"。相对而言,庄子更强调精神、心态对创作自由的重要性,《养生主》中"庖丁解牛",《达生》中"梓庆削木为鐻""佝偻者承蜩"等故事,都说明了这一点。

第四,重超越。开创或获得逍遥精神的最主要的途径就是要有超越或超脱的心态,这种心态方面"修养功夫的理论化以及心灵世界的开发",成为"庄学最重要、最精彩的天地"。[1] 如何超越?庄子认为关键之处是要在心态上做到忘世、寡欲。庄子十分认同老子所说的"见素抱朴,少私寡欲",在《庄子·刻意》中他提出:"夫恬淡寂寞,虚无无为,此天地之平,而道德之质也。"在《人间世》中他说:"唯道集虚。虚者,心斋也。"《庄子·大宗师》亦云:"堕肢体,黜聪明,离形去知,同于大通,此谓坐忘。""心斋"的精髓在于一个字:"虚"。"虚"就是"忘",或者说,"忘"才有"虚"。此处的"忘"是人精神上的主动摒弃,有所"忘",才能够有所"不忘";有所超越,才能够有所获取。正如佛家所谓的"舍得"颇可领会之处在于"舍"处于"得"之前。

庄子哲学是大爱的学说。"庄周化蝶"是人与世界融洽无间的寓言。

保持对欲望和现实的超越,人才能与天地相往来,才能与自然融为一体,这就是"庄周化蝶"的寓意之一。"庄周化蝶"不仅是庄子齐物论的寓言,也是庄子物我融合的寓言,还是庄子理想审美状态的寓言。在审美的理想境界中,人处于忘我状态,才能与审美对象融合无间;此时,对象完全进入人的审美经验,而人也完全进入

---

[1] 韦政通.中国思想史(上)[M].上海:上海书店出版社,2003:121.

到对象世界。现在有一个常用的词"沉浸",大体可说明这种境界。

总而言之,庄子的思想浸入中国知识分子的生命里面,弥漫于中国文艺的墨点与线条当中。在人类生活中,精神世界的建构是一道永恒的难题,而庄子向外展现了一个自然世界,向内建构了一个精神世界,并突出精神世界与自然世界之间的因果联系,以本真、逍遥、超越等为旗帜,引导人们走出精神的愁城和审美的牢笼。就此而言,庄子受到无数后人的追慕就在情理当中了,而在人与自然、人与社会、人与他人、人与自身之间增加了新的张力和困惑的情况下,庄子的魅力必然处于持续状态中。

五、中国美学史的发展及主要观点

前面对先秦美学已经有所交代,下面主要介绍先秦之后一些影响较大的美学观点。除哲学之外,中国古代在诗话、词话、书论、画论中也有丰富的美学言论,如对气韵、风骨、情景、形神、意境等的论述。

汉代文艺成就卓著,如绘画有帛画、壁画、漆画、画像石、画像砖等;音乐方面有乐府的设立与西域箜篌、笛(类似于笛子)、羯鼓等乐器的传入。汉代重要的美学思想出自《淮南子》《诗大序》《史记》《论衡》以及关于汉赋的论著中。汉代美学基本上是在宣扬儒家美学,如王充《论衡·自纪篇》所云:"为世用者,百篇无害;不为世用,一章无补。"汉代美学也是先秦美学到魏晋南北朝美学的过渡,如《淮南子》的美学思想对魏晋时期的美学就有一定的诱发作用。

箜篌:西域传入的弹拨乐器　　　　　陶羯鼓

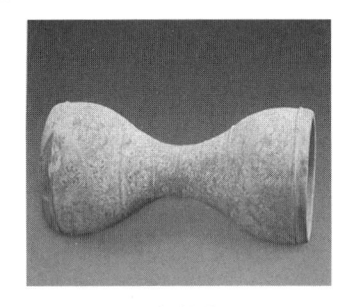

魏晋南北朝是艺术的自觉时代,也是美学的自觉时代,产生了许多有重大影响的美学著作,如曹丕的《典论·论文》、陆机的《文赋》、刘勰的《文心雕龙》、钟嵘的《诗品》、嵇康的《声无哀乐论》与《言不尽意论》(后者已不存)、宗炳的《画山水序》、谢赫的《古画品录》等。这时期重要的美学命题,除文学领域外,还有王弼的"得意忘象"说"得意在忘象,得象在忘言。故立象以尽意,而象可忘也;重画以尽情,而画可忘也";顾恺之的"迁想妙得"说与"传神写照"说,前者指的就是想象,后者见于《世说新语·巧艺》"四体妍媸本无关于妙处,传神写照正在阿堵中",表达了神似重于形似的看法;宗炳的"畅神"说以及谢赫的"气韵生动"说等。

隋唐至五代是美学的繁荣时期,尤其是唐朝,它的开放和包容造就了一个具有浓烈艺术气息的时代,诗歌、绘画、书法等都获得了空前的发展,重要的美学成就是诗歌美学、散文美学和书画美学。诗歌美学方面主要有陈子昂的"兴寄"说和王昌龄的"意境"说;散文美学方面主要有"载道"说、"不平则鸣"说和"陈言之务去"说;书画美学方面主要有唐代孙过庭《书谱》的"同自然之妙有"、唐代张璪的"外师造化,中得心源"(张彦远《历代名画记》卷十)、五代荆浩《笔法记》的"度物象而取其真"等。

宋金元时期的美学收获有理学美学、诗歌美学、散文美学、书画美学,以及小说美学和戏曲美学。诗歌美学方面的主要人物是苏轼、黄庭坚和元好问等人。书画美学方面主要有宋代郭熙所讲的"身即山川而取之,则山水之意度见矣"以及绘画的"三远"(高远、深远、平远),有苏轼所讲的"成竹在胸""身与竹化"与"得之于象外",还有南宋初年邓春所讲的"画者,文之极也"等。

明清时期是中国古代美学的总结期,王夫之、叶燮、王国维、刘熙载等在这方面做出了较大的贡献。李贽的"童心说"、公安三袁与袁枚的"性灵说"、王士禛的"神韵说"等,是明清时期重要的诗学理论;散文方面影响最大的是清代桐城派文论;画论方面有影响的观点是明代王履所讲的"吾师心,心师目,目师华山";李渔的《闲情偶寄》则在戏曲美学、园林美学等方面有所斩获。特别值得一提的是明清时期的小说美学,出现了叶昼、李贽、金圣叹、张竹坡、脂砚斋等著名的小说评点家。

这些美学成果为中国美学学科的建立准备了丰富的材料。在中国,作为学科的美学是在近代从西方传入的,中介是日本(哲学一词也如此)。关于"Aesthetics"一词的翻译,最早出现在清末,在西学东渐的过程中,传教士们编写的英汉词典中有"审美之学""艳丽学"等译法。1875年,德国传教士花子安在一本叫《教化义》的书中最早用了"美学"一词。这是国内迄今能找到的最早出现"美学"字眼的记录。但"美学"一词的翻译和传播更得力于日本学者,在日本,有人将"Aesthetics"首先译为"佳趣论",1904年,日本的中江肇民把它译为"美学",王国维、蔡元培等人将"美学"一词引入国内,并著书立说,扩大了美学的影响。此后,美学在中国逐渐获得了独立的学科地位,走上了学科化发展的道路。20世纪50年代到20世纪60年代中期,是中国美学学科发展的一个重要时期,发生了关于美的本质的大讨论,形成了著名的美学四大派。20世纪70年代末至20世纪80年代初期,出现了第二次美学热,美学成为思想解放的排头兵,李泽厚的实践派美学在四派中取得了较大的优势地位。那时候,美学成了一门显学、热学。到20世纪90年代,美学研究逐步趋于正常化。

第四节 西方美学的进程

西方美学从总体上大致历过了本体论、认识论和语言论三个发展阶段:古代主要是本体论美学;笛卡儿以来的近代美学有一个"认识论的转向",主要是认识论美学;而19世纪末以来的现代美学则开始了"语言的转向",主要是语言论美学。

一、本体论美学阶段:古希腊至中世纪

先哲们对天、地、人、神进行的哲学思辨,往往包含了对它们的美学发现。在哲学里可以寻绎出丰富的美学思想,哲学也是深入美学的必备知识,因此,学好美学必须了解哲学。长期以来,关于美的很多言论包含在哲学中,美学因此成为哲学的一个分支。西方古代哲学主要是一种本体论哲学,古代的美论因此也主要是一种本体论的美论,重视探讨现象背后的逻辑根据与本真原因。

所谓本体论的哲学,就是把"存在"本身而不是把那些具体存在的"现象"作为研究目标的哲学,重本质而非现象,研究的目的在于透过现象求得对现象之本质的认识,即不为现象所蒙蔽而去发现现象之所以如此的根据和原因。古希腊哲学开始于对自然的思考,最早的希腊哲学家同时也是自然科学家[①],譬如泰勒斯是几何学家;毕达哥拉斯是数学家,发现了勾股定理(毕达哥拉斯定理)。他们既对自然进行科学探索,又对自然进行哲学的思辨。古希腊第一个哲学流派是小亚细亚的米利都学派,其中的泰勒斯认为水是万物的始基;赫拉克利特则提出"火"是万物的始基,火是运动的,它运动的规律及其与事物相互变化的规律就叫"逻各斯"。埃利亚学派的重要代表巴门尼德则以抽象的"存在"作为事物、现象的实体,存在不是存在者,而是存在者的存在,即存在之道。也就是说,存在作为逻辑思维的对象,是去掉各种具体性后剩下的最一般的共性。这将希腊哲学推向思辨的新高度。到了智者派和苏格拉底,自然哲学转向人的哲学,智者派中的普罗泰哥拉提出"人是万物的尺度",从此,人成为希腊哲学的焦点之一,出现了柏拉图和亚里士多德这样杰出的思想家。到了希腊化时期,有反禁欲的伊壁鸠鲁学派,也有主张禁欲的斯多噶学派,前者以"快乐"为思考对象,认为快乐就是欲望的满足,但并不主张纵欲;后者以"幸福"为思考对象,认为幸福的前提是节制欲望。但节制欲望可能走上否定人生的无情境地,因而思想史上有人认为斯多噶学派的极端化发展是具有蔑视人类的危险性的。

---

① 恩格斯.自然辩证法[M].于光远,等,译.北京:人民出版社,1984:35.

毕达哥拉斯学派的美学可概括为宇宙论或自然论美学。他们认为数是世界的本原:"数是一切事物的本质"[①],"数学的始基就是一切存在物的始基"[②]。他们认为美在数,在于数的比例与和谐。从这种理论出发,毕达哥拉斯学派认为最美的平面是圆形,最美的立体是球形。他们还发现数的比例关系体现在音乐中,音乐的美也是一种数的美,一种比例的美,因为音乐的节奏也是一种比例关系的体现。他们还认为与人间音乐同时存在的是宇宙音乐(或天体音乐),二者都体现出一种数量关系上的和谐。

苏格拉底与智者派一起扭转了希腊哲学的方向,将哲学眼光从自然宇宙转向人类社会。苏格拉底开创了哲学研究的新领域,宣称"我只知道一件事情,那就是我什么也不知道",提醒人们要"认识你自己"。有人把他比为西方的孔子,把柏拉图比为西方的孟子。苏格拉底最著名的美学观点是:美是有用,丑是无用。有用的东西就美,所以即使是一只粪筐,只要有用处也是美的,而即使是金盾,如果无用,也是丑的。据说他抱着这种观点去参加希腊男子选美,认为自己的五官最有用,鼻子朝天可多闻美味,眼睛突出则不用低头即可俯视,嘴大有利于饮食,还利于接吻。可惜他对自己五官的这一番美学辩解,没有使自己成为雅典人心目中的美男子。

柏拉图是苏格拉底的得意门生。他原名阿里斯托克勒,是古希腊影响最大的哲学家,有人甚至说一切西方哲学不过是对柏拉图思想的注解。柏拉图哲学最重要的概念是"理式"。他认为有两个世界:一个是不变的"理式"世界,即本体界;一个是感性的现实世界,即现象界。理式世界是现实世界的根据,它是不变的,是"真""善""美"本身。现实世界源于理式世界,因而与"真""善""美"有了一定距离,也就是说,现实世界是易变的,也是不太真实、不太完美、不太合目的性的。这里其实暗示了柏拉图的世界观具有悲观主义的性质。他认为哲学要关心的是不变的本体世界或理式世界,而不是那个易变的现实世界。这说明柏拉图的思维路线是由上而下的演绎,也为现实生活中的人们描绘了一个完美世界。所谓"理式",又译为"理念""理型"或"相",在柏拉图那里兼有 Idea(大写的观念而非人的主观的或小写的观念)和 Form(大写的形式而非小写的形式,即不是可经验的事物的具体形式)的双重含义,是指事物的共相、普遍本质,或不可经验的客观性实体。他把一切事物的普遍本质抽象、独立出来,建构出某一类事物的"理式"和一切事物的"理式"。这反映了古希腊在哲学思辨上所达到的最高思维水平。

"理式"作为柏拉图哲学的"枢纽"和思维演绎的源头,决定了他的美学观点。

---

① 黑格尔.哲学史讲演录(第1卷)[M].北京大学哲学系外国哲学史教研室,译.北京:生活·读书·新知三联书店,1956:218.
② 北京大学哲学系.古希腊罗马哲学[M].北京:商务印书馆,1961:37.

他认为世界在本原上先有理式，具体的事物模仿理式，艺术品再模仿具体的事物，因此艺术是对真理"模仿的模仿"；只有普遍的"理式"才是真理，所以模仿的层次越远，真实的东西就流失得越多，因此艺术是不真实的。他以一张床为例做了说明：人们在制作一张床之前，一定先有一张床的理式存在于头脑中，然后按照这个床的理式造出现实的床，艺术家又按照现实的床创造出作为艺术品的床。

柏拉图的哲学和美学有典型的本体论特色，《大希庇阿斯篇》明显地表现了这一点。在他那里，美的本体就是"理式"，美在理式。美的理式即"美本身"，是"美的东西"之所以美的根据，"美的东西"是根据美的理式才美的。任何一个具体的"美的东西"都不可能是"美的东西"的最后根据，美丽的人能说明美丽的马为什么美吗？不行。反之亦然。而唯有抽象的"美本身"才能说明美丽的人之所以是美的，美丽的马之所以是美的。当然，这个"美本身"到底又是什么呢？是"比例"？是"快感"？用所有的经验来验证，最后发现都不对。所以追问"美本身"是一件困难的事情。这只能说明"美的东西"太丰富、太复杂，而为所有"美的东西"找一个共同的根据，在人类思维的范围内，几乎是不可能的，也没有一个人可以接触到所有的"美的东西"。所以我们的追问、我们的结论都是在逼近"美本身"，而无法穷尽"美本身"。

柏拉图全部思想的核心在于：精神重于肉体，本质决定表象，理性高于感性。

柏拉图也有一个得意门生，他叫亚里士多德，其著述几乎触及当时的一切知识部门，马克思因此称他为"古代最伟大的思想家"，恩格斯则称他为古希腊"最博学的人"。有人认为，苏格拉底给人类带来哲学，亚里士多德给人类带来科学[①]。从亚里士多德的著作可以看出，他不仅在哲学上卓有建树，也对物理学、逻辑学等科学门类做了很深入的阐发。他的建树是在继承并全面批判柏拉图的基础上发展起来的，所以他说"吾爱吾师，吾更爱真理"。一方面，柏拉图认为艺术有害，亚氏主张艺术有用，甚至认为诗歌高于历史，因为历史只叙述个别故事，而诗歌可传达普遍性真理；历史叙述已经发生的事，诗歌则叙述可能发生的事。另一方面，柏拉图认为艺术模仿是不真实的，亚氏则认为艺术模仿有利于求知，因而它是真实的、有益的。在本体论上，柏拉图认为一般（理式）决定个别（事物）；亚氏却不认同

亚里士多德：吾爱吾师，吾更爱真理。坚持真理，还是盲从权威，亚氏以自己的选择做出了回答。

---

① 威尔·杜兰特.哲学简史[M].梁春，译.北京：中国友谊出版公司，2004：42.

这一看法,指出个别的感性存在与它的本体存在是一致的。他说:"善必与善的怎是合一,美合于美的怎是。"①这就是说,美的本质来自对美的现象的概括,所以美的现象体现了美的本质,美本体与美的现象是合一的。亚氏美学建构在他认可、肯定经验世界的基础上,由此出发,亚氏认为美在于完整,太大的东西或者太小的东西由于视觉经验把握不到它的完整性,因而是无所谓美的。

希腊化与古罗马时代的美论,仍然主要是本体论美学。特别是普洛丁的美学,是柏拉图美学的神学翻版。作为一个神学家和新柏拉图主义者,他直接将柏拉图的"理式"改造为"太一","太一"相当于"理式",区别在于前者是神学的,而后者是哲学的。所谓"太一",就是本体,就是一切事物的"一"或源头。"太一"是真善美本身。他的"太一说"和"流溢说"构成他思想的中心,一切观点都是源自这两个方面。他认为,从本体世界的"太一"依次"流溢"出宇宙理性、灵魂和感性世界,离"太一"越远,真善美就越少,甚至流溢出恶。恶之为恶,在于它离"太一"太远了,以致没有"分有"到真善美的因子。因此,尘世的美和感性的美是从最高的"太一"那里"流溢"出来的,所以美是太一的光辉。他把美分为彼岸的美和此岸的美,前者是指美的本体,即太一,后者是指美的具体现象,前者规定后者。这样的"太一"无疑就是"神",所以普洛丁说,只有"神"才是美的来源,凡是美的事物都是来自"神"。至此,这种本体论美学走向了宗教神学。拨开神学的云雾,普洛丁思想的启示在于:人要突破现实,过上有高度的生活,而这种高度,需要从两个方面考虑,一是主观的精神的高度,二是客观的神性的高度。基于此,20世纪的哲学家罗素才对普洛丁投去了赞叹的目光。

普洛丁(又译为普罗提诺),古罗马时代最著名的新柏拉图主义者,他轻视肉体而崇尚精神。他说过,心灵不美,就看不见美。这句话很具有启发性。

到了中世纪,这个"神"就变成了上帝,此阶段最基本的美学观点是美在上帝。分处中世纪前后期的两大思想家奥古斯丁和托马斯·阿奎那都坚持这一点。上帝是最高、最普遍的完美存在,因而是一切事物的创造者和最终本体。对于美学来说,上帝是终极美、绝对美、无限美,是美本身和一切尘世美的创造者,尘世美或感性事物的美则是相对美、有限美、低级美,是上帝的反映和象征。由上帝这个神学本体出发,中世纪美学具有以下三个明显特点:第一,上帝之美或神性之美是最真实的美,因此是尘世美的源头和最终根据。意大利神学家安瑟尔谟提出,只有信仰上帝才能理解上帝,对于上帝,一个人决不是理解了才能信仰,而是信仰了才能理解,因为上帝本身是人类理解的终极,是一切设想中最伟大的存在者。亚历山大里

---

① 亚里士多德.形而上学[M].吴寿彭,译.北京:商务印书馆,1959:134.

亚的克莱门特坚信,上帝是所有美的事物的根源①。上帝有如光源,光因此成为中世纪一个硕大无比的象征,影响到中世纪在绘画、雕塑、建筑等领域的创作。第二,中世纪长期贬低感性美或尘世美,这是从禁欲主义和宗教神学出发而导致的必然结果。第三,重视精神美。最高的美是精神美。②中世纪的人们特别重视美的主观因素,认为内在美重于外在美,精神美超过现象美,灵魂美胜过肉体美。这种观点受到古希腊特别是柏拉图的影响,也是中世纪颂扬上帝之美的必然结果。那时人们认为对内在生活的反省可获得比感觉经验更确定的洞见,因此人的内在存在具有知识论上的优先性。

二、认识论美学阶段:文艺复兴至19世纪

文艺复兴时期是"世界的发现"与"人的发现"的时期,也是人的自觉和艺术自觉的时代,从神的世纪进入了人的世纪,自此西方跨进理性大发展的近代社会。人们关注的中心从客观世界是什么转到关注主体自身怎样才能认识客观世界,人自身的认识能力、认识途径和认识方法成为人们关注的中心。人们的整体思维模式从客观世界转向了主体自身,西方哲学和美学由此进入认识论时期。这并非表示西方哲人放弃了追问世界真相的哲学雄心,本体论仍是思考的一个目标。近代哲学的开门人是笛卡儿,他首先确立了主体论哲学,尤其是确立了主体理性在认识世界方面的统治地位。古希腊时期的哲学家都肯定人的理性高于感性,但那时哲学主要是属于思考世界本体问题的客体论哲学,而笛卡儿虽继承了古希腊思想,但他是将客体论哲学转变为主体论哲学并确立人的理性权威的第一人。他认为一切都是可怀疑的,只有"我在怀疑"这一事实不可怀疑,由此提出"我思故我在"的结论,这是一种典型的认识论哲学。

他的美学也是认识论的美学。他说:"所谓美和愉快都不过是我们的判断和对象之间的一种关系。"③把美看作一种特殊的认知关系。笛卡儿理性主义深刻影响了布瓦洛的文艺美学。布瓦洛在他的名作《诗的艺术》中,将理性确定为文艺创作的原则和目标,认为理性才是决定真与美的标准,其名言是:"只有真才美,只有真才可爱。"④从而为17世纪古典主义文艺运动制定了规则。

笛卡儿的哲学名片上只印着一句话:我思故我在。对理性、对怀疑一切的人的主体精神做了空前明确的肯定。

---

① 塔塔科维奇.中世纪美学[M].褚朔维,李国武,聂建国,等,译.北京:中国社会科学出版社,1991:31.
② 塔塔科维奇.中世纪美学[M].褚朔维,李国武,聂建国,等,译.北京:中国社会科学出版社,1991:32.
③ 北京大学哲学系美学教研室.西方美学家论美和美感[M].北京:商务印书馆,1980:79.
④ 北京大学哲学系美学教研室.西方美学家论美和美感[M].北京:商务印书馆,1980:81.

西方的这种认识论转向在发展过程中,呈现出两种不同的路径。一种是欧洲大陆理性主义,强调人之所以能认识世界、把握普遍真理,是因为人有天赋的理性,知识源自人的先验理性。一种是英国经验主义,主张人的后天经验在知识构成中的基础作用,知识不是来自先天理性,而是来自客观的或主观的经验,一般前者被划到唯物主义阵营,后者则被划到唯心主义阵营。

大陆理性主义的德国代表是哲学家莱布尼茨,他又是数学家,与牛顿同为微积分创始人。哲学上的观点是单子论和预定和谐论,认为世界由单子构成,单子之间又是和谐的,这种和谐由上帝预先规定。由此他肯定现实美,认为我们生活的世界是无限可能世界中最好也最美的世界,因为上帝预先给了我们这个世界以秩序和和谐,简言之,美的本质在和谐。由此他把美的根据归结为一种预先存在的理性秩序,宣称美是"预定的和谐"。他还认为诗和音乐具有令人难以置信的感人力量,"音乐,就它的基础来说,是数学的;就它的出现来说,是直觉的"。[①]莱布尼茨美学是古希腊思想和基督教神学的结合,其中美是和谐的观点来源于古希腊,美是上帝的预先决定的观点来源于基督教。

英国经验主义认识论的代表是培根、霍布斯、洛克、休谟等人。培根是英国文艺复兴时期最重要的哲学家,英国经验主义的奠基人,"知识就是力量"是他的名言。培根强调归纳法和经验求知的作用,反对理性主义的演绎法,他的《新工具》突出了归纳法在知识形成中的作用。他对艺术、审美活动的研究也是把它们与人的经验联系在一起,不作柏拉图式的玄想,喜欢关注与现实联系紧密的审美范畴。霍布斯是英国著名的无神论者,在经验主义与理性主义之间徘徊,但主要还是一个英国谱系的经验主义者,最为著名的著作是《利维坦》,借用《圣经》中一种铜头铁臂有似鳄鱼的怪兽的名字,来比喻国家的强大。霍布斯认同性恶论,认为人性有三恶:互相竞争——为利益而侵略;彼此猜疑——为安全而侵略;追求荣耀——为名誉而侵略,因此自然状态下的人都是利己主义者,人与人的关系像狼与狼一样。在认识论上,他基本上是反对"天赋观念"的,认为知识从感觉中来,感觉经验是认识的开端和源泉。他以善为美的核心,又以美为善的形式,主要按照经验主义思路研究美的感性形态和艺术想象等问题。洛克如培根一样,是一个坚定的经验主义者,他的著名观点是"白板说",提出心灵如白板,就是说,人没有"天赋观念",只有经验才能在有如白板一样的大脑中留下痕迹,进而构成知识。如他本人所说:"我们的全部知识是建立在经验上面的;知识归根到底都是导源于经验的。"[②]休谟比培根晚生近150年,因此到休谟这里,他逐渐看到了无数英国前辈在

[①] 北京大学哲学系美学教研室.西方美学家论美和美感[M].北京:商务印书馆,1980:86.
[②] 北京大学哲学系外国哲学史教研室.十六—十八世纪西欧各国哲学[M].北京:商务印书馆,1975:366.

经验主义方面所存在的盲区,即确定经验必然性的存在,而休谟认为经验是偶然性的,因而经验的叠加和扩大仍然是偶然性的,无法推导出必然性,因此他是英国经验主义的怀疑者,这直接启发了后来德国的康德弥补经验主义和理性主义裂痕的哲学意图。英国还出现了一些纯粹的经验主义美学家,如夏夫兹博里和他的弟子哈奇生。两人提出了美学上著名的"内在感官说",认为审美取决于人所独有的一种"内在感官"。这种经验主义美学以人的感觉经验为基础,在认识论的大框架下来探讨美学问题。

近代认识论美学在德国古典美学那里达到了光辉的顶峰,可以与古希腊美学相媲美。德国古典美学的主要人物有康德、谢林、席勒、歌德和黑格尔等。康德是德国古典哲学的开创者和主要代表,生于德国一个小镇哥尼斯堡,与柏拉图、叔本华一样终身未婚。他的一生都在书斋里过着玄想思辨的生活。海涅对康德的生平做过精彩的描述:

康德高深的言论告诉我们:自由自觉是人的本质,也是人的确证。

康德的生活史是难于描述的,因为他既没有生活,也没有历史。他住在德国东北边境一个古老城市哥尼斯堡的一条僻静的小巷里,过着一种机械般有秩序的、单调乏味的独身生活。我相信,就连城里教堂的大时钟也不能像它的同乡伊曼努尔·康德那样无动于衷地、机械地完成它每日的表面工作。起床,喝咖啡,写作,讲学,吃饭,散步,一切都有规定的时间。邻居们清楚地知道,当伊曼努尔·康德穿着灰色外衣,拿着藤手杖,从家门口出来,漫步走向菩提树小林荫道的时候,就是下午三点半钟,由于这种关系,人们现在还把这条路叫做哲学家之路。一年四季他每天总是在这条路上往返八次,每逢天气阴晦或乌云预示着一场暴雨的时候,他的仆人老兰培,便挟着一把长柄伞作为天意的象征,忧心忡忡地跟在后面侍候他。

康德的主要著作是"三大批判":《纯粹理性批判》《实践理性批判》和《判断力批判》。《纯粹理性批判》是一部典型的哲学著作,主要探讨认识论问题,即"真"何以可能、知识何以可能的问题,结论是人的先天理性和后天经验是知识形成的根据。《实践理性批判》主要探讨道德问题,即"善"何以可能、真正道德何以可能的问题,结论是人的自觉是真正道德的根据。《判断力批判》很大一部分是探讨美学问题,即"美"何以可能的问题,结论是人的非功利心态是美的根据。可见康德的"三大批判"皆以人为研究中心和研究目的。

康德具体的美学思想主要体现为三个方面:对美(优美)的分析;对崇高的分析;对艺术的分析。康德从质、量、关系和模态四个方面,对美和审美判断进行了如下界定。第一,质。从美的性质来说,美是无关利害的快感,它不涉及概念判断和实际生活欲望。也就是说,审美活动不等于认识活动,也不等于道德活动或其他功利性活动;审美快感也不等于生理的快感和道德的快感,而主要是一种自由的无关利害的精神快感。这里突出的是美的非功利性,尤其是人在审美时的无功利心态。第二,量。从范围来说,凡是那没有概念而普遍令人喜欢的东西就是美的[1]。这里突出美的普遍性。这种普遍性源于人在心理结构和审美上存在的"共通感"。个人感到美而他人并不认同的就不是美的。美必须有普遍的可传达性和广泛的认可度,审美不是纯粹个人主义的。第三,关系。从目的或美与人之间的关系来说,美是无目的的合目的性,美是一个对象的合目的性形式[2]。所谓无目的,即没有客观的外在实用目的;所谓合目的,指合于人的主观目的,即合于人的精神需要和自由性要求,所以准确地说是:美是没有明确客观目的的主观合目的性。如何达到合目的性?即通过与实际利益无关的纯粹形式来达到主体精神愉悦。这里既突出美与人的关系,即美是为人而存在的,这是美的价值;又突出美在于形式而不在于实际的内容,这是明显的形式主义观点,对后世影响极大。第四,模态。从概率来说,凡是那没有概念而被认作一个必然愉悦的对象的东西就是美的[3],即美是不凭借概念而被认为是必然产生快感的对象。这里突出的是美的必然性。同时康德指出这种必然性主要来自人主观方面的审美直观。面对美的瞬间,无须借助明晰的概念推理,凭直观或直觉就必然使人精神愉悦。后来叔本华谈审美直观,以及克罗齐等人的直觉主义美学,都受到康德美学的启发。总体而言,康德对美的分析,强调的是人的决定作用,也就是说,康德认为,只有人才能最终为审美立法。

康德的崇高美学依然将根据放在人的方面,特别强调了人的精神素质的决定作用。康德指出,虽然崇高的形式大量存在于自然界,如高山大海、悬崖峭壁,而且这些形式对于人的感觉经验来说,几乎大到无法把握。康德把崇高的形式叫做"无形式",但如果没有人的精神素质,特别是人的理性力量在其中发挥作用,这些"无形式"不过是令人恐惧的存在,而只有当人的理性力量可以战胜这些"无形式",它们才能够转化为崇高的存在。康德的艺术美学同样是很丰富的,其中包括他的天才说。他认为艺术天才甚至高于科学天才,因为艺术天才几乎是不可效仿的,他负责为艺术制定规则。康德也强调天才的创造力和想象力。康德对天才、对想象等的强调,成为催生后来欧洲浪漫主义文艺的主要力量。

---

[1] 康德.判断力批判[M].邓晓芒,译.北京:人民出版社,2002:54.
[2] 康德.判断力批判[M].邓晓芒,译.北京:人民出版社,2002:72.
[3] 康德.判断力批判[M].邓晓芒,译.北京:人民出版社,2002:77.

德国古典美学在康德之后,经过歌德、席勒、谢林等人的丰富,终于迎来了黑格尔集大成式的总结。黑格尔美学是其哲学体系的一部分。对于艺术,他依据其辩证法——正、反、合,指出艺术本身可分为三个发展阶段,这也是艺术的三种类型。最初的艺术类型是象征型艺术,形式压倒内在观念,具有崇高的特点,代表是东方古代艺术。然后是古典型艺术,内容和形式达到了统一,代表是古希腊艺术。最后是浪漫型艺术。理念的"自由的精神性的内容意蕴所要求的超过了用外在形体的表达方式所能提供的"①,所以形象变成一种无足轻重的外在要素。在浪漫型艺术里,内容与形式走向了新的分裂。如果说,在象征型艺术里,形式的因素超出了内容的、意义的因素,而在浪漫型艺术里,则是内容的、意义的因素超出了形式的因素。黑格尔还认为艺术发展的逻辑前景是宗教,而宗教发展的逻辑前景是哲学。

黑格尔:美是理念的感性显现。这一观点是他哲学逻辑的产物,他还用他无比精致的逻辑关上了西方古代哲学的大门。

黑格尔关于美的定义是"美是理念的感性显现",这是西方美学史上最有名的定义之一。他指出:

> 美就是理念,所以从一方面看,美与真是一回事。这就是说,美本身必须是真。但是从另一方面看,就得更严格一点,真与美是有分别的。说理念是真的,就是说它作为理念,是符合它的自在本质与普遍性的,而且是作为符合自在本质与普遍性的东西来思考的。所以作为思考对象的不是理念的感性的外在的存在,而是这种外在存在里面的普遍性的理念。但是这理念也要在外在界实现自己,得到确定的显现的存在,即自然的或心灵的客观存在。真,就它是真来说,也存在着。当真在它的这种外在存在中是直接呈现于意识,而且它的概念是直接和它的外在现象处于统一体时,理念就不仅是真的,而且是美的了。美因此可以下这样的定义:美就是理念的感性显现。②

这里,黑格尔对美的规定性的说明是严谨的、有层次的。第一,美是理念,理念即真本身,因而美就是真。这是对美在内容上的一种限定,但这仅仅是对何谓美的一部分限定。第二,美与理念、美与真又不是一回事;理念或真必须取得某种感性形式才是美。第三,美是内容与形式、个别与普遍的统一。黑格尔认为美主要是指艺术,因此他对美的定义实际就是他对艺术的定义。

---

① 黑格尔.美学:第2卷[M].朱光潜,译.北京:商务印书馆,1979:6.
② 黑格尔.美学:第1卷[M].朱光潜,译.北京:商务印书馆,1979:142.

三、语言论美学阶段:19世纪末到20世纪

到了19世纪末20世纪初,西方思想界又发生了一次重大的转向,这就是所谓"语言的转向"。语言上升到哲学的王座之上,哲学的中心话题是语言。语言命题的意义成为当时思想界时髦的思考对象。至此,西方思想史体现出了鲜明的发展轨迹:本体论(世界是什么)——认识论(人如何认识世界)——语言论(人如何用语言来表达对世界的认识以及如何理解这种语言)。

柏格曼于20世纪初即提出"语言论转向"一词,而语言论较为明显的转向开始于20世纪20年代,至20世纪30年代分析哲学美学(简称分析美学)那里,这种转向已定型。从19世纪末到20世纪的前半段,很多哲学成为广义的语言哲学,或者说,很多哲学包含了语言哲学的成分。在此背景下,便有了语言论美学。语言论美学的发展呈现为四种面相。

1.理论取向或理论性质:自然科学性质与人文性质。这是语言论美学的两种类型;前者主要有分析哲学美学、俄国形式主义、结构主义与英美新批评等;后者主要包括存在主义、哲学解释学、接受美学、读者反应批评与解构主义等。此处我们主要以分析美学为例,来看看语言论美学与自然科学的联系。在语言论美学的早期阶段,分析美学具有明显的自然科学背景,是在当时兴起的数理逻辑的基础上发展起来的。分析美学分为以英国罗素为起点、以逻辑实证主义(后变更为逻辑经验主义)者卡尔纳普等为代表的人工语言学派和以摩尔为起点、以后期维特根斯坦、牛津学派赖尔等为代表的日常语言学派。人工语言学派如罗素反对日常语言的含混迷糊。罗素建议净化日常语言,创立人工语言譬如数学语言,弥补日常语言的遗憾,实现语言表达的精确。日常语言学派则反对人工语言,认为语言形式与生活形式同一,即有多少种生活形式就有多少种语言形式。这些人都是具有自然科学功底的哲学家和美学家,如罗素是数学家,石里克的专业是物理学。他们认为哲学问题的产生主要是语言误用的结果,因而"全部哲学都是一种'语言批判'",应该致力于分析语言表达的准确性以及语言命题的意义问题。分析美学有两大鲜明特点:其一是关注语言尤其是语义问题;其二是强调对语言命题的逻辑分析。

2.研究主题:表达之可能与理解之可能。这是语言论美学的两大研究主题。在分析美学那里,语言表达被认为是问题重重的,这是分析美学的重要起点和核心论域。日常语言的表达在这里常常被认为是粗疏、含糊的,体现出一种语言悲观主义,即认为语言在意义表达上是无用的或不可信的。由表达是否可能还延伸到创作是否可能,俄国形式主义、结构主义(包括其中的叙事学)、英美新批评、符号学美学等都进入过这个论域。语言理解问题也成为语言论美学的一个焦点问题。这主要涉及存在主义、哲学解释学、接受美学、解构主义等。在这里,语言的理解和阐释

成为哲学与美学思考的焦点。

3.意义理论:确定性与不确定性。语言论美学的意义理论分为强调确定性与强调不确定性两种立场。意义的确定性理论立场主要涉及人工语言学派和结构主义等流派。人工语言学派希望以数理逻辑来净化和提炼语言,结构主义则着眼于对深层结构或深层语法的窥探与归纳。人工语言学派认为唯有人工语言可保证意义表达的确定性,结构主义则致力于寻求具有普遍确定性的意义结构。意义的不确定性理论立场涉及存在主义、哲学解释学、接受美学、读者反应批评、解构主义等。伽达默尔的效果历史、视域融合是指文本意义与读者理解的历史性融合和变迁,突出文本意义的开放性,指出意义在文本与读者之间摆动并形成意义"织体"。接受美学在这两端中开始偏于读者一极,费什的读者反应批评偏于读者一极更为明显。解构主义则以异延、播撒等术语,强调能指的极端活动性和文本的无限的互文性或文本间性,几乎走上意义虚无主义道路。

4.语言地位:工具论的语言观明显存在于分析美学中。英美哲学和美学的分析性质与最终目的就是通过对语言的考查和批判,给语言划定界限,分清什么是可说的和不可说的。因此有了维特根斯坦的"名言":对于可说的要说清楚,对于不可说的应该保持沉默。一旦达到这个目的,哲学、美学就因无事可做而没有必要继续存在。故而工具论语言观中,语言是可以用过即扔的,对待语言是可以过河拆桥的。本体论语言观可从两个层面分析:一是文艺层面的文本本体论,如俄国形式主义,将语言形式而非内容视为文学的本体,语言形式及其技巧是雅各布森意义上的"文学性"之所在,认为形式决定内容、决定文学。二是人学层面的存在本体论。人之存在本体与语言同在。语言是不能用过即扔的,扔也扔不掉,因为语言与生俱来,而且与生命同在,生命的存在就是语言的存在。人是语言的动物,与语言同在,语言关乎生命本体存在。比较而言,英美分析美学主要突出的是语言的"用":关心如何正确地或科学地使用语言;而欧陆人文性质的美学主要突出的是语言的"体":强调语言的非工具性和对人类生活的普遍意义。

最后要说的是,语言论美学强调语言、符号、结构等的研究,其中很多支派带有明显的形式主义色彩,因此它们存在与社会现实和文化脱节的弊病,其中亦不乏非理性甚至神秘的理论成分。于是有学者指出,20世纪后半段,西方思想界又出现了所谓的"文化的转向",即出于对语言论美学过于关注形式的不满而转向社会文化问题的研究。但是,即使如此,语言论美学依然存在或渗透于各种文化研究理论当中,为各种文化研究理论提供方法论上的支持。

本章小结

人类的审美活动肇始于旧石器时代中晚期,但一直到1750年,"美学"这门学科才得以建立。关于美学该以什么为研究对象,历代学者提出了诸多看法,在此基础上,我们认为美学应以审美活动作为研究对象。

作为学科的美学虽诞生较晚,但人们关于美学的思考却历史久远。中国美学的辉煌起点是春秋战国,其中儒、道两家美学是影响中国传统最为重要的流派。西方美学的璀璨开端在古希腊,德国古典美学是20世纪之前西方美学发展的第二座高峰。

推荐阅读

1. 鲍姆加通.鲍姆加通说美学[M].高鹤文,齐祥德编译.武汉:华中科技大学出版社,2018.
2. 张法.中国美学史[M].成都:四川人民出版社,2020.
3. 朱光潜.西方美学史[M].北京:人民文学出版社,2002.

本章自测

1.填空题

(1)米开朗琪罗的雕塑名作(　　),其主题既表现了丧子的悲痛,又突出了母爱的圣洁。

(2)美学作为一门独立学科而诞生,其时间是在(　　)年。

(3)被尊称为"美学之父"者,一般是指德国美学家(　　)(人名)。

(4)西班牙的阿尔塔米拉洞穴被称为"史前(　　)教堂"。

(5)法国人丹纳在他的《艺术哲学》中,按照社会学眼光,提出了著名的影响艺术的三因素说:种族、(　　)和环境。

(6)明代心学最大的代表人物是(　　)(人名)。

2.简答题

(1)如何理解原始社会的大多数时间内,人类审美活动的实用性特点?
(2)略述中国古代美学思想史发展的主要阶段。
(3)略述西方美学思想史发展的主要阶段。

3.论述题

阐述以审美活动或审美关系作为美学研究对象的理由。

4. 实践题

联系具体生活现实,谈谈儒家或道家美学在今天的积极意义。

参考文献

[1]北京大学哲学系.古希腊罗马哲学[M].北京:商务印书馆,1961.

[2]北京大学哲学系外国哲学史教研室.十六—十八世纪西欧各国哲学[M].北京:商务印书馆,1975.

[3]北京大学哲学系美学教研室.西方美学家论美和美感[M].北京:商务印书馆,1980.

[4]鲍姆嘉通.关于诗作的若干问题的沉思录[M].转引自(德)卡西勒.启蒙哲学[M].顾伟铭,杨光仲,郑楚宣,译.济南:山东人民出版社,1988.

[5]杜兰特.哲学简史[M].梁春,译.北京:中国友谊出版公司,2004.

[6]恩格斯.自然辩证法[M].于光远,等,译.北京:人民出版社,1984.

[7]黑格尔.美学[M].朱光潜,译.北京:商务印书馆,1979.

[8]黑格尔.小逻辑[M].贺麟,译.北京:商务印书馆,1980.

[9]黑格尔.哲学史讲演录:第1卷[M].北京大学哲学系外国哲学史教研室,译.北京:生活·读书·新知三联书店,1956.

[10]加达默尔.真理与方法[M].洪汉鼎,译.上海:上海译文出版社,1999.

[11]金元浦,谭好哲,陆学明.中国文化概论[M].北京:首都师范大学出版社,1999.

[12]康德.判断力批判[M].邓晓芒,译.北京:人民出版社,2002.

[13]李泽厚.实用理性与乐感文化[M].北京:生活·读书·新知三联书店,2005.

[14]李泽厚.己卯五说[M].北京:中国电影出版社,1999.

[15]李泽厚.中国古代思想史论[M].天津:天津社会科学院出版社,2003.

[16]里克尔.哲学主要趋向[M].李幼蒸,徐奕春,译.北京:商务印书馆,1988.

[17]帕斯卡尔.思想录[M].何兆武,译.北京:商务印书馆,1985.

[18]叔本华.作为意志和表象的世界[M].石冲白,译.北京:商务印书馆1982.

[19]塔塔科维兹.中世纪美学[M].褚朔维,李国武,聂建国,等,译.北京:中国社会科学出版社,1991.

[20]梯利.西方哲学史[M].葛力,译.北京:商务印书馆,1995.

[21]维特根斯坦.逻辑哲学论[M].贺绍甲,译.北京:商务印书馆,1999.

[22]韦政通.中国思想史(上)[M].上海:上海书店出版社,2003.

[23]徐复观.中国艺术精神[M].沈阳:春风文艺出版社,1987.

[24]雅斯贝斯.历史的起源与目标[M].魏楚雄,俞新天,译.北京:华夏出版社,1989.

[25]亚里士多德.形而上学[M].吴寿彭,译.北京:商务印书馆,1959.

[26]叶朗.中国美学史大纲[M].上海:上海人民出版社,1985.

[27]朱光潜.西方美学史(上卷)[M].北京:人民文学出版社,1979.

第二章　美的定义

本章概要

本章第一节介绍西方美学史上给美下定义的几种主要途径,包括从事物的客观属性定义美、从人的主观感受定义美、从客观精神理念定义美以及从主客观关系定义美这四种途径。第二节首先介绍马克思主义美学观的主要内涵与特征;在马克思主义美学观的指导下,美是与人的本质相一致的创造性形象。

学习目标

1. 了解:西方美学史上定义美的四种主要途径;亚里士多德、阿奎那以及英国经验主义关于美的定义;柏拉图关于美的东西与美本身的区别的学说;美的快感说。

2. 理解:美在关系说;劳动创造了美;康德关于美的定义;美的距离说。

3. 掌握:马克思主义美学的主要内容;马克思主义美学的主要特征;美在创造说。

学习重难点

学习重点

1. 西方美学史上定义美的几种途径。
2. 马克思主义美学的主要内容。

学习难点

1. 康德、黑格尔关于美的定义。
2. 从客观理念定义美。
3. 美在创造说。

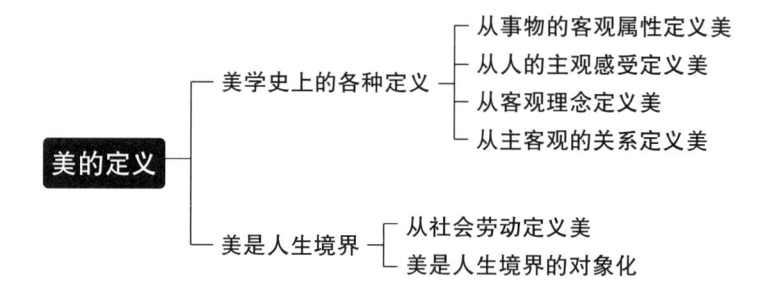

思维导图

美的定义
- 美学史上的各种定义
  - 从事物的客观属性定义美
  - 从人的主观感受定义美
  - 从客观理念定义美
  - 从主客观的关系定义美
- 美是人生境界
  - 从社会劳动定义美
  - 美是人生境界的对象化

第一节　美学史上定义美的各种视角

一、从事物的客观属性定义美

美学史上最常见的一种定义美的方法是从美与事物的客观属性之间的关系来定义美。古希腊的毕达哥拉斯学派，由于成员大都是数学家，认为世界的基本要素就是"数"，所以美就是数的和谐。他们认为音乐是对立因素的和谐统一，把杂多导致统一，把不协调导致协调。毕达哥拉斯学派把音乐中和谐的原理推广到建筑、雕刻等其他艺术，探求什么样的数量比例才会产生美的效果，得出的结论就是事物在形式上要有一定的和谐的比例，一切部分之间要见出适当的比例，比如他们发现的黄金分割比就是从比例关系来判断事物美丽与否。他们还认为一切立体图形中最美的是球形，一切平面图形中最美的是圆形。

亚里士多德对美的界定也主要是从事物本身的构成是否和谐整一出发的。他在《诗学》里说，一个有生命的东西或是任何由各部分组成的整体，如果要显得美，就不仅要在各部分的安排上见出一种秩序，而且还须有一定的体积大小，因为美就在于体积大小和秩序。一个太小的动物不美，因为小到无须转眼睛去看时，就无法把它看清楚；一个太大的东西，例如一千公里长的动物也不美，因为一眼看不到边，就看不出它的统一和完整。他提出美的主要形式有三种：秩序、匀称与明确。他坚持美就是事物本身的和谐整一。美与不美、艺术作品与现实事物的分别，就在于美的东西和艺术作品里，原来零散的因素结合为统一体，这种有机统一的思想对后来西方美学的发展有重要影响。

中世纪的奥古斯丁、阿奎那也把和谐整一的性质定义为美。奥古斯丁给美下的定义是整一和谐，给物体美下的定义是各部分适当的比例，再加上一种悦目的颜色。他写过一部美学专著，叫《论美与适合》。不过，奥古斯丁的美学观是和神学结合在一起的。他认为无论在自然中还是在艺术中，那种美的整一和谐并非客观事物本身的一种属性，而是上帝的整一在事物身上打下的烙印。阿奎那认为美有三个要素，第一是完整或完美，凡是不完整的东西就是丑的；其次是适当的比例或和谐；第三是鲜明，所以着色鲜明的东西是美的。同时他指出，人体的美在于四肢五官端正匀称，再加上鲜明的色泽。鲜明和比例组成美的或好看的事物。鲜明和比例都植根于心灵，心灵的功能就在于把比例安排对称并且使它显得明亮，感官之所以喜爱比例适当的事物，是由于这种事物在比例适当这一点上类似感官本身。

到了文艺复兴时期，自然科学发达起来，人们用科学主义去反对宗教愚昧主义,拼命吮吸知识的甘露,许多学者都成为大百科式的知识巨人,那是一个需要巨人而且产生了巨人的时代。人们对事物本身的特性更加注意,精确研究的思想空前增强,使得人们对美的认识也极其注意事物本身的形式、比例和结构,"达·芬奇画鸡蛋"的故事充分说明了人们对形式本身的重视。达·芬奇精心研究人应该符合怎样的比例才是美的,最后得出头长和身高的比例为1比8最美,在《芬奇论绘画》中他提出美感完全建立在各部分之间神圣的比例关系上。文艺复兴时期的塔索认为美是自然的一种作品,因为美在于四肢五官具有一定的比例,加上适当的身材和美好悦目的色泽,这些条件本身是美的,就会永远是美的,习俗不能使他们显得不美,正如习俗不能使尖头肿颈显得美,纵使是在多数男女都是尖头肿颈的国度里。所以,美在于永恒的比例本身。这一时期英国的荷加兹也认为蛇形线最美,因为它同时朝着不同的方向旋转,能使眼睛得到满足,引导眼睛追逐其无限多样性。荷加兹认为美的原则是:适宜、变化、一致、单纯、错杂和量,所有这一切互相补充、互相制约、共同合作而产生了美。可见这一时期人们把美很大程度上归结为事物的形式。

  17至18世纪,英国经验主义美学兴起,对美的界定多趋向于对美感经验和事物客观性质的分析和描述。夏夫兹博里认为,凡是美的都是和谐的、比例合度的。英国18世纪的著名美学家柏克明确区分了美的两种范畴——优美与崇高,分别界定了这两种范畴的外在特征,认为崇高的对象主要有下面一些特点:体积巨大(例如海洋)、晦暗(例如某些宗教的神庙)、力量、无限、壮丽、突然性等等。这些属性引起人心理的恐怖,凡是能引起人无利害的恐怖的东西就是崇高的美。柏克所说的优美也是指事物的某种属性,把美限于事物的感性性质。他说"我所谓美,是指物体中能引起爱或类似情欲的某一性质或某些性质。我把这个定义只限于事物的纯然感性的性质"。他还把美归结为事物"小"的属性,他说:"美大半是物体的这样一种性质,它通过感官的中介作用,在人心上机械地起作用。"美的事物首先在于它的小,包括类似小的性质:柔滑、娇弱、不露棱角、轻盈、圆润等特质都是美的特质。

  从客观事物的属性来研究美,确实抓住了美的某些特征,美也确实和事物的属性有一定的关系。日本学者笠原仲二依据《诗经》《楚辞》《列子》《淮南子》《文选》等古籍归纳出中国古代人们心目中的美女的主要条件:年轻,身材苗条,肉体丰满,削肩,皮肤白皙细腻,黛眉明月,长垂的双耳,朱唇,齿如贝露,黑亮的浓发。这些主要是根据人外在的一些属性来确立的美的标准。中国古代形容美人,也主要用乌发蝉鬓、云鬟雾鬟、蛾眉青黛、明眸流盼、朱唇皓齿、玉指素臂、红妆粉饰、肌肤芬芳等来形容,都有明确的客观标准。宋玉在《登徒子好色赋》中形容美女,增之一分则太长,减之一分则太短;著粉则太白,施朱则太赤;眉如翠羽,肌如白雪;腰如束素,齿如含贝;嫣然一笑,惑阳城,迷下蔡。这里的美女"尺寸"刚好,不能增一分,也不能减一分,说明从客观属性来思考美的标准,是有一定道理的。

但是美在比例、和谐、对称、尺寸、体积、颜色、大小等,在"此"适宜的对象在"彼"却不适宜,对于孔雀很美的比例却不适宜于天鹅;对于熊猫很适宜的尺寸对于蛇来说就不适宜了;对于此人适宜的对于彼人不适宜,仙鹤的腿接在鸭子身上,鸭子并不会变美。美的这比例、尺寸、颜色等具体的标准很难量化,很难普遍有效。奇松、怪石等,它们的美也不在于比例、和谐、对称。美如果仅在客观对象的属性上,难以达到美的普遍性。这说明美的判断是一个复杂的系统工程,不仅仅依靠客观属性。

二、从人的主观感受定义美

把美归结为人的某种主观心意状态也是一种较普遍的理论取向,让人愉快的就是美,让人不愉快的就是丑,或者认为美的产生是人自己的情感、心理活动、心理反应的结果。从美与人的主观感受之间的关系来研究美,把美归结为主体自身的原因,这在美学史上也比较常见。柏拉图、伊壁鸠鲁都曾把美和人的愉快联系在一起。塔塔科维兹在他的《古代美学》里记载,主张快乐是人生目标的伊壁鸠鲁派曾主张即使你谈论的是美,你也是在谈论愉悦,因为美如果不是令人愉悦的就不会是美的。但是真正从美学理论上自觉阐明美是人的愉快的,是英国经验派的美学家。柏克曾经说,我们所谓美是指物体中能引起爱或类似情感的某一性质或某些性质。柏克认为,美只限于事物的单凭感官去接受的一些性质,但是美引起的这种爱却并不引起某种感官的欲念。

休谟在《论审美趣味的标准》一文中说,美并不是事物本身的一种性质,它只存在于观赏者的心里。每个人心里都会见出一种不同的美。这个人觉得丑,另一个人可能觉得美。每个人应该默认自己的感觉,不应该支配旁人的感觉。要想寻求实在的美或实在的丑,就像要想确定实在的甜与实在的苦一样,是一种徒劳无益的探讨,这就把美看作人的一种主观感受。休谟指出,美只是圆形在人心上所产生的效果,人心的特殊构造使他可以感受这种情感。如果你要在圆上去找美,无论用感官或是用数学推理在圆的一切属性上去找美,都是白费力气,美是人心的一种效果。沃尔夫认为美是完善所引起的快感,产生快感的叫做美,产生不快感的叫做丑。美可以定义为一种适于产生快感的性质或是一种显而易见的完善。荷兰哲学家斯宾诺莎也认为美是对象作用于神经而感到的舒适。他说,如果神经从呈现于眼前的对象所接受的运动使我们舒适,我们就说引起这种运动的对象是美的,而那些引起相反运动的对象,我们便说是丑的。近代美学家中,有人专门从心理学或生理学出发来探讨美与愉快的关系,形成了所谓的"快乐派"。美国的马歇尔就是这样的代表。他认为外界刺激有大小,人的反应也有大小。当人的反应力量大于刺激力量时,人就会感到愉快。但是,在不断的刺激下,我们从低级感官所取得的愉快很快就会消失,而眼睛、耳朵等高级感官所得到的刺激却是持久愉快的源泉,能保持一种"稳定的快乐"。李斯托威尔在其《近代美学史评述》中说,马歇尔相信美就是相对稳定的或者真正的快乐。美就是愉快,这在西方美学史上是很有市场的一种观念。

到了现代,把美归结为人的主观心意状态的是以弗洛伊德为代表的精神分析学派了。弗洛伊德本人是一个精神病医生,他在大量临床实践中发现人的意识可分为三个部分:上层的是意识层,最下层是潜意识层,界于这两者之间的还有一个前意识。与这三个部分对应的是人的三重人格结构,即超我、本我和自我。人的行为力量来源于潜意识中的性本能比较多,要求按照快乐原则行事,但人的这种本能力量常常在意识控制之下得不到表现和实行,郁积在潜意识中,只能按照现实原则行事。这种郁积就会形成人的压抑和精神病,而这种潜意识得到宣泄、表现,人就会感到愉快。梦是人宣泄潜意识本能的一种重要方式,而作家的艺术创造实际上是作家的潜意识内容的转移和升华,是创作家的白日梦。

在弗洛伊德看来,美的源泉和本质就是人的潜意识特别是性意识本能得到实现或者升华的结果。莎士比亚的《哈姆雷特》之所以具有永久的魅力,原因就在于他表现了哈姆雷特的潜意识中的恋母情结。哈姆雷特为什么迟迟不能下手杀死那个杀了他父亲娶了他母亲的仇人克劳蒂斯呢?弗洛伊德认为,哈姆雷特自己潜意识中也有这种杀父娶母的恋母情结,所以他迟迟不能下手。弗洛伊德把人的一切行为都归结为性本能,这种泛性主义的观点的缺点是不言而喻的,脱离人的社会性、历史性而只从生物性的角度来看人的行为是不科学的,也是有危害的。不过他深入到人的心理活动的最深层,挖掘人的行为的隐秘世界,而且人的行为确实有一定的无意识成分,所以还是有一定意义的。

从西方思想实践来看,弗洛伊德的思想给整个西方文化以巨大的影响,许多领域都受到他的影响。很多人把他的理论和别的理论相结合,产生了一个又一个的新理论,很多作家也在他的影响下创作出迥异于前人的文学艺术作品,以至于有人说,20世纪可分为前弗洛伊德时期和后弗洛伊德时期。弗洛伊德可以说是20世纪最有影响的人物。有人这样描述弗洛伊德:他是人性的发现者,精神分析的创立者,但他一生的大半时光里,他的发现带给他的是漫天风雨般的攻击与辱骂;他毕生忠于爱情,但被无数人骂作淫棍;他渴望友谊,但他的朋友一个个弃他而去;他是医生,但被癌症折磨得死去活来,先后动过三十三次手术;他尽忠于祖国,祖国却在他八十二岁高龄时将他驱逐出境,最终客死异乡。这就是弗洛伊德。他把人们带入灵魂隐秘的深处,从微观上揭示人的丰富性、多重性。

弗洛伊德的学说有人赞扬,有人贬斥,有人修正。他的学生阿德勒和荣格分别对弗洛伊德的学说做了修正。阿德勒认为人的行为的力量源泉来自童年时期形成的每个人都有的自卑情结。童年是人最弱小无助的时候，人形成了一种自卑情结，在以后的岁月里，他的一切行为的力量都来自使自己强大起来、超越那种自卑的动机，自卑与超越是阿德勒主张的人的行为的力量源泉，所以对美的创造与欣赏也是人克服自卑情结、超越自我的结果。荣格认为人的潜意识又分为上下两层：潜意识上层是个人潜意识，内容是个人的本能意识；潜意识下层是集体无意识，即通过遗传在一个人潜意识里留下来的整个民族从远古以来就有的集体经验、集体心理模式。也就是说，一个人的无意识并不仅仅是他个人的经验，还反映了整个民族、整个集体的某种共同的无意识经验。所以，作家在写自己的无意识的时候并不仅仅是个人的呓语，也说出了大家共同的心声，这样艺术和美的创作有了普遍可传达的集体意义。美的创造和欣赏实际上是人的集体无意识得到实现的结果。

认为美主要是人主观作用的结果的学者还有谷鲁斯、布洛等。德国美学家谷鲁斯认为模仿是人的本能，人的审美活动也是一种模仿活动，只是这种模仿活动和一般的模仿不一样，一般的模仿都要外现于肌肉、动作，实际去操作，而审美活动不外现在具体动作上，只是一种感知觉的内在模仿，例如一个人看跑马，这时真正的模仿当然不能实现，他不愿放弃座位，也不能去跟着马跑，所以他心领神会地跟着马的跑动，享受这种内模仿的快感。这就是一种最简单、最基本也最纯粹的审美欣赏了。谷鲁斯把美看成人的内在模仿所得到的快感。把美和人的主观心理联系起来的美学家还有瑞士的布洛，他提出了"距离"说。他认为美是人与对象保持一定的心理距离的结果，如果人与对象有直接的利害得失的功利关系，则往往只能有切身的利益考虑而不会有审美产生。他以海上遇雾为例，我们如果真正置身浓雾中，会由于担心遇到危险而焦虑、紧张甚至恐怖绝望地颤抖，但是当雾不会对我们有危险时，我们就会对那朦胧飘渺的雾的世界产生一种美感。当我们从电视上看到海啸、火山喷发、地震、山崩地裂，会觉得壮观，因为我们本人是安全的，不受实际威胁，所以才会觉得美。而如果我们本人身在这样的山崩海啸之中，恐怕就没有美了。布洛所说的距离实际上主要是一种心理距离，它不是空间上的距离，也不是时间上的距离，这种距离主要指主体的一种非功利的态度。与对象利益牵涉过近就可能影响我们的审美，有人看《白毛女》看到黄世仁逼死杨白劳，忍不住站起来要开枪打死"黄世仁"，有人看到奥赛罗掐死苔丝狄蒙娜时也忍不住开枪射击"奥赛罗"，都是因为与欣赏对象之间失去了距离，把审美对象看成了现实生活中的人物，这就不再是审美了。齐白石先生说艺术在"似与不似之间"，就是审美距离的问题。

一些历史上让人伤心欲绝的事情，随着时间的推移变成了审美的题材，这看上去似乎是时间的距离让伤痛转变成了美，但实际上主要还是因为我们说的是别人经历的事情,只是一个无关自己的故事,完全以一种非功利的心态在看这些事情,才有"闲心"来歌咏。没有了那种切肤之痛,伤心往事才转变了性质,由于距离而变成了一种美,甚至是一种传奇。王维《息夫人》诗云:"莫以今时宠,能忘旧日恩。看花满眼泪,不共楚王言。"对于息夫人来说,面对楚国的抢夺与灭国的威胁,她被迫离开丈夫,嫁到楚国,这其中的屈辱与伤痛是刻骨铭心的。而后人不断地吟咏回味,将这件事情诗意化了,其中最重要的原因就是这个故事不是我们本人的,经过时间的淘洗,故事失去了本身痛苦的色彩,变成一个符号而已了。杜牧《题桃花夫人庙》里也说"细腰宫里露桃新,脉脉无言度几春。至竟息亡缘底事?可怜金谷坠楼人"。面对石崇、孙秀的争夺,可怜的绿珠只得跳楼自杀。对于坠楼的绿珠来说,生命的陨落哪有诗意可言?她没有时间来感叹回味,没有时间来判断这件事美还是不美。而后世却不停地咏叹,这确实是"距离"造成的。亲历此事的人不能站在远处来看自己正在经历的事情,"不识庐山真面目,只缘身在此山中",而别人却可以站在远处"看",由此把痛苦的事情幻化成了美的事情。时间的距离可以把切肤之痛变成淡淡的伤感,从而披上美的面纱。

把美的本质归结为人主观快与不快的感受,归结为主观的心理活动,这种理论注意到了美的主体性,把美的研究从事物的属性转移到了人这里,从人自身寻找美的原因,这是一种进步与视角的拓展。但是美能产生快感,产生快感的却并不就是美,主观派只注意了美与人的快感、无意识宣泄以及心理距离、情感等问题,对于人产生审美判断最重要的社会历史性、创造性等没有充分考虑,还忽视了美的客观对象性,完全忽视美的物理属性,也是不足的。

三、从客观理念定义美

美学史上还有一大流派,从客观理念来定义美,认为美是一种客观存在的不以个人意志为转移的客观理念。这种看法的代表人物是柏拉图、普洛丁、黑格尔等。

柏拉图认为美是"美本身",它不是具体的"美的东西",是美的东西的共同普遍本质,这种美是"永恒的,无始无终的",是客观存在的,不以个人意志为转移。任何美的东西之所以美,都是因为它"分有"了"美本身",这个"美本身"就是一个"理念"。世间有一个"美之所以为美"的理念客观存在,任何事物只要符合这个理念,所有的人都会毫不犹豫地做出相同的判断。只是这个"理念"的具体内容究竟是什么,柏拉图没有明确指出。

柏拉图提出的"美是一种理念"是相当深刻的。他对"美的东西"和"美本身"的区分,把"理念"和物质世界区分开来并对立起来,把事物的共相和个相区别开来并且对立起来,这种方法论对后世影响也很大。之后普洛丁的"太一",康德的"物自体"和"现象界",叔本华的"自由意志"和"表象",海德格尔的"存在者"和"存在"等等,都可以看出柏拉图的影子。

普洛丁认为世界的本原是一种不变的"太一",从这个"太一"流溢出整个世界。先流溢出理的世界,然后流溢出"世界精神"或"世界心灵",再流溢出个别心灵,最后流溢出感官接触到的感性物体。离"太一"越远,这个东西就越不恒定,越不神圣,越不美,就好像太阳的光辉一样,离太阳越远,光彩就越弱。这有点像中国的"道生一,一生二,二生三,三生万物"的说法。所以,美的源泉就是"太一",事物之所以美,"是由于它们分享得一种理式。因为凡是无形式而注定要取得一种形式和理式的东西,在还没有取得一种理性的形式时,对于神圣的理性就还是丑的。"所以,赋予事物以理式,这就是美。好比两块石头并排放在一起,其中一块还不成形,还未经艺术点染,而另一块却叫做艺术品了,它之所以叫做艺术品,并不是因为它是一块石头,而是因为被赋予的那种理式。所以,普洛丁认为一个活人比一个美人的雕像要美,尽管他不如雕像那样匀称,因为活人有"活的灵魂"。当然,最后的赋予当然是神的赋予,"物体美是由分享一种来自神明的理式而得到的。"普洛丁的美学呈现出客观唯心主义的神秘色彩。

黑格尔从自己庞大的哲学体系出发,把美定义为"美是理念的感性显现"。大家知道在黑格尔的体系中,整个真实世界是一个绝对理念,它是抽象的理念或逻辑概念和自然由对立而统一的结果。绝对理念就是"绝对精神"或"心灵",是最真实的。绝对精神是主观精神与客观精神的辩证统一。主观精神就是主观方面的思想情感和理想,它是潜伏于人的内心的,所以还是片面的、有限的。它外现于伦理、政治、法律、家庭、国家等,这些具体存在就是客观精神。客观精神是外在的、不自觉的,也是片面的、有限的。只有当客观精神和主观精神相一致时,才产生绝对精神。

黑格尔的美实际上就是绝对精神或者说普遍力量直接呈现于感性形式,感性形式直接呈现出绝对精神,这就是美。所以,黑格尔说:"真,就它是真来说,也存在着。当真在它的这种外在存在中是直接呈现于意识,而且它的概念是直接和它的外在现象处于统一体时,理念就不仅是真的,而且是美的了。美因此可以下这样的定义:'美是理念的感性显现'。"换句话说,美就是形象化的真理。真理不是美,形式也不是美,而是有真理的形式。理性与感性的统一、内容与形式的统一、主观与客观的统一是黑格尔美的定义的合理之处。显然,黑格尔对美的本质的探讨既不是单纯从主体也不是单纯从客体中去寻找美,而是在主客体的综合关系中定义美。这种理念发展成"美是完善""美是典型"的理论。理念在对象中体现得完美,这个对象就美;理念没有得到完满的体现就不美。完满体现就是典型,典型因此就是美的。这种美学观念把美和客观理念结合起来是有一定道理的,但是显得过于抽象,没有具体的社会性,在审美判断的个人性、主体性、历史性等方面无法解释美学现象。

四、从主客观的关系定义美

在西方,较早真正从各种关系中来定义美的人是启蒙主义时期法国的思想家狄德罗。他明确地提出"美总是随着关系而产生,而增长,而变化,而衰退,而消失"。他说:"一个物体之所以美是由于人们觉察到它身上的各种关系,我指的不是由我们的想象力移植到物体上的智力的或虚构的关系,而是存在于事物本身的真实的关系,这些关系是我们的悟性借助我们的感官而觉察到的。"狄德罗的"美在关系"中的"关系"包含这样几个内涵:一是一个事物自身内部各个成分之间的关系;二是一个事物和其他事物之间的关系;三是事物与人之间的关系。只有在具体的关系中事物才美,事物本身无所谓美丑。

狄德罗举例说,比如"让他死"这句话本身既不觉得美,也不觉得丑,可是当这句话在高乃依的悲剧《贺拉斯》中说出时,因为和我们关系的改变,这句话产生的审美感觉就不一样。贺拉斯三兄弟与入侵的亚尔伯城的勇士库里亚三兄弟发生战斗,在战斗中贺拉斯三兄弟死了两个,库里亚三兄弟则分别受了轻重不同的伤。贺拉斯假装逃跑,库里亚三兄弟在后面追赶,但因为伤势不同,追赶的速度有快慢,贺拉斯就利用这个机会把他们一一杀死了。老贺拉斯刚听到别人给他讲儿子逃跑的时候,非常生气地说"让他死",然而随着故事发展,贺拉斯和我们的关系在不断改变,这句"让他死"也随着关系的改变而具有了不同的审美意义。狄德罗把美和人的情境关系联系起来,不孤立地从客体或主体单方面去定义美,拓展了美的空间,具有很大的意义。

我们对一个事物的评判,确实往往受到各种"关系"的影响,审美也不例外。同样一首诗,当我们告诉学生这是莎士比亚的诗,学生立即另眼相看,而不告诉他们这是谁写的诗,他们的反应则大相径庭。一个简单寻常的事物,因为与另一个事物发生关系而一下显得不寻常了,如杜小山《寒夜》说:"寻常一样窗前月,才有梅花便不同";赵翼《吴门杂诗》也说:"寻常一样野花娇,才到山塘价更高"。寻常的东西之所以突然变得有了神韵,是因为借助于另一个事物的衬托,美就在这两个事物的关系之中产生。宋朝卢梅坡的《雪梅》诗说:"有梅无雪不精神,有雪无诗俗了人。日暮诗成天又雪,与梅并作十分春。"雪里梅花,再加上佳人雅士的诗句,组成的一幅画才是美的,单单其中一个,没有和其他事物形成一种关系时,都还没有达到美的最佳状态。唐寅《元夜》诗说:"有灯无月不娱人,有月无灯不算春。春到人间人似玉,灯烧月下月如银",也是讲要月、灯、人、春这些"要素"在一起才算是最美的风景,单单一个事物本身很难判断美还是不美。郭熙《林泉高致》说:"山以水为血脉,以草木为毛发,以烟云为神彩。故山得水而活,得草木而华,得烟云而秀媚",这都是在相互关系中显示出自己的美。

一个人在吹笛子,我们对此的反应会很一般,因为这种场景我们经常见到。但是一个人在梅花边吹笛子,这种感觉就显得有点不一般了,因为有了和梅花的关系,似乎高雅一些了,有一些寄托了,给人的美感层次增加了一层。这时候再增加一个事物,在似曾相识的"旧时月色"下"梅边吹笛",那感觉又更不一样了:"旧时月色,算几番照我,梅边吹笛?唤起玉人,不管清寒与攀摘。"这时候清冷高雅、伤感怀旧等情感都被激发出来了,美感由此产生,这和刚开始只看到一个人吹笛子的情形已经完全两样了。我们在一幅画中看到儿子推着坐在轮椅上的母亲,这时升起的对孩子敬老爱老的赞扬之情;而同一幅画中再加上一个滑板少女飘逸而过的形象,两者一相对照,这幅画就变成一种对于生命轮回、青春时光等的感叹。可资对照的关系不同,人们由此产生的美感也完全不同。我们只读到一句诗"柳絮飞来片片红",会忍不住嘲笑此人的无知,柳絮怎么会是红的呢?而我们再读到它的前一句"夕阳返照桃花渡",便觉得夕阳照耀下的柳絮"片片红"是非常美的一个画面了,这就是关系中的美。

从主观与客观的关系来研究美,还有一个著名的人物就是康德。康德认为事物本身"物自体"是不可认识的,人只能认识"现象界"。人对外界的认识是把自己的先验范畴加到事物身上,自然规律实际上是人自身的先验逻辑在自然身上的"投射",是主体在为自然立法,而不是从自然界中归纳总结出什么规律。康德称自己的哲学是一场"哥白尼式的革命"。在康德之前,以莱布尼茨、沃尔夫为代表的欧洲大陆理性主义美学和以柏克、夏夫兹博里等为代表的英国经验派美学各持己见,一派认为美是符合特定理性原则的,一派坚持美是事物外在感性特征给人的感性经验的结果。康德则力图把事物给人的感性享受和某种普遍原则结合起来考查美,认为美既给人感官快适又包含普遍理性原则,看上去美的形式没有"目的",但实际上符合人类共有的某种普遍"目的"。他把美放在知和意之间,认为美主要是情,连接知和意。美是人对外在事物所做的一种情感判断,而判断力是把个别归于一般的能力。

康德在《判断力批判》中给美做了如下一些规定:"审美趣味是一种不凭任何利害计较而单凭快感或不快感来对一个对象或一种形象显现方式进行判断的能力,这样一种快感的对象就是美的",审美对象是一种令人愉快的对象,但这种愉快是一种无关功利的纯粹快感,一般的快感例如饥饿的人吃了一顿饱饭的快感不是审美的快感。康德曾提出:判断先于快感还是快感先于判断,是判断美与不美的标准。先有很强的快感然后才来判断,那这是一般的感官快适,已经判断了一个东西,然后有快感。这种判断是非功利的,审美的。这种审美判断不是完全个人性的主观,其中包含有"人同此心,心同此理"的普遍道理。

康德又提出"美是不涉及概念而普遍地使人愉快的",为什么能够普遍使人愉快呢?因为美的东西都是符合人类的某种目的的,所以在《判断力批判》中他又给美下了如下的定义:"美是一个对象的符合目的性的形式,但感觉到这形式美时并不凭对于某一目的的表现。"美是符合某种目的但主体又意识不到一个明确的目的,即一种"无目的的合目的"。从康德对美的定义来看,他是在对象和人的多重复合关系中来定义美的本质的。康德认为艺术是"游戏",是天才的创造。天才为自然立法。康德审美非功利的思想成为现代美学中审美独立思想最有力的理论支撑,审美独立由此也成为现代美学的一大范式,浪漫主义、唯美主义都深受其影响。

19世纪末20世纪初兴起的以立普斯为代表的审美"移情说",强调审美主体把自己的感情移注到审美客体上,与对象打成一片,融为一体,与对象产生"审美同情",这样才有美,所以,美就是"移情"。他说审美对象"不是对象,即不是和我对立的一种东西。正如我感到活动并不是对着对象而是就在对象里面,我感到欣赏,也不是对着我的活动,而是就在我的活动里面"。面对对象实际上就是面对自己,面对自己就是面对"对象化"了的自己。审美就是这样一种主客浑然一体的忘我的"巅峰体验"。

在主客的辩证关系中来定义美,值得注意的还有美国当代美学家刘易斯提出的美的"潜能论"。物体有一种美的潜能,这种美的潜能只有通过训练有素的审美主体才能转化为现实。他的美论就既不是主观的也不是客体的,而是审美的主体在具有审美潜能的客体中实现的一种审美愉悦。美国另一位著名的现代美学家桑塔耶那给美下的定义也有在主体、客体的综合关系中来探讨美的意思。他说:"美是一种积极的、固有的、客观化的价值。或者,用不大专门的话来说,美是被当作事物之属性的快乐……美是在快乐的客观化中形成的。美是客观化的快乐。"桑塔耶那这个著名的定义也是在主体的快乐感受和客体的"客观化"的相互关系中来定义美的。

第二节　美的定义

那么,究竟应该怎样来定义美呢?我们认为应该从劳动实践这一人的基本生存方式出发来定义美。实际上,除了从主体、客体和主客体之间的关系等角度来定义美以外,还有一种视角便是从人的社会生活、实践劳动来定义美。

一、从社会劳动来定义美

俄国革命民主主义者车尔尼雪夫斯基较早明确地提出"美是生活"的观点,把生活中的美当成美学研究的主要对象。他认为当时流行的美学思想即黑格尔的美学思想是有缺陷的。黑格尔说美是理念的感性显现,这就是说凡是能最好地显现"一个事物为一个事物"的事物就是美的,即一个东西是这一类东西中最出类拔萃的,它便是美的。车尔尼雪夫斯基说,一片出类拔萃的森林可以说是美的,但一群出类拔萃的老鼠却难以说它们是美的。他认为不能说只有体现了该事物的理念的事物才是美的,描绘一副美丽的面孔有理念的感性显现,但一副美丽的面孔本身就是美的。自然美本身就是美的,要自然美也去体现"理念",这是对自然美的轻视。

现实生活中的美是多种多样的,美应该就是生活。同时他说,任何事物,凡是我们在那里看得见依照我们的理解应当如此的生活,那就是美的;任何东西,凡是显示出生活或使我们想起生活的,那就是美的。这个命题的另一种提法便是美是生活,首先是使我们想起人以及人类生活的那种生活。车尔尼雪夫斯基强调重视现实生活,他把现实生活看得比艺术还高,认为现实生活是金条,而艺术只不过是钞票,艺术品是现实的拙劣代表。他说生活现象如同没有戳记的金条,许多人就因为它没有戳记而不肯要它,许多人不能辨别出它和一块黄铜的区别;艺术作品像钞票,很少内在的价值,但是整个社会都保证着它的假定的价值,结果大家都珍惜它,很少人能够清楚地认识,它的全部价值是由它代表着若干金子这个事实而来的。

当然,我们应该看到车尔尼雪夫斯基为了强调现实生活而把生活抬高到最美的地位,这里面本身是有很多矛盾的。一方面强调美是生活,另一方面又说依照我们的理解应当如此的生活,这又不是一切生活了,是典型化了的生活了。这个命题表现了车尔尼雪夫斯基的人本主义思想,但他的这种美学观对人的主体性的能动作用又重视不够。

从人类社会的生活实践方面来认识美,把这一看法推向一个前所未有的高度的是马克思主义美学。马克思把整个世界分为两大部分:一个是经济基础,即社会物质世界;一个是上层建筑,即意识形态。美学属于意识形态(上层建筑)的部分。物质第一性,精神第二性,人的审美创造不是人生来就有的,是人在外在物质世界的实践活动中产生的。因此人的审美意识最根本的原因是人的实践、劳动。马克思提出"劳动创造了美","人在自己创造的世界中欣赏自己",这就是美。文艺起源于劳动,社会生活是文艺的源泉,决定文艺的发展。

马克思对任何文艺现象的研究总是把它和当时的社会、历史联系起来,提出

"典型环境中的典型人物"①的论点,坚持历史的观点和美学的观点相结合。如在对拉萨尔《济金根》的分析中,马克思认为应把济金根放入他自己的特定历史时期来分析济金根悲剧产生的原因,提出了著名的"历史的必然和这种必然不能实现才是悲剧的真正根源"的观点。马克思在对希腊神话的评价中,提出希腊神话不只是希腊艺术的武库,而且是它的土壤,具有永久的魅力,就是从历史的观点来看问题的。在对资本主义社会的分析中,马克思还分析了资本主义社会的异化现象。马克思强调现实主义的创作方法,说自己从巴尔扎克的作品里"所学到的东西","甚至在经济细节方面,也要比当时所有职业的历史学家、经济学家和统计学家那里学到的全部东西还要多",但他又不赞同对现实做事无巨细的完全忠实的描绘,主张可以虚构、加工、典型化。他主张个性化,但又反对"恶劣的个性化,"②主张创作的"莎士比亚化",③反对"席勒式"④的口号化、传声筒式的创作,反对那种完全没有共性的个性化。他主张作者自己的观点越隐蔽越好,但又明确表明作品一定要有鲜明的倾向性,并说从埃斯库罗斯到但丁到塞万提斯到席勒,这些伟大的作家都有鲜明的倾向性。

马克思的美学观就是这样,总是保持着辩证法的光辉。人在劳动的过程中把自己的能动性体现于对对象的改造上,使对象"人化"了。文艺并不是被动地机械地反映世界,所以文艺对世界又有能动作用。人们可以"按照美的规律来创造",可以典型化。因此,文艺又不是简单地被世界所决定。马克思把文艺看成人类掌握世界的四种方式之一,⑤充分注意到了文艺的特殊的反映形式。马克思指出物质生产决定精神生产,它们存在着不平衡的现象,某些艺术形式只能在生产力水平很低

---

① 恩格斯在致《玛·哈克耐斯》的信中提出"现实主义的意思是,除细节的真实外,还要真实地再现典型环境中的典型人物",同时,他在《致敏·考茨基》的信中要求典型形象"每个人都是典型,但同时又是一定的单个人,正如老黑格尔所说的,是一个'这个'"。恩格斯在这两封信里基本上阐述了典型的内涵,即人物是个性和共性的结合,典型环境和典型人物的结合。
② 这是恩格斯在《致斐迪南·拉萨尔》的信中提出的。恩格斯说拉萨尔的《济金根》"完全正确地反对了现在流行的恶劣的个性化"。恶劣的个性化指那种拙劣的细节描写法,那种对偶然性人物既空洞又非本质特征的不厌其烦的描写。
③ 这是马克思在《致斐迪南·拉萨尔》的信中提出来的。莎士比亚戏剧创作,是欧洲现实主义的一个重要里程碑。马克思、恩格斯十分重视莎士比亚在戏剧发展史上的意义,主张借鉴莎士比亚的创作经验。所谓莎士比亚化,就是指继承和借鉴莎士比亚的现实主义创作原则和方法。
④ 这是马克思在《致斐迪南·拉萨尔》的信中提出的文艺创作中的问题,指席勒创作中部分存在的从观念出发的概念化、抽象化倾向。
⑤ 马克思认为人类掌握世界有四种方式:理论的掌握方式,实践的掌握方式,宗教的掌握方式,还有就是艺术的掌握方式。理论是纯粹理性的掌握方式,实践是通过具体感性经验归纳出理论,宗教是一种虚幻的掌握方式,艺术则是一种特殊的掌握方式,即审美的掌握方式,用形象、情感反映世界。

的情况下达到它最发达的阶段,如史诗、神话等。在某个生产力水平很低的地区,其文学生产却可能达到很高的水平,如19世纪的俄国和德国。俄国直到1861年才实行农奴制改革,走上资本主义的发展道路,而这时的英国早已是资本主义非常发达的"日不落帝国",但生产力水平低下的俄国的文学艺术并不比英国逊色。德国也是如此,1871年以前,德国存在300多个分封割据的小国,海涅在《德国,一个冬天的童话》里形容当时德国是一个"到处散发着臭气的大粪堆",但德国当时以海涅、歌德、席勒等为代表的文艺生产也不比英国逊色。当然,我们也应看到,生产力水平高,文艺生产的水平也高是一般规律,比如唐朝经济的发达和文艺的繁荣是同步的,英国经济的发达与文艺的繁荣也是同步的。

马克思把美放入整个人类社会的历史发展中来定义。有了劳动和实践,人从自然中生成,脱离了动物的状态,进入人类社会的历史。人的历史是人类社会实践劳动能动创造的历史。马克思的"人"是历史的、有能动性的、创造性的、劳动实践的、具体的而不是抽象的"人",所以马克思说人是社会关系的总和,五官感觉的形成是以往世界历史的总和。因此,美的逻辑起点就是人的实践劳动和创造,是社会化了的人的审美实践活动,是历史性的,社会性的。马克思在《1844年经济学哲学手稿》中提出了劳动创造美、人按照美的规律来创造、美是人的本质力量的对象化和自然的人化等命题,把美的本质研究引向一个新的高峰,是我们进行美学研究的重要根据和基础。总体来看,马克思主义美学主要有以下主要内容:

第一,关于美的本质和起源的理论;

第二,关于美的规律的理论;

第三,异化劳动[①]和人的审美活动之间的关系;

第四,关于艺术本质的理论。

马克思的这些美学思想与其他美学体系具有迥然不同的特色:

第一,把美学问题与人类社会的实践紧密联系起来;

[①] 异化问题是马克思主义美学中一个时常引起人们争论的问题。"异化"一词在德语中有"抛售""掷出"的意思。黑格尔曾用"异化"一词表达"对象化"的意思,主体把自己的力量对象化在客体上,这样主体在欣赏客体时实际上就是在欣赏自己的本质力量。黑格尔举例说,一个小孩用石头打水漂,用惊喜的目光看着湖中的层层涟漪,这实际上就是人的本质的"异化"。黑氏此词相当于马克思后来用的"人的本质力量的对象化"和"对象的人化"的意思。但马克思关于资本主义社会异化劳动的分析却主要是说,在资本主义社会,劳动者的劳动和劳动成果之间出现了异化,由于生产资料私有化,劳动者劳动得不到自己的劳动产品;劳动的性质出现了异化,劳动是被迫的行为而不是自觉的行为,不能给劳动者带来愉悦;劳动者之间的关系出现了异化,不再是平等友好的关系,资本家分化工人,故意造成他们之间的不平等和残酷竞争;劳动者和资本家之间也不是平等的人与人之间的关系,而是一种异化的剥削与被剥削的关系。所以马克思最后得出结论,在资本主义社会里,劳动是一种异化的存在,这不利于艺术的生产与发展。

第二,把美的本质与人的本质紧密结合起来;

第三,始终坚持唯物主义、辩证法;

第四,始终坚持历史发展的辩证观点。

马克思的整个思想体系充满了直面社会现实的实践品格,来于实践归于实践,不尚空谈。马克思把美学从认识论、理念论、形式论、主观经验论等阶段带到了人的本质实践的阶段,这对深化、提升美的本质追寻是一个崭新的有说服力的视角。同时需要指出的是马克思主义美学是随着历史发展而不断发展的一个开放体系,列宁、毛泽东等无产阶级革命导师对马克思主义美学的丰富和发展都有巨大贡献。马克思主义美学是人类美学史上最具活力的一种美学形态,一种科学的美学形态,值得我们深入学习。

二、美是人生境界的对象化

美的内涵不是一成不变的,它具有一定的相对性,但这绝不意味着美没有什么标准可言,完全是主观随意的。事实上,世界上确实存在着全世界不分种族、国家、男女老少、时代、地域等都认为美的东西存在,面对同一个审美对象《蒙娜丽莎》,不同的人也会说出相同的判断——美。那些从古到今、从西方到东方、从南方到北方都在传颂的经典艺术作品,如莎士比亚的戏剧,歌德的诗歌,达·芬奇的绘画,米开朗琪罗的雕塑,肖邦的音乐,唐朝的诗歌等等,说明人们有共同的审美判断,美还是有一定的共同本质规定性的,并不是一个任人打扮的小姑娘。美是什么?这是个不得不回答的问题。我们认为,美是人生境界的对象化。为什么这么说呢?

第一,如果没有人,那就没有"美"存在,虽然我们认为美的各种物质还是存在的,但那已经不是"美的东西"了,而仅仅就是"东西"。是不是一个"美的东西",只有等有了人以后才会产生这种判断。黄山有山有水,有云有雾,但黄山没有"美的云雾"这个东西。黄山上的挑夫,天天从山脚下挑东西到山上,在他晶莹的汗珠中充满了疑问,这么多人不远万里到这里来干什么?他眼中的黄山一路艰辛,没有"美的黄山"存在。黄山里没有"美元素"存在。因此,如果黄山是无条件存在的,那么"美的黄山"却是有条件的存在,条件就是人们认为它美。世间万物人为贵,人是宇宙的精华,万物的灵长,如果有自然美,那也是因人而美。与外在事物的美相比,人的美是一种本源性的美,是一种更高级的美。王昌龄在《潭畔芙蓉》中写道:"芙蓉花发满江红,尽道芙蓉胜妾容。昨日妾从堤上过,如何人不看芙蓉?"这首诗可以生动地说明,不管外在的"芙蓉"多么美,但真正的美还是人的美,人能"解语"花不能,人是最后的美。

第二,美不是"死"的客观物,美是正在生成的。美不是一个可以从地上捡起来的客观存在的物体,早已存在于某个地方等待人们去认识。一部《红楼梦》放在床头,如果没有人去阅读它,只是当桌子不稳的时候拿来垫桌子,或者只是作为废纸卖入废品收购站,那么它就不是什么美的艺术作品。或者,一个人只是在他生病的时候拿来研究里面的药方来治病,那么它也不是什么美的艺术品。所以,《红楼梦》本身不是美。只有当人以审美的方式来阅读《红楼梦》的时候,在阅读过程中生成的一种人生的愉悦状态,这才是美。没有这种审美方式的创造活动,就没有美。美是即创即生的,不创不生。几千年来,人们习惯于追问的"美是什么"这个问题,都预先设定了一个客观的"美的实体"存在于某个地方等待人们去认识,而结果是众说纷纭,一个最重要的原因就在于把美当作客观对象了。没有"客观的美"这个物质,只有美感。美就是美感。美,就是美的心态,美,从心开始。境由心生,所谓"若言琴上有琴声,放在匣中何不鸣。若言声在指头上,何不于君指上听",这就是指与琴相遇之时,按照美的规律弹奏与欣赏,才有美的诞生。

第三,美的本质是与人的本质相一致的。正如马克思所说,人从动物中来,就不能完全弃绝他身上的动物性,人是生物性的人,所以美有生物性的生理基础和感官快适的享乐基础,这是不必否认也不能否认的。但同时人又是社会性的人,在劳动实践中有意识地、能动地、创造性地不断超越自己的生物性,而这种劳动和创造恰恰是人的本质,人所赞赏、追求的是这种能动性、创造性和超越性而不仅仅是本能的生物性满足。当我们说一个东西美时,这个东西里一定有人所追求的东西。人追求感官快乐的满足,但更追求自己价值的实现,追求属于人的本质的能动和超越。当人衷心说一个东西美时,它符合了人的生物性感官要求,更符合人对本质实现的要求。如果只满足了人的生物性享受部分,那稍纵即逝的快乐后人将很难得到持久的美感。而那些不能满足人的感官快适或者不符合人的本质追求的东西,比如腐烂的尸体,发霉的屋子等,人就会认为是丑的东西。美在本质上是与人的本质相一致的。有的植物听到某种声音会产生形体的变化;雄孔雀会在雌孔雀面前展示自己美丽的羽毛;雄狒狒也会在发情期在雌狒狒面前展示自己,这些都不是美的判断,而是一种本能的族类生存自然表现,所以,我们并不同意达尔文所说的动物也有美的判断的生物主义观点。

第四,人只能在对象身上实现自身的本质存在。人的能动、创造不能在自己的肉体上体现出来,在他自身身上只能实现他的生物性需要。因此,人的本质就是在对自然产生作用的过程中实现的,在外界事物上体现了人的本质。人的本质"对象化"在了自然上,自然也就"人化"了。人在看"人化"的自然时,实际上就是在看人自身。人说外在"物"美时,实际上就是在说自身的本质是美的,实际上就是对自己作为人的本质的认可。人生活在现实的、时间性的有限生活中,受着种种欲望的纠缠和支配,但同时把自己提升到永恒的高度,从有限抵达无限。因此,人要通过实践来达到为自己和成为自己,有想要通过实践改变外在事物的冲动和本质要求,就像一个小男孩把石头抛在河水里,以惊喜的眼光欣赏着这个作品,认为它是美的一样。美是人自己创造的东西在对象上的显现。

第五,美是肯定人自身本质的一种特殊方式。人有很多肯定自我的方式。得到父母、老师、组织、政府的表扬,获得金质勋章,觉得自己有价值了,这是肯定自我的方式,从他人的眼睛、语言和行动那里肯定自我。自己以前设定的一个理想实现了,自己喝庆功酒,或者向他人炫耀一下,这也是肯定自我的一个方式。人类改天换地了,沧海变成桑田了,飞机上天了,在月球上迈出一小步了,钢花四溅了,机器轰鸣了,地球变成一个村庄了,看见这些"丰功伟绩",人觉得自己了不起了,踌躇满志了,得意洋洋了,觉得自己是"人"了,这是人肯定自我的一种方式。当人看见一个形象时,突然觉得一切都不重要了,觉得"宠辱谐忘"了,感受到十足的愉悦了。这种愉悦不能给他带来衣食住行等迫切需要的东西,但他仍然不由自主地浑身颤栗,不由自主地忘怀一切,沉醉而迷恋,觉得这时候的自己是真正快乐的,深入骨髓的快乐,这时他觉得做一个人是值得的。这是美的世界给他的快乐,是美给他的自我肯定。它不是用理性、逻辑的概念直接加以肯定,而是在一个具体的可以感受到的形象中,饱含情感地融入形象中,在一种愉快的身心体验中不知不觉地获得对自身本质认同的一种更高级别的愉悦。美是一种直接获取的鲜活形象。因此,美应该具有形象性,但这个形象不是人直接反映外在事物的结果,不是对一个形象的简单机械的接收。这个形象是人带着自己与生俱来的先验结构和后天形成的合法偏见,通过自己的头脑创造出来的形象。

第六,美的本质是自由的人生境界。美的形象是人自由创造形成的,体现出人的自由性、能动性和创造性,它不是一个现成的、僵化的形象,而是在人的创造中动态生成的。自由是人生的最高境界。人受着社会的、物质的等外在功利欲望的束缚,在此岸世界中常常不能得到真正的自由,而在审美中,人完全解除了各种束缚,解放了自己,达到一种精神上绝对忘我的超越状态,实现了精神的自由创造,得到了高峰体验。自由是人的价值的完全实现,是对众多无形束缚的超越。有形的不自由容易看见、容易冲破,而无形的不自由不容易超越。自由一直是人类梦寐以求的理想。审美更多的是超越那些无形的不自由,如我们对一时功名利禄的追求;对蝇头小利的斤斤计较;与他人的明争暗斗等等,是无尽的不自由。寒山曾经问拾得:"世间有人谤我、欺我、辱我、笑我、轻我、贱我、恶我、骗我,如何处置乎?"拾得曰:"只是忍他、让他、由他、避他、耐他、敬他、不要理他,再待几年,你且看他。"世间很多烦恼痛苦,人生的不自由,很多时候都是由于我们自己的执著,自己拘泥于眼前的苟且。而当我们跳出这短暂的得失与眼前的利益,超越世间与空间,才发现天地无限美好,美就是这种超越性。

第二章 美的定义

当人们从外在的各种束缚中解放出来,活出自我,活出真我,是其所是,这就是美了。梵高曾经说:"我认为一个农村姑娘比贵妇人更美,她那褪了色的、打有补丁的裙子和紧身衣,由于气候、风和太阳的影响,因而产生出最微妙的色调。假如她穿上贵妇人的衣服,就会失去她特有的魅力。一个在地里穿着粗布衣服的农民,比她在礼拜天穿着节日盛装到教堂去更为真实。"[①]一个农民活出了农民的本真、本质,而不是去冒充贵妇人,她是她自己,她就是美。一个男人活出男人的本真,女人活出女人的本真,这样能够活出自我的自由,而不是处处模仿别人,这是真正的美。

真正的美不只是外在的身体美、外貌美,还是心灵美。有的人外貌不美,心灵也不美,《水浒传》中的蒋门神,《十五贯》中的娄阿鼠,《死魂灵》中的梭巴开维之,《欧也妮·葛朗台》中的葛朗台等就是这样。而有的人外貌美,但心灵不美,《红楼梦》中的王熙凤长得恍若仙子,但明里一盆火,暗里一把刀;夏桀、商纣王,身材魁梧,外表俊朗,却遗臭万年。潘安貌美,但对权贵望尘而拜,这让人对他大失所望,他的外表美因此只是躯壳了,得不到人们的尊重。希腊美少年那喀索斯在小溪边洗脸,发现自己的容貌如此之美,爱上水中的自己不能自拔了,以致于孤芳自赏,对那些爱他的人不理不睬,伤了很多人的心。那喀索斯就这样顾影自怜,直至死去变成了一株水仙。那喀索斯被外貌迷惑,失去了内在精神的追求,失去了心灵的平和,只能孤独地死去。

还有一些人外貌丑陋,但心灵美,西周的周公,身材像一株枯折的树干;伊尹脸上没有须眉;大禹半体偏枯,这些贤人都长得不美,但他们有精彩的人生,他们内在的心灵、精神的美使得他们流芳百世。休谟长得腰肥体胖,表情木讷,但他却对审美趣味有精细的品鉴,对美有细腻入微的感受,是著名的美学家。当年《牡丹亭》一出,其凄美哀婉的唱词打动了无数人的心,很多青春少女幻想着其作者如何风流倜傥,但汤显祖本人外貌实在五大三粗,与柔美的《牡丹亭》似不一致。汤显祖丰富多情的心灵与他粗犷的外貌之间存在着差异,这再次说明人不是因为美丽而可爱,而是因为可爱而美丽。外貌可以不美,只要心灵美,这个人一样能获得人们的接受。但如果心灵不美,不管外貌多么美,这样的人也不会长久获得人们的喜爱。外貌美与心灵美能够合一固然最好,但若不能双美,首要的是心灵美。外貌美短暂,心灵美长久。心灵美是从外貌美的束缚中解放出来的一种自由。自由是自我的完全解放,是心灵真正的归宿,是灵魂安居的家园,是人的本质的彻底实现。这是人们感觉美的最深刻的根源,是我们进行美学研究的重要根据。人固然可以"身似已灰之木",但却完全可以"心如不系之舟"。对于人来说,美是另一种生活,一种精神自由的生活,如庄子所言的"万物皆备于我,独与天地精神相往来"的逍遥游的生活。从这个意义上讲,美的本质是自由的生活。这是一种人生境界,一种独特的人生实

---

① 杨身源,张弘昕.西方画论辑要[M].南京:江苏美术出版社,1990:428.

· 61 ·

践,是最具有本己性的精神生活。

冯友兰先生说,人可以有四种境界:自然境界、功利境界、道德境界与天地境界。美正是在这些人生境界中生成的。王国维先生曾经说,古今之成大事业、大学问者,必经过三种境界:昨夜西风凋碧树,独上高楼,望尽天涯路。此第一境也。衣带渐宽终不悔,为伊消得人憔悴。此第二境也。众里寻他千百度,蓦然回首,那人却在,灯火阑珊处。此第三境也。那种"蓦然回首"的境界是阅尽人间芳华后的恍然大悟,是人生展开丰富性之后的返璞归真,是游刃有余的从容之境,是一种自由的美的境界。真正的美是在创造性直觉与人的本性相一致的人生境界中诞生的。美是人以非功利态度直观事物形象的创造性活动中正在生成的人生境界。

本章小结

本章的主要知识点是西方美学史上定义美的四种途径:主观、客观、客观理念以及主客观关系。马克思主义美学的主要内容与特点。美的定义:美是与人的本质相一致的创造性形象。

推荐阅读

1.李泽厚.美学四讲[M].北京:生活·读书·新知三联书店,2004.
2.徐德清.趣味美学[M].济南:山东人民出版社,2014.

本章自测

1.填空题

(1)亚里士多德认为美的主要形式是:(　　　)(　　　)(　　　)。

(2)提出美在距离的瑞士心理学家是(　　　)。

(3)阿奎那认为美的三要素是(　　　)(　　　)(　　　)。

(4)认为美并不是事物本身里的一种性质,它只存在于观赏者的心里的英国哲学家是(　　　)。

(5)提出美是一种内模仿的德国美学家是(　　　)。

(6)提出美是生活的俄国美学家是(　　　)。

2.简答题

(1)怎样理解美是理念的感性显现?
(2)怎样理解美在关系说?
(3)怎样理解美在距离说?

3.论述题

(1)马克思主义美学的主要内涵是什么?

(2)马克思主义美学的主要特征是什么?

(3)怎样理解美的定义?

参考文献

[1]朱光潜.西方美学史[M].北京:人民文学出版社,1979.

[2]叶朗.中国美学史大纲[M].上海:上海人民出版社,1985.

[3]凌继尧.美学十五讲[M].北京:北京大学出版社,2014.

[4]寇鹏程.古典、浪漫与现代:西方审美范式的演变[M].上海:上海三联书店,2005.

第三章　美的特点

📖 本章概要

本章共分五节。第一节讲述美的形象性；第二节讲述美的非功利性；第三节讲述美的情感性；第四节讲述美的时代性；第五节讲述美的民族性。

◎ 学习目标

1. 了解：美的形象性的重要性；美的时代性的内涵；美的民族性的内涵。
2. 理解：美的形象性的内涵；美的非功利性的内涵；美的情感性的内涵。
3. 掌握：美的功利性与非功利性的辩证关系；意与象的融合。

❗ 学习重难点

学习重点

1. 美的非功利性的内涵。
2. 美的形象性的内涵。

学习难点

1. 意与象的融合。
2. 审美情感的特点。

思维导图

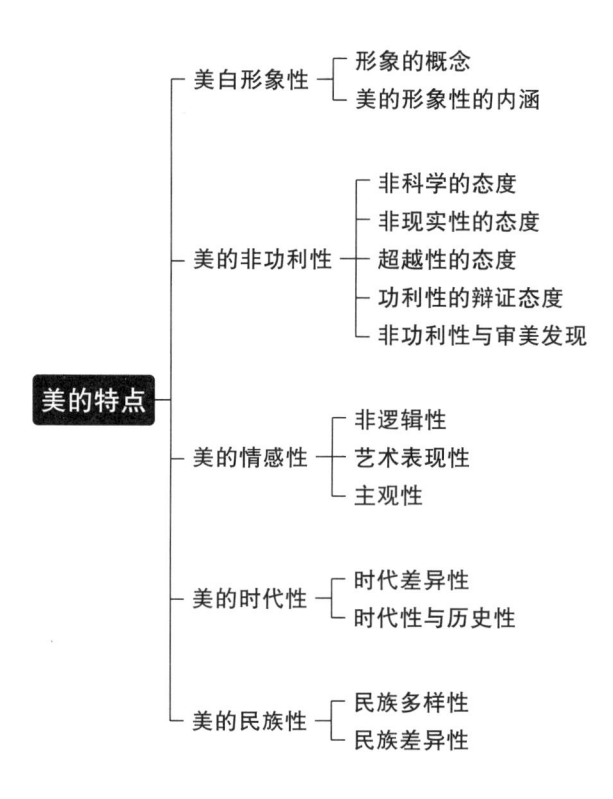

美的特点
- 美白形象性
  - 形象的概念
  - 美的形象性的内涵
- 美的非功利性
  - 非科学的态度
  - 非现实性的态度
  - 超越性的态度
  - 功利性的辩证态度
  - 非功利性与审美发现
- 美的情感性
  - 非逻辑性
  - 艺术表现性
  - 主观性
- 美的时代性
  - 时代差异性
  - 时代性与历史性
- 美的民族性
  - 民族多样性
  - 民族差异性

第一节　美的形象性

一、形象的概念

"形"在中国古典词汇中更多地指地上的可见的事物之外貌,而"象"则更多地指天象或者象征之意。《周易·系辞·上》说"在天成象,在地成形,变化见矣";韩康伯对此的注解是:象况日月星辰,形况山川草木。这就是说天上的日月星辰称作"象",而地上的山川草木称作"形"。《系辞·上》里还说:见乃谓之象,形乃谓之器,这就是说可见的东西就是象,有形的东西就是器具。这些都指出了"形象"的直接观感性,只不过有天上地下、形上形下的区分。《周易》里说圣人设卦观象,是故吉凶者失得之象也;悔吝者忧虞之象也;变化者进退之象也;刚柔者昼夜之象也。《周易》指出圣人有以见天下之赜而拟诸其形容、象其物宜,是故谓之象。以某个符号来表示某种事物,这就是"象"。总的来看,形象一词包含有可以眼见的、直观的,甚至可以触觉的物象的意思。

二、美的形象性的内涵

第一,美具有形象性,就是说美不是抽象的,而是具体可见、可感可触的。康德曾经指出,美是非关概念而普遍的。美不是理性逻辑之下的清晰概念,但它却像概念一样有普遍的可传达性。美即使蕴涵着某种道理,那也一定是包含在形象中,是不知不觉的自然显现,是理念的感性显现。如果不是理念的感性显现,而只是一些抽象的概念,那还不能称作美。美是人的视、听等感觉一下能捕捉到的鲜明的、栩栩如生的、具体可感的物象,这是美的首要条件。然后,这个物象要能够引起人们的想象、情感等活动,构筑成一个连贯的、完整的、有生命力的、包含欣赏者自己情感的画面。如果还仅仅停留在物象的阶段,就很难有更美的感觉。

第二,美的形象不仅仅是物象,还包含有意在内。美实际上是感性形象经过人的"综合"而形成的一个"意象",是"物乙"而不是物体原样的"物甲"。我们看到雕塑《掷铁饼者》那个凝固的动作,就要灌注自己的情感于其上,领悟到力量、健康等意思,使之成为一个活生生的运动的意象而不是一个僵化固定的物象。我们在欣赏《美狄亚杀子》这样的雕塑作品时,看到的直观画面是美狄亚母性十足地看着两个熟睡的孩子。如果我们不展开联想,没有想到她马上要向这两个孩子举起刀子,没有想象她此时心情的痛苦矛盾,没有想象她复仇的欲望战胜了母性的关爱等等,那我们从这幅画中得到的美的享受就极其有限。

那些间接的艺术比如文学、音乐等,就更需要审美主体以自身的想象去捕捉感人的形象了。德国美学家莱辛曾经提出,艺术创作中要选择那些"最富包孕性的时刻"而不是把最高潮直接端出来,要选择最高潮将要来临的那一瞬间。中国古代审美理论更是强调要"留白",要使人想象于无穷,不能和盘托出,这样才能让人想象即将到来的形象,给人留下回味的余地,具有更大的吸引力。电影《青春之歌》中卢嘉川牺牲的时候高呼"中国共产党万岁!"下一个镜头是林道静在贴标语:"中国共产党万岁!"这里要表达的思想再明确不过了,那就是革命的火种会代代相传,革命者会前仆后继地将革命进行到底。这里并没有用语言来明确地把这个意思说出来,但前后两个镜头,两组画面,两个形象,无声胜有声地把这个思想清晰地表达出来了。同样,表现林道静与余永泽结婚后思想转变的镜头,画面是两个人结婚的照片,然后慢慢淡出,淡入到坛坛罐罐的镜头。这里也没有说一句话,但画面已经告诉我们,林道静婚后已经被生活的琐屑所包围,已经没有了高昂的革命激情了。

电影《摩登时代》里,前一个镜头是一群羊,结果镜头一闪,换成了一群人。这无异于告诉我们,人就像一群羊一样,突出了现代人的异化感。但作品在这里却没有一句话,一切思想都包含在形象里,不用概念化、口号化地把自己要表达的"思想"直接说出来,这些东西要如盐溶于水中一样,毫无痕迹却有味道,这就是形象性。歌德说,一个作家要知道一切道理,但一个也不能带进他的作品里。严羽的《沧浪诗话》也提出,诗有别材,非关书也;诗有别趣,非关理也。然非多读书,多穷理,不能极其至也。诗歌里面的材料是一种特殊的材料,是一种特殊的道理,不能直接把科学的、日常生活的逻辑道理直接照搬到文艺作品里,但没有这些科学的、书本的、日常的道理,又不能写好文艺作品。这种矛盾的核心,其实就是人们要在文艺创作中用形象的方式蕴含抽象的"思想内容",而不是直接口号式地喊出那些思想。寓抽象于形象,化抽象为形象,在形象中见抽象,这是审美形象性的内涵。黄庭坚写诗要求无一字无来历,这样的学究考证使得诗歌的自然情感、意象就不是那么真切自然了,所以有人说"诗坏于苏黄"。审美中的道理、思想、内容是不是天衣无缝地融入在形象中,是不是自然而然地表现出来,就成为衡量艺术品艺术性高低的标准了。王国维在《人间词话》中提出"隔"与"不隔"的区分,并说:

  陶、谢之诗不隔,延年则稍隔矣。东坡之诗不隔,山谷则稍隔矣。"池塘生春草","空梁落燕泥"等二句,妙处唯在不隔。词亦如是。即以一人一词论,如欧阳公《少年游》咏春草上半阕云:"阑干十二独凭春,晴碧远连云。千里万里,二月三月,行色苦愁人",语语都在目前,便是不隔;至云"谢家池上,江淹浦畔",则隔矣。[①]

---

① 王国维.人间词话[M].上海:上海古籍出版社,1998:9-10.

王国维没有详细阐述究竟什么是隔，什么是不隔。但从他举的例子看来，一个人想要表达的情感、内容等，没有完美地融合在形象中，不能天衣无缝地与形象结合在一起，形象与思想是两分的，看上去是彼此僵硬的、有缝隙的，形象与思想之间有扞格，甚至形象是形象，思想是思想，这就是隔；而思想、情感与形象自然无痕地融合在一起，这就是"不隔"。思想与形象的融合，用形象来说话，这是审美的第一特性。

第三，形象性是意和象的完美融合。意与象融合的程度是美与不美的区别之所在。意与象是两分的，生硬融合在一起的，就不美；意与象毫无痕迹地融合在一起，如盐溶于水，无痕有味，这种大化无痕的境界就是美。很多复杂的意思往往是语言不能完全穷尽的，用"象"来表达能够有更多的含义，这就是形象大于思想。在《周易》中，人们就认识到书不尽言，言不尽意，所以要立象以尽意。用"象"来表达人们的意思，这是一种智慧。很多时候作者自己的寄托、寓意、情感等都是非常复杂的，不是单一的，不能一言以蔽之。有时候作者自己也没有一个很明确的主题，往往只有一个大致的方向，正如曹禺说自己创作《雷雨》的时候并没有一个明确的主题，后来人们所说的抨击封建大家庭的罪恶等都是别人追加上去的，曹禺本人当时并没有这样明确的想法，只是有一些模糊的影像在眼前冲突，最真切的只有各种形象，这是审美开始的真实状态。

王国维曾经说，诗之三百篇、十九首，词之五代、北宋，皆无题也。非无题也，诗词中之意，不能以题尽之。诗有题而诗亡，词有题而词亡。这就是说，其实诗歌辞赋中的意义是很难用一个题目来概括的，它往往具有多重的或者模糊的意义，不是一个主题就可以概括的。李商隐那么多无题诗，不是作者不愿意命题，而是多重意义之下不知道怎么命题了，只能"无题"而"有题"了。你要问闲愁都几许，他是不会回答你的，只说一川烟雨，满城风絮，梅子黄时雨。而君问归期也未有期，只说巴山夜雨涨秋池。问君能有几多愁，他也只是说恰似一江春水向东流。感叹流光容易把人抛，却只是提到红了樱桃，绿了芭蕉。审美的说法总是这样把镜头推远，欲说还休，而这就是形象的说法。李延年的佳人一顾倾人城，再顾倾人国，但这样美的佳人究竟美在何处呢？只有读者自己去想了。中国古训说为人欲老实，为文欲狡猾，这里的"狡猾"就是言在此而意在彼，不直接把自己的意思说出来，而是让接收者自己去解码。

创作出让人能够眼见耳闻的生动形象而不是抽象的概念是所有艺术形式的第一要务，美的作品首要的是要有形象。所有成功的文学作品给人印象最深的就是鲜明的人物形象，例如哈姆雷特、浮士德、堂吉诃德、安娜、聂赫留朵夫、苔丝、林黛玉、阿Q等等，这些形象成了文学作品的代名词，没有形象就没有文学作品。绘画、雕塑等空间艺术就更是需要形象了，提到达·芬奇，我们眼前浮现的就是《蒙娜丽莎》的形象;提起安格尔,我们眼前浮现的就是《泉》的形象,在这里形象就是艺术的代名词了。总之,艺术的美首先体现在直接的形象之中。

第二节 美的非功利性

苏格拉底认为有用就是美,他认为粪筐对于装粪来说,甚至比黄金还美。罂粟花很美,但是有害。这里就涉及美是有用的还是无用的,美的功利性与非功利性问题。老子说美言不信,信言不美;王国维感慨可爱者不可信,可信者不可爱。应该怎样看待美的功利性问题呢?

第一,非功利性是非科学的态度。科学的态度,就是对事物的结构、构成和功能等做实事求是的客观分析、调查研究,寻找其规律和原理,它关心事物"是什么"。比如对一棵古松,科学的态度就是客观地分析古松生长的年代,它的高度有多少米,它的树冠直径有多少,在什么样的温度、湿度下才能成长,它的内部结构是什么样的,每个成分在其生长中都起到什么作用,它属于哪个门、纲、目、科、属、种等等。当敌人攻破城池来到阿基米德面前的时候,阿基米德说请让我把这个问题计算出来以后再杀我;当布鲁诺因宣传太阳中心说而被判火刑的时候,他从容走向罗马的鲜花广场,为了他心中的真理而献出自己的生命。这就是科学的态度,实事求是的态度,哪怕为此献出生命,人类文明正是有赖于一代又一代杰出科学家不畏艰辛,为真理为科学献出一生而不断进步的。

但是审美却要求我们从科学的态度下解放出来。车尔尼雪夫斯基曾说"太渊博的知识可能影响人们的审美",比如植物学家看一朵玫瑰花,马上去想它的叶绿素是怎样的,在植物链条中它处于什么位置等等,那他眼里的玫瑰就没有了一般人眼里的那种美丽了。斯宾诺莎也曾经说,最美的手在显微镜下看,也会显得很可怕。这就是说,科学的态度可能妨碍我们的审美。审美时,我们必须暂时放弃科学的方式。

第二,非功利性是非现实功利的态度。现实的功利态度主要考虑事物和自己直接的利害得失关系,对自己有什么用。一棵古松,一看到它就想可以把它拿回家做书桌还是做床,卖掉它的话可以得到多少钱,这种从自身利害得失的角度来看事物,只看到它的实用价值、商业价值,就是现实功利的态度。审美要求我们远离这种现实功利的态度,保持一种非功利的心态。

非功利性的态度只着重于事物的形象给人的整体感觉,而不去看它对人有没有实际的得失关系。面对古松,非功利性的态度就是看到这棵树的整体形象后立即做出"真美呀"这样的判断。这是一种非功利的审美判断。而局限于功利的判断,往往会影响审美愉悦的获得。《雅典的泰门》对于金子曾有过一段著名的诅咒:这东西,只这一点点儿,就可以使黑的变成白的,丑的变成美的;错的变成对的,卑贱变成尊贵;老年变成少年,懦夫变成勇士;使鸡皮黄脸的寡妇重做新娘,即使她的尊容会使那身染恶疮的人见了呕吐,有了这东西也会恢复三春的娇艳。这表明,基于功利的判断往往不能做出正确的判断,而会根据利益的需要做出违心的判断。

第三,非功利性是超越性的态度。一旦我们超越了功利的态度,则往往能够化腐朽为神奇,发现事物更多的意义和价值。《红楼梦》第四十回里说宝玉、宝钗和黛玉等坐船在荇叶渚上划船,对于湖中那些枯萎的荷叶,宝玉认为这些破荷叶可恨,问怎么还不叫人来拔去。宝钗回答今年这几日园子不得闲,哪里还有叫人来收拾的工夫。林黛玉却说留得残荷听雨声。这一故事表明,只要换一种态度,枯枝败叶在具有审美心态的人眼中,也一样美丽。西方唯美主义兴起之时,戈蒂耶大喊"宁可没有土豆,但不能没有鲜花",为了看一幅美丽的人体画,他甚至可以不要他的法国国籍,可见审美的非功利境界已经成为他们的最高追求了。

第四,应该辩证看待功利与非功利的关系。人首先都是功利性的,这是自然常情,人首先考虑的是自己的安身,是事物与自己的利害得失关系。美国心理学家詹姆士说人有三种存在形态:肉体我、社会我与精神我。人首先是肉体我,所以"利吾身"的功利心态并不是什么洪水猛兽,恰恰是人的第一需要,这是正常的,也是应该首先满足的。正如司马迁所说"天下熙熙皆为利来,天下攘攘皆为利往",那种认为万恶皆从私字起,口不言钱,只称"阿堵物"的做法,毕竟只是少数人有可能做到。像王阳明那样把个人的功利想法当作"心中贼"来严防死守,实乃大可不必。俗话说,民以食为天,这并不是庸俗的。老子说圣人为腹不为目,他把治国这样的大事也看作和吃饭一样,道理是一样的。

我们对于人生的功利性是接受的、承认的,并不把它和非功利性随时随地对立起来,并不认为它们水火不相容。但是人要超越仅仅功利性的生物存在,这种超越是人的本质。在审美的时候,功利的态度会妨碍审美超越,我们需要暂时放弃功利的态度,沉浸在直观感受的愉悦之中。只要我们以审美的方式来观物,很多事物在我们眼中会焕然一新,别有一番情趣和价值。冯至有句诗:如果你听到我的歌声落了泪,请不要探出头来问:我是谁?在审美中我是谁并不是最重要的,只要有了感动愉悦,美的目的就达到了。冯延巳"风乍起,吹皱一池春水"的诗句,引得皇帝开玩笑说"吹皱春水,干卿何事?"对于审美来说,就是对不干自己的事却有极大的兴趣,有无限的感情,获得兴奋愉悦,这就是审美。就像《红楼梦》中宝玉看到一阵风吹下无数的落花,便不忍心踩脏了落花,要把花捧起来放入水中,而黛玉也有同样的心情,所以要葬花,才有了黛玉葬花的美事。这样的情怀就是一种审美的超越态度,没有什么实用性。《世说新语》里记载王羲之的儿子王徽之居住在山阴,有一个大雪天的晚上,睡醒以后突然想起朋友戴逵,便命人驾船,经过一整晚的逆流而上,拂晓之时,到了一百多公里以外朋友居住的地方。到了门前他却不敲门,又原地返回。人们问其原因,他说:我本尽兴而来,尽兴而归,何必一定要见到戴逵呢?这种举动在我们一般人看来,似乎有一点无聊。如果以现实功利的态度看,确实有一点荒唐,但在审美的眼光里,这却是一件美事。

第五,非功利性与审美发现。一个人有了非功利性的审美心态,就会更加健全,就会懂得欣赏更多的事物,就会更加热爱这个世界,就会发现更多的美。一个人只要以审美心态去看这个世界,世界就会随处都有美。人生态度决定对世界的看法,《红楼梦》第三十一回晴雯撕扇子的著名情节就很能说明问题:

"比如那扇子原是扇的,你要是撕着玩也可以使得,只是不可生气时拿他出气。就如杯盘,原是盛东西的,你喜听那一声响,就故意的碎了也可以使得,只是别在生气时拿他出气。这就是爱物了。"晴雯听了,笑道:"既这么说,你就拿了扇子来我撕。我最喜欢撕的。"宝玉听了,便笑着递与他。晴雯果然接过来,嗤的一声,撕了两半,接着嗤嗤又听几声。[①]

我们不是在这里提倡暴殄天物之行,而是重在这种态度本身。换一种态度,事物就会焕发出截然不同的意义和价值来。在现实的琐屑面前,在柴米油盐的计算中,很多美妙的情怀都会烟消云散,忧心忡忡的穷人对再美的景色也毫不在意。《青春之歌》里曾经意气风发的林道静,在与余永泽结婚后,也就成天在柴米油盐里了;鲁迅先生的《伤逝》里,子君和涓生也曾豪情万丈,为了自己的爱情幸福而宣布"我是自己的",以此与家庭决裂。但很快在现实生活中,两人便分开了,子君又回到了那个她憎恨的家庭,嫁给那个她不爱的人了。正如王夫之所说的,我们一般人在生活中,拖沓委顺,当世之然而然,不然而不然,终日劳而不能度越于禄位田宅妻子之中,数米计薪,日以挫其志气,仰视天而不知其高,俯视地而不知其厚,虽觉如梦,虽视如盲,虽勤动其四体而心不灵,惟不兴故也。[②]在日常生活的消磨中,我们很多知

[①] 曹雪芹.红楼梦[M].北京:人民文学出版社,1982:434—435.
[②] 叶朗.中国美学史大纲.上海:上海人民出版社,1985:52.

觉感受都似乎已经麻木了,程式化、模式化、僵化了,再没有敏锐的感受与奇异的梦幻了,黑格尔就曾说他那个时代是个"散文"的时代而不是"诗歌"的时代。

审美的超越性是我们还能诗意栖居的一种方式。人难免会被现实生活磨灭了纯真与诗心,陷入现实生活的蝇营狗苟。这时候就需要处理好审美的非功利性与现实功利性的关系。欧阳修被贬亳州,重新游历汝阴时,写下了一首诗:"十载荣华贪国宠,一生忧患损天真。颍人莫怪归来晚,新向君前乞得身。"人生活在现实的世界里,难免不被"荣华国宠"牵引而"损天真",丧失了初心而委身于现实的堕落。但每个人身上都有"爱美之心"的原始向往,审美的非功利可以让我们超越纯粹的功利性而增添人生的意义。

第三节　美的情感性

美是靠情感调动人们的感觉、知觉、想象等多方面的生理和心理机能,全身心地投入到对象中去,从而获得一种美感。审美是人的亲身体验,任何人无法代替他来完成。审美主体完全沉浸在对象中,如醉如痴,获得一种忘我的、彻底的身心愉快,这才是审美。审美必须以情感人,以情动人是审美的重要特点,它不像传输科学知识或者哲学道理,用抽象、客观的概念给人理性的知识。白居易在《琵琶行》里说"同是天涯沦落人,相逢何必曾相识",虽然素不相识,却可以相互交流,这是靠情感的共鸣来进行的。

在审美中,人们常常随着审美对象或哭或笑,或激动或沉思,在一种"恍兮惚兮"的精神状态中与审美对象交融在一起,同呼吸,共沉浮。如在文艺欣赏中,很多人在看了《少年维特的烦恼》后情不能已,失声痛哭,模仿维特的一举一动,甚至模仿维特自杀。人们在欣赏拉斐尔的《西斯廷的圣母》时常常升起一种圣洁的情感,而在欣赏毕加索的《格尔尼卡》时则会感到愤怒与恐惧。据记载,清朝有人在春节期间一个人连读《红楼梦》七遍,深感黛玉之悲,最后郁悒而终。人们在读书时读到愤怒处忍不住拍案,读到凄凉处忍不住落泪,读到痛快处忍不住大笑等等,都是在与美的对象产生强烈的共鸣时出现的审美情感现象。这种情感的感染性是审美的一个基本特点,没有情感就没有美。那么,审美情感有什么特点呢?

第一,审美情感具有非逻辑性。在文学艺术的审美中,主要是情感的逻辑而不是科学的逻辑,按照科学的道理不能发生的事情,按照审美的情感逻辑却可以发生。比如杜丽娘死而复生,在现实生活中不能发生,但在审美的情感逻辑之下却可以发生,因为正如汤显祖所指出的,情之至者生者可以死,死者可以生,在情感中已经消泯了生死的界限。叶燮曾经指出,诗歌幽渺以为理,惝恍以为情,想象以为事。它不是科学的、现实生活的逻辑,而是常常以人的情感意志为转移的。比如说"一年明月今宵多","月是故乡明",按照科学的道理本来月光无所谓"多少",也无所谓哪个地方更明亮一些,这全都是因为人的主观情感在起作用。

亚里士多德曾经指出,合情合理的不可能比那种不合情合理的可能还要好。这就是说,按照科学的、现实的逻辑不会发生的事情,但是合乎人们的情感愿望,在艺术中就常常发生,这比那些完全按照现实的逻辑来写的作品还要好。比如焦仲卿、刘兰芝死后变成一对鸳鸯,梁山伯、祝英台死后双双变成蝴蝶,这是"不可能"的,但是这样一对有情人,人们是希望他们在一起的,在人们的情感中希望这样的事情发生,这比那种冷冰冰的让他们死后也"天各一方"还要好。艺术是一种审美的逻辑。它并不像历史那样完全"不虚美,不隐恶"地"实录",而是按照"可然律"和"必然律"形成。亚里士多德说诗歌的逻辑比历史还要具有普遍性。文学艺术主要的是情感的逻辑而不是理性的科学逻辑。《红楼梦》中香菱学诗时有一段感受:

> 据我看来,诗的好处,有口里说不出来的意思,想去却是逼真的。有似乎无理的,想去竟是有理有情的。比如"大漠孤烟直,长河落日圆",想来烟如何直?日自然是圆的:这'直'字似无理,'圆'字似太俗。合上书一想,倒像是见了这景的。若说再找两个字换这两个,竟再找不出两个字来。再还有"日落江湖白,潮来天地青",这"白""青"两个字也似无理。想来,必得这两个字才形容得尽,念在嘴里倒像有几千斤重的一个橄榄。还有"渡头余落日,墟里上孤烟",这"余"字和"上"字,难为他怎么想来![1]

香菱这番学诗的体会,可以说正好说明了文学艺术自身独特的审美逻辑。用一般的科学常理来衡量文学艺术的审美世界是不行的。同一片枫叶林,《西厢记》里写张生跟崔莺莺的分离,枫林的情景是"碧云天,黄花地,西风紧,北雁南飞,晓来谁染霜林醉,总是离人泪",一派凄凄惨惨的情景。而杜牧则说"停车坐爱枫林晚,霜叶红于二月花",则是一派愉快的情景。这取决于作者自己的情感而不是科学的道理,审美的世界就是这样一个情感的世界。

第二,审美情感具有艺术表现性。审美的情感世界不是情感的直接暴露,它常常通过一种艺术化的形式表现出来,如鲍桑葵所说的"使情成体",常常用融情于景、借景抒情等等方式来表达。比如下面的诗句:"上邪,我欲与君相知,长命无绝衰。山无陵,江水为竭,冬雷震震夏雨雪,天地合,乃敢与君绝。"表达这样强烈的感情,并不是呼天抢地的口号,而是把这种决绝之情融入一系列的物象之中,通过它

---

[1] 曹雪芹.红楼梦[M].北京:人民文学出版社,1992:664.

们来表现自己的情感。通过"景"、通过"象"、通过"事"来"比情",这是审美中的情感表达方式。司马相如要另聘茂陵女为妾,卓文君的感情自然是可以想见的,但卓文君写的诗歌却并不是气急败坏的质问与谩骂,而是通过物象来表达:"皑如山上雪,皎若云间月。闻君有两意,故来相决绝。今日斗酒会,明旦沟水头。躞蹀御沟上,沟水东西流。凄凄复凄凄,嫁娶不需啼。"虽然卓文君没有责骂司马相如,但这种感情已经淋漓尽致地表达出来了,据说司马相如看了诗以后,羞愧难当,再也不提纳妾之事了。《古诗十九首》有一诗言:"庭中有奇树,绿叶发华滋;攀条折其荣,将以遗所思。馨香盈怀袖,路远莫致之;此物何足贵,但感别经时。"一棵树的枝条本身何足贵呢?只是因为离别之时、离别之情以这枝条来表达了,这凡物也就因情而贵了。关关雎鸠、蒹葭苍苍、桃之夭夭、燕燕于飞等等,任何一个外在物体本身有何可歌可咏的呢?这就是比情。应该说,比德、畅神、比情是中国三大基本审美方式。

在审美的世界里,物是以情观的,"所谓以我观物,物皆着我之色",这个世界归根到底还是一个有我之境,会因为我之情而变色,情感是审美艺术的基本之道。唐朝孟棨的《本事诗》就以"情感第一"来开篇。张泌《寄人》诗说"多情只有春庭月,犹为离人照落花";韦庄《台城》诗说"无情最是台城柳,依旧烟笼十里堤"。不管是春庭月的"多情"还是台城柳的"无情",其实那月、那柳都只是物,都没有情,有情的只是人。世界本无情,只是人有情,情的本源只是人。蜡烛有心还垂泪,替人垂泪到天明,蜡烛何曾"有心",何曾"垂泪",只是人有心罢了,人垂泪罢了。有情是世界之所以美的前提。世界本无所谓美,因人而美罢了。《世说新语·伤逝》中记载:王戎丧儿,山简前往省之,王戎悲不自胜。山简说,孩子不过怀抱中物,何至于此?王戎曰:圣人忘情,最下不及情;情之所钟,正在我辈。人最下的境界是"不及情",有情正是人之为人的根本特点。这种"情本体"表明了人因情而贵的情感自觉意识。而人一旦有情,也就有美了,情感正是审美的基石。

第三,情感的主观性。情感具有很强的主观性,这导致人们之间的审美标准与理想会有一定的差异。俗话说"情人眼里出西施","萝卜青菜,各有所爱",就是说的审美中的主观性。清水芙蓉是有些人眼中的至美,另一些人却很欣赏那种雍容华贵的人工装饰之美;有人欣赏柳永的十七八女孩之歌,而另一些人喜欢苏轼关西大汉执铁板的美,美的标准的主体性是存在的。曹丕在《典论·论文》里说:"譬诸音乐,曲度虽均,节奏同检,至于引气不齐,巧拙有素,虽在父兄,不能以移子弟",即是说艺术作品的风格每个人不一样,即使是父子之间、兄弟之间也会各不一样。事实上,曹操、曹丕、曹植三人的美学风格确实各不一样,曹操的萧瑟、劲健和苍凉;曹丕的深情与稳重;曹植的飘逸与激情,父兄三人各不相因。

每个人的主观个性不同,导致审美风格各不相同。李白人飘逸,所以诗飘逸;杜甫人沉郁,所以诗沉郁,太白不能为子美之沉郁,子美不能为太白之飘逸。据说李清照的丈夫赵明诚把自己写的49首词和李清照的《醉花阴》混在一起,让他的朋友陆德夫来评论哪一首最好,朋友反复玩赏,最后说,有三句最好,是"莫道不消魂,帘卷西风,人比黄花瘦",正是李清照的作品。这说明一个人的审美品格与另一个人是明显不同的,这种主观性正是其个性之所在,所以齐白石说"学我者生,似我者死",就是强调审美中个性的独特性与重要性。刘勰在《体性》篇里说"才有庸俊,气有刚柔,学有浅深,习有雅郑,并性情所铄,陶染所凝,是以笔区云谲,文苑波诡者也"。每一个人的才情不同,其创造和欣赏的美学品格也就不同。

主观性会使审美主体产生自己的审美理想与审美预期。《红楼梦》第三回说,黛玉初见宝玉的时候,刚开始听说宝玉要来,心里暗想这个宝玉不知是怎样个惫懒人物,及至进来一看,却是个多情公子。黛玉一见便大吃一惊,心中想到好生奇怪,倒像在哪里见过的,何等眼熟。而宝玉忙来见礼,笑着说这个妹妹曾见过的,看着面善,心里倒像是久别重逢的一般。在这里,宝玉和黛玉分明没有见过面,但第一次相见时黛玉觉得宝玉何等眼熟,而宝玉则直说我曾见过的,这实际上就是因为黛玉、宝玉的审美理想都带有自己的主观性,有自己的"期待视野",而眼前这个对象恰好符合了自己的审美理想,所以双双都觉得"好像见过",这就是审美主观性使然。

审美主观性会影响一个人的审美判断。在《邹忌讽齐王纳谏》中,邹忌自己都知道自己不如城北徐公美,但他的妻子、妾都认为他比徐公美,这是主观性的判断。《吕氏春秋》里也记载鲁国一位父亲见了当时最美的商咄,回来后却对邻居说商咄不如自己的儿子漂亮,而他的儿子却是远近闻名最丑的人。原因是什么呢?《吕氏春秋》说只是因为"爱多也"。这种主观的好恶、个人的情感倾向在审美中是难以避免的,"横看成岭侧成峰",从不同的角度出发,美的内涵染上了主观性色彩。周敦颐《爱莲说》可以作为审美主观性一个很好的例子:

水陆草木之花,可爱者甚蕃。晋陶渊明独爱菊。自李唐来,世人甚爱牡丹。予独爱莲之出淤泥而不染,濯清涟而不妖,中通外直,不蔓不枝,香远益清,亭亭净植,可远观而不可亵玩焉。予谓菊,花之隐逸者也;牡丹,花之富贵者也;莲,花之君子者也。噫!菊之爱,陶后鲜有闻。莲之爱,同予者何人?牡丹之爱,宜乎众矣。

从这里我们可以看出,陶渊明在那么多"水陆草木之花"中"独爱菊",而周敦颐自己"独爱莲",菊的"淡",莲的"清",都是他们赋予"菊"与"莲"独特的美学特质,而李唐以来的世人都"甚爱牡丹",因为牡丹"富贵",而陶渊明、周敦颐却不爱众人所爱,一个"独爱"鲜明地表现了审美的主观性。

不同的人有不同的审美标准,同一个人不同的时间段也会有不同的审美理想。随着阅历以及社会知识文化等的变化,一个人对美的欣赏也会发生变化。所谓少年不识愁滋味,爱上层楼,为赋新词强说愁,而今识尽愁滋味,却是欲说还休,只是一个劲儿在那里说天凉好个秋。时间给了人不同的生活历练,也给人不同的审美观,美在不同的年龄阶段呈现出不同的风貌。陈继儒在《读少陵集》中说少年莫漫轻吟味,五十方能读杜诗。只有随着年龄的增长,一个人才能真正读懂杜甫的诗歌。现在也有人说少不读鲁迅,老不读胡适,这都说明一个人的审美趣味在不同的年龄阶段也是不同的。

李清照一曲《清平乐》把不同年龄阶段对同一树梅花的不同感受书写得感人至深:"年年雪里,常插梅花醉,挼尽梅花无好意,赢得满衣清泪!今年海角天涯,萧萧两鬓生华。看取晚来风势,故应难看梅花。"少年时看梅花"常插梅花醉",而中年离别则"赢得满衣清泪",晚年国运衰微,"两鬓生华",只落得"难看梅花"了。可见一个人不同年龄阶段的审美感受是很不一样的。晚年贝多芬有一次听人弹奏《C小调三十二变奏曲》,听了一会儿,贝多芬问"这是谁的曲子?"朋友告诉他是他的。贝多芬竟然很惊讶,不相信地说如此笨拙的曲子怎么会是他写的?从这个事例中我们可以看出,随着个人阅历、知识、经验的变化,一个人的审美理想、标准等都会发生变化。

西施捧心很美,但东施效颦,则无美可言了。这种主观性也告诉我们,审美应有自己的个性,不可盲目模仿别人,否则邯郸学步,丢了自我,也没有学到别人的长处。魏晋时期的殷浩就说"我与我周旋久,宁作我",现代人更应该有自我意识,更应注意自己的个性而不可东施效颦,盲目模仿而丧失了自我。同一首曲,人们"或欣然而欢,或惨然而泣",乃"听者异也"。人都会带着自己的"前理解"与"期待视野"来欣赏面前的对象,获得的感受自然也不会完全相同,因此一部杜诗,兵家读之为兵,道家读之为道;一部《西厢》文者见之谓之文,淫者见之谓之淫;一部《红楼》也如鲁迅先生所说,解之者不下百家,总无全璧。仁者见仁,智者见智,一千个读者有一千个哈姆雷特,审美中的这种主观性是不能完全避免的。

第四节　美的时代性

美的时代性是很明显的。人是历史的产物,时代的变化使得人们的思想观念会发生很大变化。一个时代和另一个时代常常具有很不相同的美学观念和审美理想。《周易》所谓"富有之谓大业,日新之谓盛德,生生之谓易",时代思想风貌是与时俱进、不断变化的。《文心雕龙·通变》里说"黄歌断竹,质之至也;唐歌在昔,则广于黄世;虞歌卿云,则文于唐时;夏歌雕墙,缛于虞代;商周篇什,丽于夏年",这种审美风格的时代更替比较明显。《文心雕龙·时序》篇里也说"时运交移,质文代变,古今情理,如可言乎",刘勰考察了从"德盛化钧"的陶唐时代直到他所在齐梁时期整整十个朝代的审美文风,黄唐"纯而质",虞夏"质而辨",商周"丽而雅",楚汉"侈而艳",魏晋"浅而绮",宋初"讹而新",得出结论"蔚映十代,辞采九变",各代都有自己不同的美学追求。

汉、唐时人们的审美风格是比较雄健的、激昂的和华丽的,我们可以从汉代"铺张扬厉""丽以淫""侈丽闳衍"的大赋,马王堆墓壁画那琳琅满目的世界里,从唐代的杜诗、颜字、韩文、李诗、张书所反映出来的美学精神里,看到人们的审美价值取向。杜甫的诗、颜真卿的书法、韩愈的散文、李白的诗、张旭的草书,从这些艺术作品里我们可以见出唐朝时由于国力强盛而发出的"大唐之音"的豪迈气概,感受到它整体上雄健高昂、激情向上的审美取向,所以人们说"春云夏雨秋月夜,唐诗晋字汉文章",一物有一物的美,一代有一代的美。到了宋朝,整个时代的审美价值取向上已走向秀美、优美的深沉意蕴和对淡雅深致的幽深意境的追求,在力量上、激情上大大不同于唐朝了。苏轼最推崇"发纤浓于简古,寄至味于淡泊"的诗意。梅尧臣说"作诗无古今,唯造平淡难",推崇平淡的美。郭熙把山水画的境界概括为高远、深远、平远三种,"远"成了评价艺术之美的一个标准。在宋朝兴起了给绘画定品的热潮,分为四品:逸品、妙品、神品、能品,虽然宋朝有"神""逸"之争,但不管是神还是逸,都是那种清幽深婉细腻柔美的美了。李泽厚在《美的历程》中用龙飞凤舞、青铜饕餮、先秦理性精神、楚汉浪漫主义、魏晋风度、佛陀世容、盛唐之音、韵外之致、宋元山水意境、明清文艺思潮这样10个阶段来表示中国传统美学精神的时代历程,可以看出每一个时代的美学精神是不尽相同的,各有时代的特性。

一个时代里默默无闻的东西,在另一个时代却大放光彩,这是时代的审美趣味变了。司汤达的作品在他那个时代受到极大的冷落,《论爱情》一书出版后10年只卖出了17本;《红与黑》写出后,出版商只印了750本,大作家雨果说自己试着读了一下司汤达的作品,但不能勉强读到4页以上。而20世纪中叶以后,司汤达成为被全世界广泛认可的法国作家,他的书成为"写给未来的书简"。比才创作的歌剧《卡门》刚在法国上演时受到激烈的批评,以致于他激愤难平,37岁便去世了。而现在《卡门》早已成为全世界歌剧中的经典保留剧目。梵高一生穷困潦倒,他的很多画都卖不出去,生活全靠弟弟资助,但现在梵高却成了现代画的大师,作品拍卖动辄几千万美元。不被自己时代认同,却被另一个时代盛赞,这样的案例非常多,很多现代派艺术都有这样的命运,塞尚、高更、蒙克、惠特曼、杜桑、波德莱尔、布勒东、乔伊斯等等,他们的作品刚诞生之时,都不被时人理解,被目为"惊世骇俗"甚至"伤风败俗",或者"先锋""前卫",而随着时间的推移,这些作品都逐渐成为经典。世易时移,审美风尚也在不断变异。

中国也是如此。在宋朝以前,人们对陶渊明的评价并不高,梁代钟嵘在《诗品》里仅仅把他列为中品,但到了宋朝,人们对陶渊明的评价却空前的高。同样是张生和崔莺莺的故事,唐朝的元稹写的《莺莺传》对张生始乱终弃的事件持欣赏的态度。而到了王实甫的《西厢记》里,主题完全变成了对年轻人之间真正爱情的赞扬,对自由恋爱的歌颂,反对封建家长粗暴干涉婚姻自由。不同的主题表现出鲜明的时代性。同样是宋江起义的故事,施耐庵把它写成了官逼民反的主题,而俞万春则写成了《荡寇志》,把宋江起义污蔑为盗贼叛乱,把朝廷对农民起义的镇压写成荡平强盗。这两个不同的主题是作者处于不同时代、不同的立场而导致的。

一个时代有一个时代的美。这个时代认为美的,到了另一个时代却可能变成丑的了,所谓"环肥燕瘦",时代不同,审美标准也会不同。中国古代的"三寸金莲",在现代人看来是一种束缚人性的痛苦,但这却是中国古代妇女美的标准之一。这完全是一种时代性的美学观。春秋时期,赵武灵王为了便于打仗耕作,决定仿照北方胡人的习俗,把国人的大袖子和长袍改成小袖短褂。当时很多大臣反对,但是为了富国强兵,赵武灵王坚持改革,推行胡服骑射,刚开始大家都觉别扭,但确实实用。随着时代的变化,其实用性逐渐淡化,人们开始觉得这种服装本身就很美了,成了一种审美追求。19世纪20年代,美国西部拓荒的牛仔生活艰苦,他们的服装很容易磨坏,为了结实耐用,他们专门用细帆布作布料,钉上铜扣子,缝得密密实实。后来牛仔服却变成一种审美风尚了。

这样的例子不胜枚举。它说明了一个共同的道理,审美活动是从实际的生活、生产活动中逐渐发展而来的,具有明确的时代性。从留下来的早期的艺术作品来看,它们都是突出实用目的。比如《维林朵夫的维纳斯》《孟通的维纳斯》《列斯普格的维纳斯》《迈锡尼时代的女神立像和坐像》《捷克女神像》等,都用极其简洁的线条突出女性生殖的特点,而不讲究线条的和谐完美,对妇女的认识只突出其生育的实用目的,这与进入文明时期的雕塑是很不相同的,《米洛岛的维纳斯》是按照黄金分割比塑造出来的美人,是形式和谐、精神高贵的女神。

古希腊的艺术都是典雅、宁静、单纯,显得庄严高贵和静穆,比如《米洛岛的维纳斯》《掷铁饼者》等雕像。而17世纪荷兰画家鲁本斯[①]绘画的人体则显得丰满甚至充满了肉感,这是和文艺复兴后人们追求自然生命的享受,用自然人性反对神性分不开的。这和古希腊的美学标准明显不同。西方现代绘画也不再有古典绘画那活

[①] 鲁本斯(Rubens,1577—1640年)。生于德国,父母是法兰得斯人,父亲死后,母亲带着三个儿子返回法兰得斯的安特卫普。1600年鲁本斯去意大利游历学习,临摹很多文艺复兴时期大师的作品。回国后画艺已很成熟被聘为宫廷画家。是17世纪欧洲著名的有巴洛克风格的画家。一生作品很多,有《苏珊娜·富尔曼》《劫夺吕希普斯的女儿》等。

灵活现、惟妙惟肖的典型形象了。塞尚的风景画朦朦胧胧,梵高的画只觉得油彩要从画布上流淌下来,毕加索的人物只是扭曲的形状。康定斯基、蒙德里安的绘画则充满了抽象线条、抽象色彩,古典时代那种精美的令人赏心悦目的形象消失了。毕加索说自己是依自己所想的来画对象,而不是依所见来画的,他画的不是猫,而是猫的微笑。

现代画家常常从自己主观情感出发,对外在物象进行肆意拉长、压扁、吹胖、复合等各种扭曲和变形,夸张地表达梦幻、情感与意欲,在构图、造型、设色、用线等方面都呈现出简单化和抽象化的趋势。塞尚说自然万物都可以用球体、圆锥体和圆柱体来处理,现代绘画把复杂的外物简单化、抽象化,难以给人直接的视觉愉悦,呈现出非视觉形象性的特性。杜尚给达·芬奇的《蒙娜丽莎》画两撇胡子,把小便池命名为与安格尔的画相同的《泉》,或者把自行车把直接放到画厅展览,或者把身体涂满油彩在画布上滚。这些表明了现代与古代审美观念的巨大差异。现代艺术成了人们的一种情感宣泄,一种生活的行动介入,审美与日常生活的距离越来越模糊了,审美日常生活化了,审美并不担负给人美的形象的使命,具有很强的非理性色彩了。

第五节 美的民族性

美的内涵具有民族性。不同民族有不同的文化环境、生产生活环境,因而会有不同审美心理、审美价值标准和由此形成的审美文化。目前全世界有2000多个民族,分布在200多个国家和地区。中国有56个民族,各民族的审美趣味与标准也不尽相同,是与自己民族的历史文化相适应的。康德曾经在《论优美感和崇高感》中说,在优美感方面最使自己有别于其他各个民族的,乃是意大利人和法兰西人;而在崇高感方面则是德意志人、英格兰人和西班牙人。这是以民族而论的审美观察。法国的丹纳在其《艺术哲学》中也提出了艺术创造的种族、时代、环境三要素说,认为有的民族天生是艺术性的、美的,而有的民族则不利于艺术的创造,这些讲的都是美的民族性问题。

我国云南达嘎一带的壮族地区,有一种"以黑齿为美"的风俗。姑娘们喜欢采摘一种名叫"黑子"的野果,把洁白的牙齿染黑。她们认为牙齿越黑越美。这与"美白"的观念相比,实在是大异其趣。要理解这种审美理想,只有从民族文化与历史中去寻找原因。据传古代这里有一位名叫阿婷的壮族姑娘,长得十分漂亮,在方圆数百里都出了名。荒淫的土皇帝听说了,便亲自带着兵马,要把阿婷抢进宫里。阿婷逃进深山,饥饿难忍,吃了黑子,两排牙齿全变黑了,土皇帝只好作罢。从此,达嘎一带的壮族姑娘为了逃避豪门权贵的侮辱,都纷纷效仿阿婷,采摘黑子来把牙齿染黑。这种黑齿为美的审美习俗便成了一种集体意识,成了一种民族心理结构。没有这种民族文化就不可能有这样的审美心理。越南也有女性黑齿为美的审美习俗,姑娘不管长相如何,牙齿如果不乌黑发亮,人们对她的评价就要大打折扣。为此,越南古代就有染齿的习俗。这都得从民族独特的社会历史中去寻找根源。

古埃及人则有"以头尖为美"的习俗。这也得从其民族历史中去寻找原因。在当地,贫民运送东西习惯于顶在头上,天长日久,头顶便变得相当平了。贵族、富有人家的人为了标示自己的特殊地位,便故意把自己的头弄尖以表示与贫民的区别。据记载,贵族们把自己孩子的头用两块木板夹住,木板上部靠拢,下部分开,形成一个"A"字形,以便头骨长尖。"尖头为美"的最初本意是为了标示优越的社会地位,引起众人的艳羡和模仿,后来慢慢地成为一种民族性的审美心理。泰国北部克耶族的女性以长脖子为美,她们往往通过颈间所戴的铜环数量来衡量是否美丽,所戴的铜环数量越多,则越美丽。泰国终年很热,而铜圈导热很快,往往使人很不舒服,这些妇女也要时不时给自己的铜圈浇水。据说之所以用铜圈套着长颈,是因为妇女们这样就可以在战争时保护自己的脖子,从而保全性命,所以这种审美观与部族特殊的经历分不开。

坦桑尼亚许多民族的姑娘都有在脸上刺花的爱好。卢古鲁族姑娘喜欢刻上一道道条形花纹,戈戈族少女则常常在前额刻上或灼上圆形花纹,查加族、姆布卢族和马姆巴族除了在脸上刺花以外,还在双腿的下部刻上一道道花纹。年轻的姑娘在自己娇媚的脸上刺上一道道花纹,这种审美心理在我们看来难以理解,只有把它和当地人们的生活联系起来,才可以理解。这是因为非洲曾是殖民主义者凶横暴虐的地方,为了逃避凶残的殖民主义者的抢夺侮辱,姑娘们故意把自己的脸刺花,让自己变丑而逃避抢夺。我们可以看出这种审美活动的产生最初完全是自己民族特殊的历史造成的。

每个民族的审美观念都有自己民族的历史、社会和文化的烙印。中国京剧中的脸谱,黑脸表示忠臣,白脸是奸臣,红脸是忠义,蓝脸是凶猛,黄脸是帝王,绿脸是强盗等等,一目了然。这只有在中国是这样,其他民族的审美谱系里则没有这样的惯例,这是我们民族文化逐渐积淀的结果。中国古代官员有不同的级别,穿衣服的颜色也有严格的规定。如汉代皇帝、诸侯才可以佩赤绶,相国佩绿绶,将军紫绶,九卿中的三千石、二千石佩青绶等等,是决不能混淆的。宋代的画家戴进就因为画中人物穿的衣服颜色而惹祸。戴进于宣德年间被征入宫廷。一日,宣宗由谢环陪同来看戴进的名画《秋江独钓图》,垂钓人身穿一件红袍。宣宗问谢环此画画得如何,谢环说：此画画得很好，但嫌鄙野，因为红袍是朝廷官员的衣服颜色，钓鱼人是不能穿的。宣宗便推开戴进愤而离去，戴进也因此被逐出画院。

各民族都有由民族文化形成的独特趣味。在泰国，人们星期天穿红衣，星期一穿黄衣，星期二穿粉红色的衣服，星期三穿绿色衣，星期四穿橙色衣，星期五穿浅蓝色的衣服，星期六穿红紫色的衣服。而美国则用黑或灰代表一月，藏青色代表二月，白或银色代表三月，黄色代表四月，淡紫色代表五月，蔷薇色代表六月，青空色代表七月，深绿色代表八月，橘色代表九月，茶色代表十月，紫色代表十一月，红色代表十二月。

美具有主观性、时代性、民族性，有很多人据此对美的定义产生了怀疑，认为美根本不可定义，美的定义是人类追求本质主义的结果，由此产生了美学上的反本质主义思想，要求取消对美的定义。这样的人古代有，现代同样有，形成了美学史上的怀疑主义相对主义思潮，这是需要反对的。美虽然有一定的主观性、时代性与民族性，但这种差异性不是无限放大的，在差异性中也有共同性与普遍性。

本章小结

本章主要讲述美的特点，第一是美的形象性，美是形式与内容的完美结合；第二是美的非功利性，美是对客观知识、现实功利的超越，是一种对事物形象的直观自由判断；第三是情感性，美的判断按照情感原则进行的，具有主观性；第四，美具有时代性，不同时代的审美理想与标准不尽相同；第五，美具有民族性，不同民族间的审美理想也有差异。

推荐阅读

1.康德.判断力批判[M].北京：商务印书馆，2000.
2.黑格尔.美学[M].北京：商务印书馆，1979.

本章自测

1.填空题

（1）提出在天成象，在地成形的是（　　　　）。
（2）提出"最具包孕性时刻"的是德国美学家（　　　　）。
（3）提出诗有别趣，非关理也的宋朝诗人是（　　　　）。
（4）王国维在《　　　　》里提出了"隔"与"不隔"的概念。
（5）法国理论家丹纳提出影响艺术的三要素是种族、时代与（　　　　）。
（6）提出诗歌幽渺以为理，惝恍以为情，想象以为事的清朝诗人是（　　　　）。

2.简答题

(1)美的形象性的内涵是什么?

(2)审美情感的内涵是什么?

3.论述题

论述美的非功利性的内涵及其与功利性的关系。

参考文献

[1]朱光潜.谈美[M].上海:华东师范大学出版社,2012.

[2]宗白华.艺境[M].北京:北京大学出版社,1999.

第四章　审美活动

本章概要

本章第一节讲述审美活动的前提以及美感作为一般感觉的特点,审美活动产生的前提包括审美能力、审美需要、审美态度、审美心理与审美环境等。第二节讲述审美活动的过程,包括审美感知、审美想象、审美情感与审美通感理解活动等。第三节讲述审美活动的特点,主要是直觉性、创造性、愉悦性以及生理与心理、个性与社会性、自觉性与非自觉性、抽象性与形象性等一系列矛盾统一的特性。

学习目标

1.了解:审美能力的内涵;审美需要的发生;审美心理;审美环境。

2.理解:审美态度的内涵;审美想象的作用;审美想象的类型;审美情感的特征。

3.掌握:审美活动的矛盾统一;审美活动的个性与社会性;审美活动的形象性与抽象性。

学习重难点

学习重点

1.审美活动发生的前提。

2.审美想象的类型与功用。

学习难点

1.审美理解的形象性与抽象性。

2.审美活动的个性与社会性。

3.审美需要。

美学原理

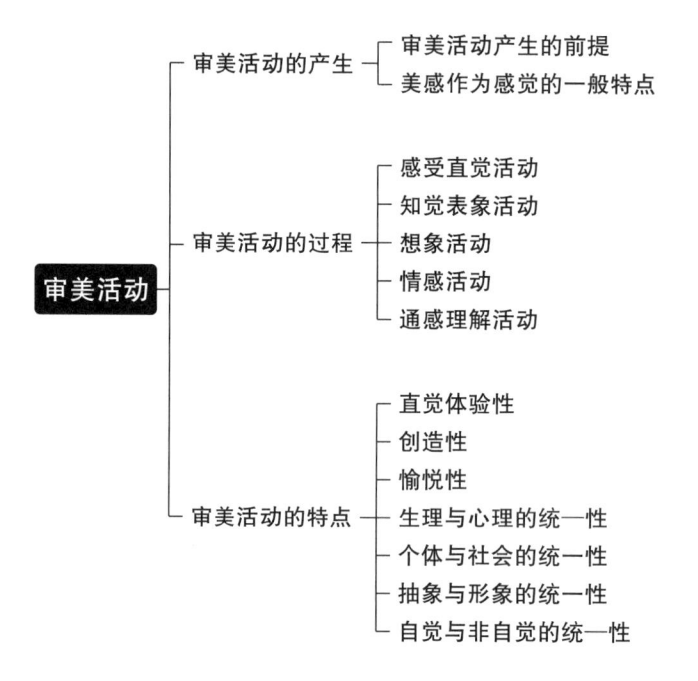

思维导图

- 审美活动
  - 审美活动的产生
    - 审美活动产生的前提
    - 美感作为感觉的一般特点
  - 审美活动的过程
    - 感受直觉活动
    - 知觉表象活动
    - 想象活动
    - 情感活动
    - 通感理解活动
  - 审美活动的特点
    - 直觉体验性
    - 创造性
    - 愉悦性
    - 生理与心理的统一性
    - 个体与社会的统一性
    - 抽象与形象的统一性
    - 自觉与非自觉的统一性

审美是一个动宾词组,谁来审,这是讲审美主体;审什么,这是讲审美客体。审美主体在什么条件下才会去审美,客体在什么情况下才会成为审美的客体,审美主体和审美客体在什么情况下才会产生审美活动,这些都是审美活动产生的前提。美感活动的过程,主要包括审美感知、情感、想象、理解和通感等一系列活动。需要注意的是,在审美活动中,审美感知想象、情感、理解和审美通感这些心理活动,不是按照顺序先进行感知活动,然后进行情感、想象、理解等活动,而往往是互相交织的,没有明显的先后顺序。分解分步骤只是一种逻辑上的分解,这是尤其需要注意的。

第一节　审美活动的产生

人们感受美的活动过程就是审美活动,它是人的高级而复杂的一系列心理活动的综合运动。从美的对象到美感,其间有很多中介环节。美感是通过这些中介环节对美的一种反映,是人对美的一种感应活动,感受到外在的刺激再做出主观的反应。但美感不是美的简单的、消极被动的反映,而是人各种感知觉和心理活动综合作用的一种高级精神活动,是人类社会实践的产物。那么,怎样才能产生美感呢?

一、审美活动产生的前提

第一是审美能力。审美活动的产生必须以人的审美能力的存在为前提。一个人的审美能力包括先天的感官感受能力和后天的学习辨识能力。美感的获得首先要通过感官去感知到美的对象的存在,然后才可能做出生理、心理的反应,基本的生理感官的感受能力是美感得以产生的前提。一个人要想欣赏音乐的美,首先应该具备能听到声音的耳朵,如果他完全是一个聋子,听不到任何声音,那就很难欣赏到音乐的美了。比如对《二泉映月》《梁山伯与祝英台》等中国传统优美乐曲的欣赏,要得到那种荡气回肠、令人如醉如痴的美感,第一个条件就是能感受到那些旋律。一个人要想欣赏绘画的美,那么首先要能够看到那幅绘画,否则就像苏轼讲的瞎子观日[①]一样,不得其真。看不到米开朗琪罗的《大卫》,看不到那敏锐深沉而略带忧郁的眼神,看不到那英俊的面庞,看不到那健美的肌肉,看不到完美和谐的形体,就很难得到美的感受与陶冶。很多杰出的艺术家,往往都具有某些方面的天

---

① 苏轼《日喻说》:"生而眇者不识日,问之有目者,或告之曰:'日之状如铜盘'。扣盘而得其声,他日闻钟,以为日也。或告之曰:'日之光如烛'。扪烛而得其形,他日揣籥,以为日也"。

赋。音乐家聂耳原名聂守信,就是因为他的耳朵识别声音特别敏锐,后来把自己的名字改为聂耳。

当然我们也必须看到,审美能力更重要的一方面是指通过后天的学习实践所获得的能力,如果只有先天的感官基础,对于审美来说还是远远不够的。马克思说对于没有音乐感的耳朵来说,再美的音乐也毫无意义,这里的"耳朵"就不是指生理的耳朵了,而是"文化的耳朵",通过后天学习获得了音乐辨识力的耳朵。马克思指出,如果你要想欣赏音乐,你自己也要成为一个音乐家。一个人只有有了一定的知识文化素养和一定的审美欣赏经验,他才能更深地理解美的对象的更多内涵,才能得到真正美的享受。伯牙弹琴,志在登高山,钟子期曰:"善哉,峨峨兮若泰山!"志在流水,钟子期曰:"善哉,洋洋兮若江河!"这个故事,充分说明审美欣赏需要审美主体具备一定的能力才能获得美的感受。所以钟子期一死,伯牙便摔琴谢知音。知音就是具备一定审美能力的审美主体。

对于审美活动来说,有时候不是审美客体不美,而是审美主体自己没有相应的能力,影响了美感的产生,"阳春白雪""下里巴人"①的故事说明,不具备欣赏《阳春白雪》能力的人不能从《阳春白雪》里得到美感。在审美中,人们特别强调知音,就是对审美主体审美能力的呼唤,刘勰《文心雕龙》里说"音实难知,知实难逢,逢其知音,千载其一乎"。这说明一个人的审美能力对于审美的重要性,没有审美能力,在再好的审美对象面前也不能得到美的享受。《古诗十九首》里说"不惜歌者苦,但伤知音稀","美的东西"常有,而能够鉴赏"美的东西"的人不常有。可见,审美能力是审美活动得以正常发生的前提。

第二是审美需要。审美活动的产生要以人的审美需要为前提。所谓审美需要,就是通过审美活动获得审美愉悦的要求,这是人进行审美活动的动力。审美要求为什么会是一个条件呢?难道有谁不想获得美吗?不是说爱美之心人皆有之吗?这是因为,审美需要是人的一种高级需要,在某些时候审美需要会被更急迫的需要所遮蔽。人具有多种多样的需要。美国心理学家马斯洛曾经对人的需要做过一个系统的层次划分。他认为,人的需要共分为两个等级七个层次。两个等级是低级需要和高级需要,属于低级需要的有两个层次,生理(如人的吃、喝、睡眠等)和安全(生活有保障而无危险)两个层次。属于高级需要的有五个层次,依次为归属和爱(与他人接近,受到接纳,有所依靠)的需要;尊重的需要(如胜任工作,得到认可和赞许),认知的需要(求知、理解和探索),审美的需要(对对称、秩序和美的追求),自我实现的需要(实现个人的潜在能力)。

马斯洛认为,人的低级需要较之高级需要更加强烈迫切,要求首先得到满足,

---

① 宋玉《对楚王问》中记载:客有歌于郢中者,其始曰《下里》《巴人》,国中属而和者数千人;其为《阳阿》《薤露》,国中属而和者数百人;其为《阳春》《白雪》,国中属而和者数十人。

这是人产生高级需要的前提。墨子曾说,食必常饱然后求美。古语说,仓廪实而知礼节,要想实现人的高级需要,必须首先满足人基本的生理需要,然后才能去追求高层次的人生需要。马克思指出,忧心忡忡的穷人对再美的景色也毫无兴趣。这不是说穷人就没有审美的需要,而是因为现在他囿于基本生理需要,就无心去追求高级的需要了。审美是人的一种高级需要,是在满足了基本的生理需要以后的一种需要。马克思说对于饥饿的人来说面包没有形式①,因为这时候他的感觉还没有成为"人的感觉",还是生物性的感觉。

第三是审美态度。美感的另一个前提是必须具有审美态度。审美态度是一种非功利的、非抽象逻辑的、非科学式的态度,从功利中解放出来,从科学探索中解放出来,从而在自由的心态下只注重事物的整体形式本身,在自己的直觉感知活动和想象、情感等心理活动中获得精神的陶醉和愉悦。人有时候是认识真理的科学人,有时候又是为了个人利益斤斤计较的实用人。在认识外在世界时,他使自己完全臣服于外在世界的客观规律,不能主观用事,没有主体性的自由;而在实用的功利场合,他以让外在事物为自己服务为目的,这时对象没有了自由;主体由于服从于自己的欲望,同样被客体所牵制,束缚于客体,因而主体客体都不自由。"金樽清酒斗十千,玉盘珍馐直万钱。停杯投箸不能食,拔剑四顾心茫然",纵使锦衣玉食、花团锦簇,人还是不高兴,因为他还有想要超越这种生活的追求,审美的自由就是他超越现实生活的一种更高的追求。在审美中,主体既不需要服从于客体,客体也不必为了主体而被消灭,两者都是自由的。因而审美可以解放主体,使主体拥有一份自由的心态。

忘我的状态在审美中是非常重要的,主体把自己与外物融为一体,没有了与外物的对立,在身与物化、与物相游的状态中实现心灵的完全自由,如庄子所说"乘物游心",忘了自己是物还是物是自己,忘了庄周是蝴蝶还是蝴蝶是庄周,在这种恍兮惚兮、惚兮恍兮的状态中得到心灵的畅快。中国古代讲应目会心、游目骋怀、澄怀味道、拟容取心、凝神遐想、妙悟自然、物我两忘、离形去知、身与竹化等等,都是讲心与物之间的一种直接的直觉感知,保持一种自由的状态,在形象中直悟意味,意味融于形象中,目视中直观心灵,心灵融于目视中,目击道存、心领神会便能得到"畅神"的自由美感。没有这种与物相"游"的自由心态,总是采取一种严谨的科学态度或者一种迫切的现实功利态度,我们的心灵便不能得到那种忘我的陶醉,不能获得那种全身心通达的美感。

---

① 马克思在其《1844年经济学哲学手稿》中的那段话是这样的:囿于粗陋的实际需要的感觉只具有有限的意义。对于一个忍饥挨饿的说来并不存在人的食物形式,而只有作为食物的抽象存在;事物也可能具有最粗糙的形式,而且不能说,这种饮食与动物的饮食有什么不同。忧心忡忡的穷人甚至对最美的景色都没什么感觉;贩卖矿物的商人只看到矿物的商业价值,而看不到矿物的美和特性;他没有矿物学的感觉。

在审美的时候,如果执著于科学研究或者实际功用,那么科学知识与功利之心就会影响人的审美。车尔尼雪夫斯基说,太渊博的知识会影响一个人的审美,说的就是这个意思。当然,知识和审美并不是矛盾的,但计较于知识的严密准确,往往会影响审美,就像一个职业医生并不认为人体有多神秘和美丽,一个植物学家并不认为一朵玫瑰多么有诗意一样。我们看见罂粟花,直观上觉得它很美,虽然理智上知道罂粟危害大,但我们都承认它是美的。所以审美判断不是功利判断,不是科学判断,而常常是非功利的、非科学的。

人除了科学知识、道德以及功利以外,还需要审美的陶醉。在审美的那一刻,人需要暂时忘却理性或实用,获得一瞬间审美的陶醉。人们大冬天买扇子,并非为了扇风,而是为了扇面上的书法或者绘画,是为了美的欣赏。审美的时候就审美,让其他的一切暂时走开,这样就可能进入审美王国。同一个事物,换一种态度就可能得到完全不同的结果。到艰苦的地方去出差,有的人总是抱怨条件差,有的人却感叹无限风光在险峰,欣赏风景美。去的是同一个地方,但得到的感受却完全不一样,这是对待事物的态度不同造成的。世界不缺少美,而是缺少发现美的心态。苏东坡有一首著名的《定风波》:

莫听穿林打叶声,何妨吟啸且徐行。竹杖芒鞋轻胜马,谁怕?一蓑烟雨任平生。料峭春风吹酒醒,微冷,山头斜照却相迎。回首向来萧瑟处,归去,也无风雨也无晴。

写出如此美妙的一首词,原因却是外出突然遇到下雨。这首词的小序说:三月七日,沙湖道中遇雨。雨具先去,同行皆狼狈,余独不觉,已而遂晴,故作此词。可见与苏东坡一起遭到这次雨淋的人都感觉"狼狈",只有苏东坡"独不觉",反倒有了诗兴,化狼狈为美妙,写出了这首传诵千古的词。面对同样的世界,审美态度是获得审美感受的一个前提。

第四是审美心理。美感以审美心理的存在为基础。美感是人的一种心理活动,心理的结构和因素必然对美感的产生和形成起着重要的作用。美感是一种复杂的,包括人的感觉、直觉、知觉、想象、情感、理解、通感等在内的高级心理活动。人的心理活动既有感官的直接性,又有社会文化的历史积淀性。审美心理活动既有全人类共同具备的特点,也有一定历史文化条件下独特的社会历史性。

审美趣味和爱好、审美理想和标准,是在特殊的环境中,与特定的民族历史文化相结合而形成的。比如中国人以红色为喜庆的象征,西方人把白色作为圣洁的象征。中国人很欣赏那种不尚实际描绘而注重意趣兴味的水墨山水画,在画中"计白当黑",留下很多空白。留白成为中国人审美创造和欣赏的独特心理结构,如宋朝的马远常常只画一角,剩下的都是空白,得到"马一角"的称号。而同时期另一位画家夏圭则常常只画画面的一半,得到"夏半边"的称号。这种写意山水画的独特审美追求形成了中国人独特的审美心理结构。没有这样的审美心理结构的西方人来欣赏中国的这种艺术品,就会产生"隔"的感觉,就不能得到深刻的审美感受。对于中国的二胡名曲《二泉映月》,很多西方人就不能领会其中奥妙,不能从中得到美的感受,但对于小提琴协奏曲《梁山伯与祝英台》他们却能够从中得到美的享受,原因就在于他们对小提琴这种乐器是有一定的审美心理接受的习惯的。西方有小提琴,但西方没有二胡,因此也不能欣赏在中国人看来最美的艺术品了。西方人从油画中得到独特的欣赏乐趣往往比一般中国人要多得多。可见,审美心理结构对于审美活动也是相当重要的,没有它人们很难进行深入的美感活动。

第五是审美环境。美感的存在需要一定的审美环境。每个孩子都具备一定的审美潜能,但是如果没有后天的社会历史文化和劳动实践环境,审美潜能就不能发展成审美能力。美感所需要的某些外在条件,比如对外在刺激的反应、感动和情感等,许多动物也有。比如基本的听力或者视力,有的动物的听力和视力远远超过人。但是这些动物的感觉能力却没有社会性,不能通过后天的学习去适应不同的对象。动物的感觉是本能性的、物种性的,整个物种一直具有相同的本能。人的感官能力可以不断训练,发展得更加精密、更加细腻,具有社会性、文化性。

良好的环境会促进审美活动的发生,比如在美术馆、博物馆或电影院看艺术品,与在菜市场或喧闹的大街看艺术品相比,审美活动更容易发生。所以人与审美对象相遇的环境也是很重要的。俗话说,近朱者赤,近墨者黑,环境对人有潜移默化的作用,一定的审美环境对于审美活动的发生也是相当重要的。唐朝诗人杨巨源的诗说:"诗家清景在新春,绿柳才黄半未匀。若待上林花似锦,出门俱是看花人"。审美关键在于还没有"花似锦"的时候就已是"看花人",糟糕的是到处都是风景却无动于衷。审美活动得以发生,重要的就是要具备上述审美条件。只有具备了这些前提条件,才能不负春光,才能发现"万紫千红总是春"。

二、美感作为感觉的一般特点

人的审美感受虽然是一种独特的感觉,但它也具有一般感觉的特点。

第一,美感是客观的美的刺激和主观的对美的反应这两个方面构成的。对象首先要以审美的特征对感官产生刺激,而那些非审美的特征就不会引起感官的注意。美感的这种刺激反应机制与日常的感官反应是一样的,只是审美活动的感官反应对于具有审美属性的特征尤为注意和敏感。

第二,美感也离不开刺激感觉的光、色、形、声、气息和触觉等形式因素。如果对象本身没有形、声、光、色等形式吸引人的感官,美感也难以存在,美感的基础就是生理性的感官。诗人的审美看上去常常只是各种感官印象的记录,比如晏殊《破阵子》:"燕子来时新社,梨花落后清明。池上碧苔三四点,叶底黄鹂一两声。日长飞絮轻"。这些看上去似乎只是所见所闻的堆积,但它们是审美的开端。

第三,美感体现了人在审美活动中的主导意向,它是人们根据自己自由意志的需要,自由地选取感觉世界的信息,然后对那些符合自己意向和兴趣的感觉特征做出自己的反应。对象本身感性特征不同,对感官刺激的大小也就会不一样,只有形、色、声、光等的独特特点,能一下抓住人们的感官,才容易被人们注意到,从而产生美感。比如绘画作品就要特别注意光线的变化、色彩的明暗对人感官的刺激和吸引。意大利文艺复兴时期的画家提香、现代画家梵高①就特别注意绘画中色彩对人们感官的刺激。他们的色彩都非常浓重、非常鲜艳、非常抢眼,油彩就像要从画布上流淌下来一样,一下抓住了人的视觉,从而产生审美活动。

第二节　审美活动的过程

一般的认识过程是从感性到理性、从感觉到知觉到理智、从低级到高级的,有一个逐步升华、逐步成熟的过程。审美活动是在人的感官、知觉、情感、理智等多种心理功能综合作用中产生的。首先通过感受和直觉,使心灵外接于物,然后通过知觉与表象,在内心对外物进行初步的概括与抽象。接着将这些对象转化为信息,触类旁通,激发记忆和联想。随着感性的越来越深入,心随物而动,感官被进一步激活,于是浮想联翩,有了想象和幻想。在激情荡漾的热情中,人们不知不觉中对事物进行深层观照、理解和沉思,思想的灵光不断闪现。在各种心理功能的综合作用下,人全身心地融会在审美活动的心物交融中,产生了通体舒畅的审美愉悦。审美活动中大致包括这样几个步骤:一、感受和直觉活动;二、知觉和表象活动;三、想象和联想活动;四、情感活动;五、通感和理解活动。

---

① 提香(Tiziano,1488—1576年)意大利文艺复兴时期的杰出画家,他的画奔放有力,富有浪漫气质和想象,灿烂的色彩是提香画的一大特色。主要作品有《天上的爱和人间的爱》《酒神的狂欢》《乌皮诺的维纳斯》《花神》《抹大拉》等。梵高(Vango,1853—1890年)荷兰著名画家,印象主义绘画大师,他的画充满了激情和骚动,油彩厚厚地涂抹,他曾说:"我的作品就是我的肉体和灵魂,为了它,我甘冒失去生命和理智的危险",一生孤独忧郁,1890年自杀。主要作品有《一双鞋》《向日葵》《收获的风景》《食土豆的人们》《自画像》等。

一、感受和直觉活动

审美活动的起点是感受。一个人只有感受、接触到了美的对象的存在,抓住了审美对象的感性特征后,才可能开始对对象产生反应,必须有对对象的亲身感受才能得到进一步的美感。我们常说"百闻不如一见",就是讲只有自己亲身感受到了,才会有真正的收获。我们只是听别人讲意大利天才画家莫迪利亚尼的作品是如何经过变形把所有的人物画成修长的脖子,修长的脸,瘦削的肩膀,因而总有一种高贵幽雅而略带忧郁的气质[①],但是你自己连一幅莫狄利亚尼的作品也没看到过,那就很难产生高贵优雅的美感。要产生美感,首先要感受到美的对象的直观形象,在亲身体验中,激起自己的新鲜感受和情感,然后才可能深入到美的世界。人在面对外在世界无比丰富的感官刺激的时候,往往会心灵活跃,思绪风发,激情满怀。中国古典的审美理论就特别重视这种感物而发的观念。《乐记》里说"人心之动,物使之然,感于物而动,故形于声",就是说人情之发都是对外物的感应而致。刘勰说"人禀七情,应物斯感,感物吟志,莫非自然",人被外物所触动而在内心有所感,这是自然而然的事情。也正是在这种触动下,人的情感往往得到前所未有的迸发,恰如刘勰在其《文心雕龙》里所说"登山则情满于山,观海则意愈于海,我才之多少,将与风云并驱矣",满眼湖光山色、美景无限自会引起人心灵摇荡,感慨丛生,如此才会有美的生成。钟嵘在其《诗品序》里说"气之动物,物之感人,故摇荡性情,形诸舞咏",这种感官的感发是审美活动的开端,也是最重要的一步。

直觉把我们感受到的外物,经过感官的瞬间综合作用,表现为形象。这种由直觉活动所构成的形象,有物质的感性形式,又有心灵的情趣构和作用。在西方美学史上一直有贬低和抬高直觉两种倾向。柏拉图、笛卡儿等抬高理性的作用而贬低直觉的地位,认为只有理性得来的东西才是可靠的。而到了近代,西方很多理论家都开始极力抬高直觉的作用,著名的美学家克罗齐就认为"艺术即直觉,直觉即表现",他认为人类有四种活动:直觉活动,概念活动,经济活动,道德活动,而艺术的审美活动属于直觉活动。直觉就是对诸印象进行综合形成一个完整的形象的活动。

克罗齐认为审美活动到直觉活动就结束了。他说:"审美的创作的全程可以分为四个阶段:一、诸印象;二、表现,即心灵的审美的综合作用;三、快感的陪伴,即美的快感或审美的快感;四、由审美事实到物理现象的翻译(声音、音调、运动、线条与颜色的组合之类)。任何人都可以看出真正可以算得审美的,真正实在的,最重要的东西是在第二阶段。"[②]叔本华和柏格森都是著名的直觉论者,他们认为艺术审美

[①] 莫迪利亚尼(1884—1920年),意大利现代著名画家,他的画独具风格,主要作品有《头像》《庞毕度夫人》《带扇子的女人》等。

[②]《朱光潜全集》编辑委员会.朱光潜全集:第11卷[M].合肥:安徽教育出版社,1989:234.

主要在于直觉。直觉在感官获得关于物象瞬间的初步整体印象方面起到了非常重要的作用,人的其他心理活动还没来得及活动之时,直觉就已经做出某种判断了,因而直觉活动具有一定的直接性、突然性、专注性和透明性。"来不可遏,去不可止"的直觉是心灵活跃中人的感知的突然集中和强化,包含着某些超越感性和一般理智理解的内容。禅宗强调"顿悟成佛",也是强调直觉的突然性。当然直觉的得来也不是从天而降的,它与平时的体验、修养与积累息息相关,能够直觉到某物有某种内涵,是千万次体验的凝练、深化的结果。

审美感觉是感觉的一种,但它是一种特殊的感觉。在美学史上,人们认为这种特殊性表现在审美感觉主要是由视觉和听觉这两个感官所引起的。在柏拉图时代,人们认为美是由视觉和听觉所引起的快感,把其他感官如味觉、触觉、嗅觉等所引起的感受排除在审美之外。狄德罗认为美不是全部感官的对象,就嗅觉和味觉来说,就既无美也无丑。黑格尔也认为,艺术的感性事物只涉及视听两个认识性的感觉,至于嗅觉、味觉和触觉则完全与艺术欣赏无关。这三种感觉的快感并不起于艺术的美。[1]因此,在美学史上通常认为审美感觉是指视觉和听觉所引起的感受,而其他感觉只是作为审美视、听感觉的辅助手段,与审美无关。

到了近代,美学家克罗齐提出反对意见,认为一切印象都可以进入审美的表现。他认为,有些人虽主张某几类印象(例如视觉的和听觉的)才有审美性,其他感官的印象没有,然而也愿承认视觉的和听觉的印象直接进入审美的事实。其他感官的印象虽也可进入审美的事实,却只以相关联者的资格进入。克罗齐认为这种区分太勉强。审美的表现是综合的,不能分别什么是直接和间接的。克罗齐认为,一切感觉在审美中具有平等的地位,一切感觉所获得的印象,经过直觉的综合作用形成一个完整的形象,这就是审美。审美的感受不分什么是视觉的、什么是听觉的、什么是味觉的,而且也分不出来哪些是视觉的、哪些是味觉的、哪些是嗅觉的,感觉本身就是混沌一片的,分不清各自的分界线。这就好比一个小孩看见一头牛走过,他指着那头牛哇哇大叫,但小孩没有"牛"这个概念,他获得的就是关于牛的直觉。小孩关于牛的印象是整体的,是各种感官综合的印象,没有视觉高于嗅觉的分别。

诚然,就人与世界的一般关系而言,人获取外在信息的主要感观是视觉和听觉。根据生理学家和心理学家的统计,视、听两个感观获取的信息量约占整个五官的百分之八十五,是获取各种信息的主要器官。但是我们并不能因此说其他各种感官不能产生美感活动。人的五官都能产生美感,感观本身并没有什么高低贵贱的区分。古典的审美从非功利的特性出发,认为味觉、触觉等感觉是生理性的,是享受性的,容易引起人的欲望,不是审美的。这实际上是对审美的误解。审美有其

---

[1] 黑格尔.美学:第一卷[M].北京:商务印书馆,1979:46.

超功利的一面,但它是从生理享乐走向对生理享乐的超越。生理机制是审美不可或缺的一个要素。

抬高视、听而贬低味觉、触觉等是传统二元对立思维模式影响的结果。认为精神高于肉体、无限高于有限、知识高于生活,把人的生理享受看成罪恶的、不道德的,因而把视觉和听觉看成比味觉和触觉等要高级,这实际上并没有合理的理由。人是用他的一切器官来感觉世界的,有些信息并不是单个器官就能获得的,人的感觉器官是一个综合体。马克思在《1844年经济学哲学手稿》中说:"人以一种全面的方式,也就是说,作为一个完整的人,占有自己的全面的本质。人同世界的任何一种人的关系——视觉、听觉、嗅觉、味觉、触觉、思维、直观、感觉、愿望、活动、爱——总之,他的个体的一切器官,正像在形式上直接是社会的器官的那些器官一样,通过自己的对象性关系,即通过自己同对象的关系而占有对象。"[1]人以自己的一切感觉来占有世界,这些感觉之间并没有什么高下之分,只是分工有不同而已,因而人的一切感官都是审美的器官。

审美感觉是单纯生理感觉和历史理性积淀的统一。人的感觉决不仅仅是感官一时一地的瞬间感受,感官的判断也包含着人的历史理性积淀。马克思说,人的五官感觉是以往全部历史的总和,敏锐感觉的形成是在以往全部人类历史的基础上发展起来的,有着以往历史的内涵,因而感觉也是历史的、文化的。中国人看到黄色,感觉到尊贵典雅的美感,而有的国家的人看到黄色则感到一种恐怖,这是受历史文化影响的缘故。颜色的审美并不单纯是生理感官的刺激,它同时也是历史文化的产物,往往和特定的文化内涵连在一起。闻一多先生在他的诗歌《色彩》中写道:

> 生命是张没有价值的白纸,
> 自从绿给了我以发展,
> 红给了我以热情,
> 黄教我以忠义,
> 蓝教我以高洁,
> 粉红赐我以希望,
> 灰白赠我以悲哀,
> 再完成这帧彩图,
> 黑还要加我以死。
> 从此以后,
> 我便溺爱于我的生命,
> 因为我爱它的色彩。

---

[1] 中共中央马恩列斯著作编译局.马克思恩格斯全集:第42卷[M].北京:人民出版社,1979:123.

在这里,不同的色彩和生命的不同意义连在了一起,这是中国文化的产物。中国京剧中的脸谱,黑脸表忠臣,白脸是奸臣,红脸是忠义,蓝脸是凶猛,黄脸是帝王,绿脸是强盗,一目了然。中国古代不同级别的官员,穿衣服的颜色有严格的规定。

在各民族中,色彩都有自己独特的文化内涵。比如在基督教中白意味着纯洁;黑意味着受难日,是消极的颜色,红是圣灵的降临;紫则是耶稣降临的颜色,是悲戚的颜色。每个民族的颜色都有独特的文化象征意义,而不单单是一种物理的色彩或者生理的色彩了。

二、知觉表象活动

知觉这个概念有这样两种不同的内涵:一种是对感觉、认知、概念、判断、理解的统称,既有"觉"又有理性的"知",即感知、认知两种意思,这是广义的知觉概念;另一种是指人脑对直接作用于感官的事物各部分特性的整体反应,是介于感觉和概念判断之间的一种感觉形式,是感性认识阶段的心理形式。审美知觉是后一种知觉,是人脑对直接作用于感官的事物外部审美特性的整体反应。知觉表象活动把直觉阶段所获得的对象个别的、分散的印象再加以区分和概括,形成一个完整的整体意象。知觉不像直觉阶段只注重事物的感性形式,而是开始有了一定的概念活动,把感性形象提升到一定理性高度来认识,感知到的外在事物之间有了"关联"。知觉是感性和理性活动的统一。这种理性不是明晰的概念逻辑。在知觉活动中,感性形象从客观的物质存在转化为内心的印象或意象,染上了主体自己的主观色彩,物象在知觉中变成表象了。这时人们获取的形象已经不是原来那个事物本身了,与"原生态"的"物甲"相比,知觉表象已经是"物乙"了。知觉表象活动把客观物质世界转化成一个完整的表象世界,这个转化主要是通过以下几个方面来实现的:

第一,知觉的完形作用。完形心理学派认为,人有一种把客观事物当成一个整体来知觉、把握的趋向和能力。比如:

$$
\begin{array}{ccc}
 & 12 & \\
A & B & C \\
 & 14 &
\end{array}
$$

当人们竖着看中间一列时,往往容易把它念成12、13、14;而横着看时,则把它念成A、B、C。人的视知觉不是一点一点地或者一部分一部分地来把握客观事物的,而是把客观事物当成一个整体,以完形的形式来把握客观事物。客观事物成为一个整体,生机勃勃地展现在我们面前,它的各个部分经过知觉的完形,成为一个有机体,各个部分消融到整体中去了。人给他所知觉到的物体赋予了各种"关系"。

第二,知觉的选择作用。人的知觉会对客观世界做出不同的选择,从而构成不同的表象。人生活在复杂的大千世界里,处处都在根据自己的处境、自己的需要以及自己的情感爱好,对客观世界进行各种各样的选择,从而感受到各不一样的美感。李白的"平林漠漠烟如织,寒山一带伤心碧,暝色入高楼,有人楼上愁"中所体会到的"寒山"与"伤心",与王维的"空山不见人,但闻人语响,返景入深林,复照青苔上"中所体会到的"空山",是诗人各自的知觉做出的不同选择。"悲哉,秋之为气也,草木摇落兮露为霜",这是宋玉所感受到的悲凉秋天;"自古逢秋悲寂寥,我言秋日胜春朝。晴空一鹤排云上,便引诗情到碧霄",这是刘禹锡所感受到的豪情的秋天。而"两岸猿声啼不住,轻舟已过万重山",这是李白流放到奉节白帝城时突然遇到特赦,心情畅快时听到的猿声,而在痛苦时听到的猿声却是"杜鹃啼血猿哀鸣"的凄惨。人们对同一物象的知觉是不尽相同的,他们通常从自己的处境和感情出发,通过知觉来选择物象适合自己心境的那一面。

是姑娘还是老太太,是两个面对面的头像呢还是一个杯子,这是知觉的选择。

在审美感觉和知觉活动中,也有审美幻觉、错觉的发生,它们也是审美心理活动不可缺少的部分。绘画中,画家故意通过色彩的冷暖、光线的明暗、事物的大小、远近的对比让人产生种种错觉,从而达到艺术的审美效果。在生活中,人们常常利用错觉进行装饰、舞台设计等等,以扬长避短,增强审美的效果。如房间低矮则装饰垂直线条的布;风景画不加边框显得更加辽阔,加上边框显得更加典雅宁静;等等。生活中,个子矮的人穿长条裤,瘦小的人穿横格衫使自己显得"丰满"等等,都是利用人们的错觉。在审美感知活动中,错觉也常常发生。错觉在审美知觉中对于获取形象也是很重要的,比如电影就是专门利用人的视觉的瞬间停顿,造成动作连贯的错觉。人在特别兴奋,高度的审美集中状态下也会产生错觉,这就是各种感官的界限消失,视觉的形象好像是听觉的形象了,听觉的形象好像是视觉的形象了,分不清哪个是听觉哪个是视觉,各种感官融会贯通,形成审美的高潮,这就是通感。错觉虽然导致人错误地感觉、知觉和认识事物,但它在审美中是非常重要的。它扩大了特定对象的审美领域,造成如梦如幻的境界,使人很容易进入艺术的状态,忘记种种非艺术成分的干扰,从而获得审美的陶醉。

人的感知觉具有变形的能力,经过人感知后的形象已经不是纯粹的"物自身"了,而是一个"有我之色"的新物体了,经过审美的感觉、直觉和知觉、错觉等活动,就会形成一个审美表象,获得一个初步的完整的形象。白居易诗歌有云:"江上何人夜吹笛,声声似忆故园春。此时闻者堪头白,况是多愁少睡人。"这说明,外物"笛声"刺激了人,而这时听到笛声的人恰好又是一个"多愁少睡人",审美客体与主体的这种相遇,才能产生审美的效果。 总之,审美感知和表象活动是从现实生活通向审美世界的桥梁,它把毫无生意的物质世界转化成了充满情感的富有个性特色的审美世界,一个有了生命律动的鲜活的世界。它把有限的物质形式转化成了无限的自由创造。

三、想象活动

在审美活动中,想象是必不可少的,它是审美活动的生命。黑格尔曾经说,最杰出的艺术本领就是想象。[①]中国古代的诗人们很早就开始运用想象这个词了。屈原在《远游》中说:"思故旧以想象兮,长太息以掩涕。"李白在《登金陵冶城西北谢安墩》中说"想像东山姿,缅怀右军言",在《赠张相镐》中又写道,"想像晋末时,崩腾胡尘起"。杜甫也在《咏怀古迹》中提到想象一词:"蜀主窥吴幸三峡,崩年亦在永安宫。翠华想像空山里,玉殿虚无野寺中。"

西方古典的审美创造活动从柏拉图、亚里士多德以来,主要强调的是模仿,因此真实性是古典美学的最高原则。亚里士多德曾经说,想象容易使人犯错误,要尽力避免想象。浪漫主义运动兴起以后,想象在西方审美世界里才获得了崇高的地位。布莱克说过,单独一种能力就能造就诗人,这就是想象,神圣的想象。华兹华斯也在给朋友的信中说"在诗中唯有想象是诗的本分,唯有想象导致无限"。而柯勒律治认为想象是诗人最基本的一个才能;哈兹里特认为诗歌是想象和激情的语言,而不是单单对自然作精确的描绘;浪漫派画家德拉克洛瓦认为最美的作品莫过于那些表现艺术家纯粹想象的作品;爱伦·坡指出想象是各种才能的"王后",是一种神奇的才能,这些表明想象在现代艺术中得到了充分的重视。

(一)想象的作用

第一,想象一方面联系知觉和表象,另一方面又不受知觉和表象的限制。它受情感支配,随意地创造出新的知觉和表象。想象在已有的知觉和表象的基础上,对这些知觉和表象予以重新筛选、组合和安排,通过整合、综合、延伸,把散乱的、零碎的材料和印象集合在一起,不仅创造出新的知觉和表象,而且赋予它们新的形式和意义。想象是人在头脑中对原有的记忆表象进行加工、改造,形成新的形象的精神活动过程。想象具有极大的自由性,完全按照情感逻辑而不是按照理性抽象逻辑来进行。陆机在《文赋》里描述想象"精骛八极,心游万仞","观古今于须臾,抚四海

---

① 黑格尔.美学:第一卷[M].北京:商务印书馆,1979:348.

于一瞬","笼天地于形内,挫万物于笔端",说明了想象的自由性。刘勰在《文心雕龙》里把想象叫做"神思",并说"文之思也,其神远矣。故寂然凝虑,思接千载,悄焉动容,视通万里"。总的来说,想象的作用是把有限的物象变成无限的物象,把单个物象变成多个物象,把简单的形象变成丰富的世界,把无形的变为有形的,把抽象的变为具体的。

第二,想象的核心就是把无形变成有形,把无限的东西用具体的形象表达出来。比如"踏花归来马蹄香",这个"香"是无形的,怎样用具体的、看得见摸得着的东西把它表现出来呢?有人画了一群蝴蝶围着马蹄飞,便表现出了马蹄的"香"。"深山藏古寺",怎样表现"藏"这一无形的状态是想象的关键。想象一个有形的"象"是审美想象的核心。古今中外作品中描写美人的篇章,几乎很少直接去描述美人的面貌。"北方有佳人,一顾倾人城,再顾倾人国,倾城与倾国,佳人难再得。"但这个佳人是什么样子,却没有具体的描绘,只有自己去想。《陌上桑》说大家都争着去看美丽的罗敷,"来归相怨怒,但坐观罗敷",但罗敷长得究竟怎么样,还得靠读者自己去想象。王昭君之美,《后汉书》只有"丰容靓饰,光明汉宫,顾景徘徊,竦动左右"十六个字。西施在《吴越春秋》《越绝书》等书中都只冠以"美女"二字,而杨贵妃在《旧唐书·杨贵妃传》中只说她"姿色冠代""资质丰艳";对于貂蝉,《三国演义》只说"年方二八,色艺俱佳",再模糊不过了。海伦是世界上最美的女人,但荷马却没有描绘她的外貌,只是写她来到特洛伊后元老们的反应,那些怨恨帕里斯王子带回海伦的元老们竟然在看到海伦后,说为了这样一个女人进行十年战争也是值得的,这就足以让人想象到她是多么的美丽。

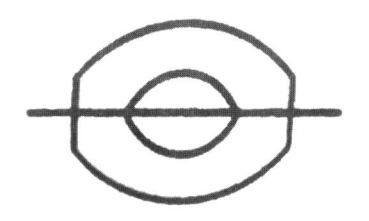

把它想象成一根棍子穿过半个苹果,还是一座桥和它的倒影,这会影响到美还是不美的效果。

美是抽象的。以具体的形象去表现抽象的美,这便是艺术的使命,艺术因此是寓抽象于形象,化抽象为形象。据说当年齐白石先生接受老舍之托,为其画一幅中堂,画的内容是查慎行的一句诗"蛙声十里出山泉"。九十一岁的齐白石先生连续两个晚上睡不着觉,都在苦苦想象究竟应该怎样画这幅画。第三天早上他豁然开朗,在山水之间画上游动的蝌蚪,这使他兴奋不已,很快就把这幅画画好了。想象成了齐白石这幅画成功的关键。只要想象好了意象,画基本上就完成了。这幅画的绝妙之处就在于想象的精妙、生动。对于读者来说,也要从蝌蚪的游动中想象"蛙声"从十里之外传来。真正成功的作品都是这样留给大家足够的想象空间,把无形的"声音"转化为有形的形象。给人想象的空间越大,艺术就会更吸引人。

第三，想象的自由是审美创造无限性的来源。特别是对一些间接性艺术品的审美欣赏，就更需要审美主体自己展开联想，在头脑中建构起一个生动丰满的形象世界，在那想象虚构出来的画面中得到美的享受。面对一句古诗"浓绿万枝红一点，动人春色不须多"，我们如果不展开想象，不去构想一个形象的世界，那就很难有美的陶冶。有的人构想出这样一幅画面来：在垂柳掩映的万绿丛中，有一栋翠楼，翠楼上有一个依稀可见的女子，只有女子的嘴唇可以清晰地看见是鲜红的，这就是"浓绿万枝红一点"。想象出这样一幅画面来，对这两句诗的审美感受就极其令人神往，而不再是一个枯燥抽象的世界了。对文学艺术、音乐等间接性艺术的审美，想象就显得格外重要。

只有主体展开想象，才可能恢复一个生意盎然的美的世界。有了想象，单个的事物才会有机地融合在一起，把众多美的意象连贯成一个"灌注生气"的美妙绝伦的世界。在文学艺术中，人更要靠想象去创造或者再创造一个世界，把那无形的世界在自己眼前展现出来，想象力就显得尤为重要，它是审美和艺术的生命。莱辛在《拉奥孔》中强调艺术表现要选择最高潮之前的那一个时刻，因为这个时刻最具有"包孕性"，最能引人遐想，最具艺术性；而如果直接把最顶点的时刻全都表现出来，则到了止境，没有想象的余地，艺术就显得枯燥无味了。比如画《美狄亚杀子》的故事，不能直接画美狄亚拿着刀子向自己的孩子刺去，最好的是描绘她在这一时刻之前作为母亲的温柔一刻，这样更能引人联想，作品也才更具有艺术性。

第四，拥有想象的空间是艺术成败的关键。艺术是想象美丽动人的场景，而不是直接把一切都呈现出来，给人想象的空间越大，艺术就会更吸引人。狄德罗曾经说："想象，这是一种物质，没有它，人既不能成为诗人，也不能成为哲学家、有思想的人、一个有理性的生物、一个真正的人。"[1]莎士比亚在《仲夏夜之梦》中把诗和情人、疯子放在相同的位置上，认为他们共同的特点就是都富于想象，"疯子眼中所见的鬼，多过于广大的地狱所能容纳，情人，同样是那么狂妄地，能从埃及的黑脸上看见海伦的美貌；诗人的眼睛在神奇的狂放的一转中，便能从天上看到地上，从地上看到天上。"[2]只有通过想象，才能把审美活动中个别的、有限的形象、意象转化成无限的、丰富的意象，从而形成一个美的世界。也只有通过想象，才能把无形的、看不见的、抽象的东西变成有形的、具有鲜活形象的审美图景。没有想象，无论是审美创造还是审美欣赏，都不可能完成，它是审美活动的枢纽，整个审美活动都靠想象来发动。诗人李贺写明月的诗歌，通篇没有一个"月"字：

老兔寒蟾泣天色，云楼半开壁斜白。玉轮轧露湿团光，鸾珮相逢桂香陌。

---

[1] 段宝林.西方古典作家谈文艺创作[M].沈阳：春风文艺出版社，1980：106.
[2] 段宝林.西方古典作家谈文艺创作[M].沈阳：春风文艺出版社，1980：82.

诗人把关于月的神话传说,像玉兔、蟾蜍、月宫、玉轮、嫦娥、金桂等联在一起,通过想象,一幅神奇的充满了瑰丽色彩的月景图便浮现在读者面前,整个美丽的"月景"全靠审美者自己的想象。中国艺术是极其强调想象的,很早人们就注意到了想象在文学艺术中的重要作用。晋代顾恺之就提出了"迁想妙得",南北朝齐梁时期的刘勰也强调"联类无穷"。成语睹物思人、触类旁通、举一反三等都是说的想象活动。

(二)想象的类型

审美想象主要包括接近想象、相似想象、对比想象、创造性想象四种。

第一,接近想象是两个物象之间,在时间和空间上相当接近,人们习惯上将两者联系起来,从而一感受到甲就自然想到乙,爱屋及乌、睹物思人说的就是接近联想,如"故垒西边,人道是,三国周郎赤壁",便想到"遥想公瑾当年,小乔初嫁了,雄姿英发,羽扇纶巾,谈笑间,樯橹灰飞烟灭"。看见赤壁这个地方,自然就想起这里曾经经历的轰轰烈烈的征战;如杜甫的"丞相祠堂何处寻,锦官城外柏森森",来到诸葛亮生活的地方,自然就想起"三顾频烦天下计,两朝开济老臣心。出师未捷身先死,长使英雄泪满襟"的事情了。中国大量的咏物诗、怀古诗,大都是采用接近想象。后人身经其地、身历其境,难免发思古之幽情;思前想后,自不免觉天地悠悠、独怆然涕下了,这是人的心理机制,也是人之常情。"生当作人杰,死亦为鬼雄。至今思项羽,不肯过江东。"这种"思"实乃睹物思人的想象,受到刺激感应的想象。"红豆生南国,春来发几枝。愿君多采撷,此物最相思",由物到相思,这就是接近想象。

第二,相似想象是想象对象与现实对象有相类似的一面。如秦观《浣溪沙》中的"自在飞花轻似梦,无边丝雨细如愁",就是在"轻"上、在"细"上的相似使这二者联系到一起了。"燕山雪花大如席",便是因为两者的"大"相似,所以联系在了一起。卓文君的"皑如山上雪,皎若云间月。闻君有两意,故来相决绝",以"如""若"表明自己和雪、月在高洁上的相似。班婕妤的《怨诗》"新裂齐纨素,鲜洁如霜雪。裁为合欢扇,团团似明月。出入君怀袖,动摇微风发。常恐秋节至,凉飚夺炎热。弃捐箧笥中,恩情中道绝",也以一个"如"字表明新裂的纨素与霜雪之间的相似。白居易《琵琶行》说"大弦嘈嘈如急雨,小弦切切如私语,嘈嘈切切错杂弹,大珠小珠落玉盘。间关莺语花底滑,幽咽泉流冰下难",以一个"如"字表明大、小弦之声与急雨、私语之间的相似。这些"如""若""似"就表明两者之间的共同点,就是相似想象的基础。看见一个物体立即想到一个与它相似的物体,这也是常见的一个想象原则。

第三,对比想象是由某一事物触发对于另一种性质、状貌相反或相对的事物的想象。如"新松根不高千尺,恶竹应须斩万竿""昔我往矣,杨柳依依,今我来思,雨雪霏霏"等都是一种对比想象。欧阳修的《生查子》:"去年元夜时,花市灯如昼。月上柳梢头,人约黄昏后。今年元夜时,花市灯依旧。不见去年人,泪湿春衫袖。"这种以乐景写哀、以哀景写乐的反衬法,往往倍增其哀乐,达到事半功倍的效果,被文学家频频使用。像崔护的"去年今日此门中,人面桃花相映红。人面不知何处去,桃花依旧笑春风",苏轼的"去年相送,余杭门外,飞雪似杨花。今年春尽,杨花似雪,犹不见还家"等等,都是以对比想象成诗,早已传唱久远了。但是同时我们也应知道,审美想象这种类别的划分是相对的,在想象活动中,接近、相似、对比可以互相叠合、交叉、渗透、同时展开,可以互相推动、互相促进,并不是彼此孤立、绝对分开的。冬天看到傲霜斗雪的梅花,就会想到松柏,这既是接近想象,又是相似想象,也有某种对比想象的意思,所以审美想象往往是多种形式的综合。

第四,创造性想象是在现有的材料上通过联想、组接、粘贴、聚合等手段而虚构的形象。比如把猪的某些特点、神的某些特点和人的某些特点糅合在一起,便想象出了猪八戒的形象;把猴子的某些特点和神的一些特点、人的一些特点糅合在一起,便有了

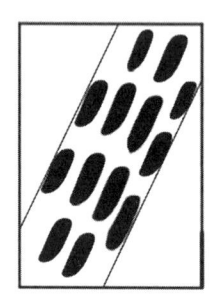

你想到了吗?这是长颈鹿的脖子。

孙悟空的形象。这些创造性想象没有单一的、直接的现实原型可供模仿,往往是在众多因素作用下发挥主体的创造性才能虚构出来的形象。当然,任何想象都是一定历史时代、一定社会现实的曲折反映,它不可能与当时的时代思想状况没有关系。凡尔纳的科幻作品中的那些想象现在根本不叫想象了,因为现在它已经是人类生活的现实了,而当时凡尔纳的想象被认为是很大胆的奇特的虚构。现在人想的已远不是登上月球了,而是去寻找外星生命这些更神奇的想象了,这是时代本身决定了的。

(三)审美想象的特点

审美想象是一种独特的想象,它不同于科学的想象或一般日常想象。

第一,审美想象是一种充满情感性的想象。在科学研究中,科学家也要进行各种想象,比如飞机还没有造好的时候,他要想象飞机起飞时和起飞后可能遇到的各种突发情况怎么处理,这主要是一种推想,有更多理性参与的成分。而且这种科学想象主要着眼于事物的实际功能,是客观的,物我界限分明的。而审美中的想象充满了审美主体的情感,是物我交融甚至物我不分的。

第二,审美想象是一种形象想象。审美中的想象主要是想象审美对象的整体形象。诗人在想象飞机起飞时,他常常只会想飞机在云层里飞翔是多么飘渺美丽,而不会考虑遇到恶劣天气怎么应对。刘勰在《神思篇》中说:"思理为妙,神与物游。"审美中的想象是与事物的形象分不开的。

第三，审美想象具有非功利性。科学想象具有功利性，想象的是事物的功能。日常生活中的想象也具有功利性，往往想象的是一件事物对我们的利弊。审美中的想象往往是想象一个画面、一个情节，不是想象事物对自己的利害得失。作为想象，审美想象与科学想象、日常想象共同的特点是超越时空的限制，感觉知觉都只能感知眼前的"此时此地"的东西，而想象却能使那些不在眼前的东西"如在目前"。

想象能力是一个人最重要的能力之一。一个人的想象力并不是自然而然地跟着年龄和知识的增长而增长。心理学家做过一个实验，分别让一组成年人和一组小孩来回答同一个问题"钱能够干什么？"在30秒的时间内，成年人回答了可以买房子、汽车、衣服、食物等，但心理学家归纳起来却只有一个答案，那便是钱能够"买东西"。而小孩回答出来的内容却丰富多彩，折纸船、垫桌子、糊窗户缝、买冰淇淋等，各不相同，充满了想象。这说明成年人的思维容易模式化、固定化，要特别注意培养训练。想象力并不是随着年龄的增长而增长，并不是随着知识的增长而增长。对于成年人来说，保持和培养自己的想象力显得尤其重要。从某种意义上说，人的能力的大小有时候其实就是看想象力的大小。训练自己的想象力，关键是突破既有的框架的束缚，在更广阔的空间里自由翱翔。现在讲创新教育，怎样能创新？一个重要的标志就是看一个人的想象有没有创新。审美想象的生命是创新而不是重复，有高度审美想象力的人势必有着高度的创新性。艺术审美是培养创新能力的一个重要途径。一个想象力欠缺的人决不会是一个有高度审美情趣的人，一个没有审美情趣的人决不会是一个有高度创新精神的人。恩格斯说他从巴尔扎克那里学到的，比从当时一切统计学家那里学到的还要多。爱因斯坦说自己从陀思妥耶夫斯基那里学到的比从物理学家那里学到的还要多，他认为小提琴是自己物理学灵感的源泉。可以说，艺术审美是创新的源泉。

四、情感活动

诗人元好问在词中道："问世间，情是何物，直教生死相许？"情，在诗中、在审美世界中是最神秘、最丰富的存在了。千百年来，多少可歌可泣、感天动地、催人泪下的故事，都只因一个"情"字。世间只有情难诉，但是情究竟是什么呢？心理学家对情感有着多种定义，如：人对事物的肯定、否定的态度就是情感；怀着某种需要的主体与对他有意义的客体关系在他头脑中的反映就是情感；人对客观事物是否符合自己需要的体验就是情感；大脑在外物刺激下的生理唤醒状态就是情感；人对自我的感受就是情感；等等。在日常生活中，人们有着各种情感，喜、怒、哀、乐、爱、恶、惧等等，满足自己要求的就高兴，感到害怕的就恐惧，想要得到的就渴望，保留不住的就惋惜，讨厌的就憎恶，希冀的就热爱，等等。人无时无刻不在情感的海洋中沉浮。人的生活不能没有情感，人的生活离不开情感。

(一)情感的丰富性

人的情感是极其复杂的。平常我们说人有七情六欲,七情只是一个虚指,其实人何止七情。总的来说,人的情感可分为对自己的情感和对外在于自己的客体(他人、社会、自然)的情感两大类。对自己的情感,包括自喜、自慰、自负、自爱、自尊、自悲、自咎、自谦、自悯、自卑等几大类型的情感。自喜又可分为:自在、自足、自得、自乐等;自慰又可分为:自谅、自勉、欣慰、快慰、荣耀等;自负又可分为:自满、自矜、自用、狂妄等;自爱又可分为:自许、自惜、自珍、自赏等;自尊又可分为:自信、自重、自豪、豪迈等;自悲又可分为:惆怅、凄怆、痛苦、伤感、消沉等;自咎又可分为:惭愧、懊悔、懊恼、悔恨、羞耻等;自谦又可分为:虚心、谦逊、歉疚、自嘲、自讽等;自悯又可分为:怯懦、自馁、自怨、自弃等;自卑又可分为:自疑、自轻、自贱、颓唐;等等。单对自己的情感就如此丰富,要把"情"说清楚真是谈何容易。而主体对客体的感情就更加丰富了。情感有相近的,也有对立的,而且一定情感之间也具有叠合和相互转换等情况,因此情感具有丰富性。

(二)情感的重要性

情感是极其重要的。在人的生活中不能没有情感,在审美活动中更是离不开情感。情感是人进行审美活动、观照外物的动力,是审美活动的发动机。只有审美主体饱含着情感,在情感的驱动下,才会自觉地调动自己各种感官和心理机能协调地工作,融入到客体中去,按照自己的情感方式看待对象,使对象成为在自己情感逻辑下建构起来的一个完整的意象世界。马致远的《天净沙》这样写道:"枯藤老树昏鸦,小桥流水人家,古道西风瘦马。夕阳西下,断肠人在天涯。"作者之所以能够把这些看上去无关的各个物象组合成一个审美的意象世界,完全是因为作者在自己主观情感的驱使下来观照各个物象的。

审美世界是"以情观物"的,因此外在世界都着我之色,染上了主体的色彩,是一个"有我之境"。"有情芍药含春泪,无力蔷薇卧晓枝",芍药"有情",蔷薇"无力",这其实都是人自身情感体验的投射,芍药、蔷薇本身并没有什么特别之处。同一个东西,情感不同,所见的形象也就不同。同一片水泽,可以是"寒波淡淡起,白鸟幽幽下";也可以是"气蒸云梦泽,波撼岳阳城";也可以是"荒沟古水光如刀";还可以是"高江急峡雷霆斗""春江潮水连海平,海上明月共潮生";等等。这些美景都因"情眼"所见不同而不同。

审美情感与日常情感是不一样的。日常的喜怒哀乐通常是因为现实关系中直接的利害得失而引起的,比如他人盗窃了我的钱财,我非常愤怒、难过等,这种情感是直接关系到自己的得失的。而审美情感并不是由直接的利害得失引起的,它通常是由事物的整体形象引起的一种非功利的情感态度。比如人们看到林黛玉的爱情悲剧忍不住掉下泪来,那么这种感动就是一种非功利的审美情感,林黛玉的一切与欣赏者并没有直接的现实的利害冲突,但欣赏者把自己的情感移注到对象身上,使自己体验到与林黛玉同样的情感,似乎自己就是林黛玉本人了。这种情感的虚拟体验性是审美情感的特点。

诗人以我观物,使得一切都具有了无限的生机与魅力,那些平平常常、司空见惯的事物也因为情感的融入而具有了感人至深的魅力。"浮云游子意,落日故人情",世界因为情而成了"有情世界",无物不有灵气,"荷花娇欲语""青松翠欲滴"。"泪眼问花花不语,乱红飞过秋千去",在一往情深的诗人眼里,落下的花瓣是那样的惹人爱怜,"落红不是无情物,化作春泥更护花",只要人有情,花便有万种风情。对象的风情万种,就是人的风情万种。一个感情枯瘠贫乏的人眼中,世界也不会那样的多姿多彩,那样的妩媚动人。"我见青山多妩媚,料青山见我应如是",只有主体的情感和对象融合,山水树石才灵性十足,美不胜收。没有情感,世界将是乏味的、枯燥的。

审美中情感的重要性,中国古代很早就有深刻的认识。《尚书》里就提出"诗言志,歌咏言"。《毛诗序》里提出"情动于中,故形于言"。陆机《文赋》提出"诗缘情而绮靡",把情作为文艺审美欣赏的根本。《文心雕龙》里说"必以情志为神明,事义为骨髓,词采为肌肤",要求"为情造文"。白居易提出"根情、苗言、花声、实义",情感被认为是审美之根。情感在中国的审美活动中一直占有重要位置,以情动人也是审美的一条基本途径。只有主体把自己的情感融入对象中,与对象融为一体,体验到审美对象的情感震慑而不是理智的判断、分析,才有美感产生。

立普斯认为审美是移情,看到了情感在审美活动中的重要作用。没有情感,一切物象将永远都是冷冰冰的物象,各自孤立地待在各自的角落,不会有赏心悦目的美景。只有有了情感,所有物象才有了生机与千姿百态的个性,"春山如笑","冬山如怒","夏山如喜",物才因此不是物,而成为美的世界。

(三)情感的产生

审美情感是怎样产生的呢?历史上出现了各种不同的见解,主要的观点有:

一是天赋本能说。中国古代的"性善说""性恶说",古希腊、中世纪的"神赋说"均属此类。孟子持"性善说",认为仁、义、理、智等道德情感都是天生的本性,"非由外铄我也,我固有之也",所以人皆有"恻隐之心""羞恶之心""辞让之心"。荀子持"性恶说",认为对生、色、利的好尚都是"天之久也,不可学不可事",所以他主张要节制人的欲望、情感。

二是感物致知说,认为人感于物而达到认识,认识又制约情感。如《乐记》:"感于物而动,性之欲也;物至知知,然后好恶形焉。"所以主张"理以节情,理以导情,理以养情"。美国心理学家阿诺德在20世纪50年代提出的"评估"说和"情景-评估-

情绪"公式与《乐记》所论相似,认为情绪产生于人对外物、环境是否符合自己的需要所做的理智评价。

三是主观说,认为情感、情绪是纯主观的。如《淮南子·齐俗训》:"夫在哀者闻歌声而泣,载乐者见哭者而笑。哀可乐者,笑可哀者,载使然也。"主观所载之情决定审美情感情绪的发生、发展和性质。康德的"情感主观说"则明确认为情感是发自内心的,并不被对象性质所决定,诺尔曼·丹森的"情感是自我的感受"说也属此类。

四是客观说,认为情感情绪为对象自身的情感性质所激发。如鲍桑葵、桑塔耶那等人认为情感被知觉决定,知觉又被对象决定。事物除了具有大小、数量等客观性质和色彩、声音等依赖人的感知而存在的性质外,还有第三种性质,即"情感性质"。红色火焰、灰暗天空之所以引起人愉快和阴沉的情绪,因为它们本身就有情感因素。所以审美情感是被事物自身的情感结构性质决定的,是人对事物情感性质做出判断后的一种兴奋。

五是联想说。联想主义心理学认为人的情感、情绪是由事物引起的联想而唤起的。当人听到树叶沙沙响或北风怒号,便联想到呻吟的人或怒吼的人,于是这些事物便有了情感的性质,人也由联想而产生了特定的情感、情绪。

六是躯体变化说。美国詹姆士认为情感、情绪产生于生理的神经过程,是由躯体的变化构成的,而躯体的变化又是事物反射作用的结果。躯体受外物的反射作用而发生了各种变化,便产生了各种情感、情绪,所以他主张"先哭而后悲伤",而不是人们通常认为的悲伤了才哭。

七是同形同构或异质同构说。格式塔心理学认为人对事物之所以发生特定的情感、情绪,是由外界事物的物理的力和场与人的内在世界的心理的力和场在形式结构上是否存在着"同形同构"或"异质同构"的关系决定的。如果主体与客体存在着这种关系,主客体便达到了契合、和谐,便产生了肯定的、积极的情感、情绪,反之则产生否定的、消极的情感、情绪。

八是无意识说或集体无意识原型说。弗洛伊德认为情感来源于无意识的心灵,即来自心灵内部的精神系统,而这种精神系统又是处于意识之外的无意识系统。他曾提出"快乐说",认为人们之所以喜欢欣赏艺术,是因为艺术宣泄了无意识,使欣赏者原先就有而又受压抑的无意识本能得到了展现,于是便获得了象征性的满足,激起了快乐的情感。荣格则认为人生来就有从原始时代遗传下来的"集体无意识原型",当人从艺术或其他途径中观照到这种"集体无意识原型",便会发生顿悟和由满足而产生愉快的情感、情绪,所以他认为审美情感是深层、隐秘的无意识被激活和得到满足后所引起的。

上面这些观点都有一定的合理性,看到了审美情感产生的某一方面的特性。审美情感的产生本来就是非常复杂的,它既有审美客体固有的形式、结构方面的原因,也有人的主观情感、意识、无意识等方面的原因。因此,我们认为审美情感的产生是一个多方面条件综合作用的结果。特定审美对象、环境的刺激和对象的形式所具有的"召唤结构"是审美情感发生、发展的客观根源。特别是特定审美情境的营造对于审美情感的发生具有极其重要的作用,通过环境的烘托、陪衬、铺垫、渲染,审美者身临其境,融入整个情境中,很容易发生共鸣,情不自禁地产生强烈的审美情感,甚至眼泪"夺眶而出"。比如在教堂中,弥撒的音乐响起,高高的教堂、柔和的光线、四围圣灵的画像,在这种祥和安宁中一个人就很容易产生圣洁虔诚之感,而在嘈杂的菜市场就很难有这种情感的产生。所以,审美对象、审美环境是相应审美情感产生的基础。

当然,审美情感的产生也与主体一定的生理机制分不开。主体要具有健康的生理机制,在外界刺激下才会产生情感,才会主动把自己的情感"投射""移情"到审美对象上,产生审美活动。同时,主体自身审美需要的强度、审美能力的大小、审美动机的有无、审美预期的高低、意志力的强弱、伦理道德、文化修养等都是审美情感产生的内在依据。审美情感的发生是客观制约性和主观能动性的矛盾统一,是受动性和主动性的矛盾统一。审美情感是受审美对象的刺激、感染、召唤,有感而发的,但也常有莫名的惆怅、突然悲从中来等情感样式,这实际上就是情感的主动施予。审美情感不仅是主动、受动的统一,而且也是理智唤起的情感和直觉唤起的情感的矛盾统一。

五、通感理解活动

审美活动中的"通感"一词通常有三种意思。一是指对某一门艺术的感受连带勾起对其他相关艺术门类的感受,通常称为"艺术通感"。如读诗歌有绘画感,观绘画有诗感,观画读诗有音乐感,听音乐有诗画感等,即所谓"诗中有画,画中有诗""诗画中有旋律""音乐中有诗情画意"等。这是由于相关艺术有共同规律、共同审美特征所激起的通感。二是指艺术创作中由于外界事物的启发、诱导,勾起对艺术构思、艺术手法的顿悟。如王羲之从鹅的形态、动作悟到书法执笔、运笔的法则,执笔时食指须如鹅头昂扬微曲,运笔时须如鹅掌拨水,挥洒自如;吴道子观舞剑,悟到绘画须如龙蟠凤舞、习习生风,方可传神;盖叫天观挑夫担水,悟到舞台动作须稳健而轻松、潇洒,方能给人以美的享受。这是由对特殊生活现象的感悟而引起的对艺术规律的通感,近似于创作灵感。三是指审美中借助当前刺激引起的单一感官感觉、知觉,通过理解、联想、想象、情绪等的作用,又引起其他感官感觉、知觉兴奋和整体感受的心理现象,或指当前一种感官感觉、知觉借助其他感官感觉、知觉兴奋而得到加强。

人有各种各样的感觉器官去感知各种各样的事物。人是一个有机的生命整体,各个感觉器官虽有分工,但它们之间并不是相互割裂、互不相通的。一种感官的变化常会引起其他感官的变化,它们之间是相互协作、相互影响和沟通的,这种感觉的沟通现象就是通感。当人看到大海的画面,口中就会有海水的咸味,鼻子中似乎有海水的腥味。这种通感现象是人在审美活动中处于一种高度兴奋的状态,整个人全身心地投入到对象中的结果。我们对客观对象的审美感受,并不是从某一个感官出发,各个感官按照顺序来感知事物,而是从整体出发,各个感官整体地把握事物的特征,获得美的感受。人只有充分调动各种感官,才能够更好地欣赏美,通感就担当了这样的功能。

通感把各种感觉融会沟通起来,可以产生一种独特的审美感受,这在审美中是非常重要的。宋祁《玉楼春》:"绿杨烟外晓寒轻,红杏枝头春意闹",温度的"寒"却勾起了重量的"轻"的感觉,红杏枝头的视觉感受与听觉的"闹"连在了一起,这就调动了多个感官参与到审美中了。李清照《浣溪沙》:"小院闲窗春色深,重帘未卷影沉沉,倚楼无语理瑶琴",这里"影子沉沉",视觉与重量感觉实现了通感。贾岛《客思》:"促织声尖尖似针,更深刺著旅人心",听觉的声音和触觉的刺痛完全相通了。审美通感使人的各种感官同时运动,调动了人的积极性和创造性,使欣赏者进入一种全身激情洋溢的兴奋状态,得到更强烈的审美享受。主体在通感中变得如醉如痴,从而能够更好地实现对美的整体把握。刘勰在《文心雕龙》中说,好的文章"视之则锦绘,听之则丝簧,味之则甘腴,佩之则芬芳",看上去如锦缎,听上去如音乐,品味起来则甘美,戴在身上则如鲜花一样芬芳,这就把各种感觉都用到了文章上,是一种通感。

韩愈在《听颖师弹琴》中这样描绘对于琴声的感受:

昵昵儿女语,恩怨相尔汝。划然变轩昂,勇士赴敌场。浮云柳絮无根蒂,天地阔远随飞扬。喧啾百鸟群,忽见孤凤凰。跻攀分寸不可上,失势一落千丈强。嗟余有两耳,未省听丝簧。

作者这时候完全处于一种审美的兴奋之中,低婉的琴声好像是"昵昵儿女语";而当琴声突然"变轩昂"时又想到"勇士赴战场";琴声变化又仿佛"浮云柳絮"飘荡、"百鸟群"鸣叫、"孤凤凰"发声;等等。这样的冲击让人们对于琴声的美感变得曲折跌宕,欲罢不能,从而受到强烈的感染。

白居易的《琵琶行》中一系列的意象也是听觉与视觉互通的绝佳例子:

大弦嘈嘈如急雨,小弦切切如私语。嘈嘈切切错杂弹,大珠小珠落玉盘。间关莺语花底滑,幽咽泉流冰下难。冰泉冷涩弦凝绝,凝绝不通声暂歇。别有幽愁暗恨生,此时无声胜有声。银瓶乍破水浆迸,铁骑突出刀枪鸣。曲终收拨当心画,四弦一声如裂帛。

就是琵琶的声音,却一下子多了这么多的意象:急雨、私语、大珠、小珠、莺语、花底、泉流、冰下、冰泉冷涩、银瓶乍破、水浆迸、铁骑突出、刀枪鸣等等,这一系列丰富的意象迸发而出,让抽象而枯燥的声音变成了一个有形的世界,让人有眼花缭乱之感,听觉的感受全变成了视觉的闪现。这种通感表明了审美中的极度兴奋,各个感官界限消失,审美也由此进入高峰体验。通感能够很好地将感受场景转移,丰富感受体验,增强审美刺激,"床前明月光,疑是地上霜",这个"疑是"就是审美的通感,将"月光"与"地上霜"这样不同的事物联系在一起,丰富了审美的意象,增强了人们的审美感受。

美感中不仅要有感觉和情感、想象等活动,而且包含着理解活动。审美活动绝不仅仅是一种感性的活动,在审美的感性形象和身心愉悦中也包含了理性的理解和思考在内。审美活动是具有社会意义的精神活动,不单纯是一种感官活动,渗透着一定的社会历史文化的内蕴,特别是在欣赏诗歌、绘画等艺术作品时,这种知识文化的理性理解成分就更加突出。比如我们欣赏米开朗琪罗的雕塑《摩西》《最后的审判》《创造亚当》,达·芬奇的《最后的晚餐》,丁托莱托《银河的起源》等艺术作品,如果不理解《圣经》文化或古希腊的神话故事,那我们的审美活动就会受到极大的限制。再比如,我们欣赏李商隐的诗歌"嫦娥应悔偷灵药,碧海青天夜夜心",如果我们根本不知道"嫦娥"是谁,而只凭感官来审美,则很难有那种飘飞的美感。"庄生晓梦迷蝴蝶,望帝春心托杜鹃",如果我们不明白"庄周梦蝶""蜀帝啼血"的典故,则无法欣赏诗歌的美了。历史文化典故的运用在中国古典诗歌中是极为普遍的现象,这种审美对象的深层文化意蕴是需要理解的,否则审美活动也很难深入下去。我们欣赏李后主的词,感动我们的那种世事沧桑、历史轮回、人生悲欢的情感,在"感同身受"的同时,也需要对历史的理解。

美感活动不只是形象的直觉,同时也是思维的深化,是包含有理解的综合性的心理活动过程,需要相关的知识与经验储备。相传诗人王维由于精通音乐、绘画,所以在洛阳观看壁画《按乐图》时,能立即判断出画中乐手演奏的是什么曲子,是第几叠,第几拍。友人不信,马上命令乐手演奏《霓裳羽衣曲》,到第三叠第一拍时,果然乐手的手、口的动作与方位和画中一模一样,友人佩服得五体投地。王维之所以能做出这样精确的审美判断,是与他的审美经验、相关方面的知识文化修养等分不开的。

但美感中的理解不是一种纯粹抽象的逻辑思维,它不凭借概念、公式等理性工具,也不是为了求"真"而思考,它始终伴随着鲜明具体的形象来理解,它是化理为情,情又融于理,在情理的交融中获得美的愉悦。钱锺书先生曾经说"理之在诗,如水中盐、蜜中花,体匿性存,无痕有味,现相无相,立说无说",审美欣赏的理解无处不在,但又看不到它苦思冥想的样子,审美欣赏中的理解与主观感觉的愉悦性密不可分地交融在一起。钟嵘曾经批评当时一些诗作"理过其辞,淡乎寡味",批评在审美中直接用大量的概念而不是用形象,从而破坏了诗意的美,他认为"古今胜语",真正好的作品,"皆由直寻"而不是用理性的论证和材料。这表明审美中的理解绝不是逻辑的和概念的理解,而是一种溶解在形象中的理解,一种情感中的理解,一种朦胧的或清晰的理解,一种有真意但欲辨已忘言的理解,一种可意会不可言传的理解。审美中理解的道理是严羽所说的"别理""别趣",即一种特别的道理,特别的趣味,如"羚羊挂角,无迹可求",但又真实存在。

第三节 审美活动的特点

审美活动是一个复杂的化合过程。它是人的一系列感官功能和心理活动综合作用的结果。在这个活动中,审美主体在一系列的矛盾冲突与和谐统一的辩证发展中,不断把审美活动推向高潮,使审美得以完成,美感得以产生。美感是一系列矛盾的冲突与和谐的结果。人既是感性的又是理性的,既是社会的又是个人的,既是现实的又是历史的。人的感性的生理需要与理性的道德活动之间是有矛盾的,个人的利益与社会集体之间是有矛盾的,现实的实际需要与历史的长远发展之间是有矛盾的,现实的存在与历史文化之间是有矛盾的。总之,人与自我、人与社会、人与自然、人与他人、人与历史之间是有矛盾的。但它们之间又有一致性,人离不开社会、自然、他人和历史,人本身就是一个矛盾的集合体,人的审美活动也是一个各种矛盾统一的辩证发展的活动。审美活动与现实生活中的体育活动、科学活动或者日常交往活动相比,有什么特性呢?

第一,审美活动具有强烈的直觉体验性。审美活动关注的是事物的感性形式,它不依赖抽象的概念,它的最终成果不以概念的形式加以表达。审美活动必须由主体亲身参与其中,得到直接的审美体验才能完成,它不能由别人代为体验,不能由别人来传达感受。审美活动具有直接的体验性,这种体验具有整体性。它观古今于须臾,抚四海于一瞬,不用条分缕析地逐层表达。很多审美感受往往只可意会,不可言传,如镜中之月,水中之花,所以当人们询问你一部电影好不好看,这实在是一个说不清楚、不能马上回答的问题,因为一切都在每个人自身的体验中。审美活动的体验具有情感的主观性和模糊性。它是恍兮惚兮,其中有象,惚兮恍兮,其中有情,在感同身受的直接体验中沉浸其中,具有很强的参与性,很难用明确的概念去告诉别人。

第二,审美活动具有很强的创造性。这种创造性是指审美活动是一次性的,不可重复的。比如我们在电脑上写一首诗,刚写完还没来得及保存,电脑就没电了,我们再来写这首诗,如果不是已经完全背诵下来了,第二次写的和第一次就不一样了。我们第二次看同一部电影和第一次看时感受也不会完全一样。而数学题无论做多少次,结果却可以完全一样。康德说艺术审美的创造是天才的事业,而科学家的事业不一定是天才的,因为科学家的事情按照方法学习,可以重复,而天才的审美创造却不可完全重复。审美活动是主体各种心理机能创造的新的心象、意象与整体的人生境界,它是每一个审美者自身独特的创造,带有很强的主观性,即使是父子兄弟姐妹,审美活动的作品、审美欣赏的理想趣味等都不会相同。

第三,审美活动具有愉悦性。审美活动是一种生理愉悦之上的独特的人生体验,既悦耳悦目,又悦心悦意,同时还悦志悦神。亚里士多德在《优台谟伦理学》中曾经说,审美活动是一种在观看和倾听中获得的极其愉快的经验。这种愉快是如此强烈,以至使人忘却一切忧虑,专注于眼前对象。这种体验可以使日常意志中断,不起作用,似乎觉得自己在海妖的美色中陶醉了。而且审美这种体验有不同的强烈程度,即使它过于强烈或过量,也不会使人感到厌烦,而其他的愉快过多时,人会厌烦。审美这种愉快的经验是人独有的,虽然其他生物也有自己的快乐,但那些快乐是来自嗅觉或味觉,而人的审美快乐则是来自视觉和听觉感受到的和谐。虽然这种经验源自于感官,但又不能仅仅归因于感官的敏锐。动物的感官也许比人敏锐得多,但动物并不具有这种纯粹的审美经验。审美这种愉快直接来自对对象形式的感觉本身,而不是来自它引起的利益,因此审美愉悦是一种独特的愉悦。

第四,审美活动是生理活动与心理活动的统一。人的生理活动是物质性的,心理活动是精神性的,二者是有矛盾的。物质性的感官只要求直接的生理性满足,而心理活动还包括其他成分如想象、理解等的满足。但是,我们知道任何进一步的心理活动都是建立在生理活动的基础上的,美感就是通过生理上的感觉器官来与客观现实发生审美关系,并对客观现实做出评价。我们看徐悲鸿的《奔马图》,首先要用眼睛看到存在于画布上的形象,看到那雄姿英发的奔腾的骏马,那昂扬的头颅,那飘逸的鬃毛,那奋起的马蹄,这是我们进入审美状态的基础。但是仅有这个是远远不够的,我们还必须知道奔马对前途充满信心与希望的"寄托",这种寓意的想象便是进一步的心理活动了。

英国的经验派美学家休谟、夏夫兹博里、哈奇生等都非常强调生理上的快适是审美的特点,认为一件事物之所以是美的,就是因为它在人的生理上产生了快感。比如休谟曾经说美之所以为美,是因为外物的形式如色彩、线条、音响以及由它们产生的和谐、均衡、对称适应了人的生理心理结构,因而产生了愉快的美感,认为美感就是"人心的特殊结构",把美感和人的生理心理结构联系起来。在实践中,我们看到如果演员演奏的是欢乐的曲调,则脸上肌肉放松,表情轻松活泼;而如果是悲哀的曲调,则脸上肌肉紧张,表情低沉抑郁。演员表情如此,听众也有相同的反应。这说明生理与心理在审美中是一致的,是相互关联的。中国的古诗为什么要讲押韵平仄,既有内容上的韵味给人心理上的美感,又有形式上的节奏让人生理上感受到直接的美感,感官的舒适促进了心理上美感的产生。这说明美感中感官的快适与心理的满足是对立而又统一的,仅有对立,美感就失去了赖以产生的基础;仅有统一,美感也就无法深入。因此,审美活动是生理活动基础上的心理活动,二者是辩证的统一。审美活动有生理的享受,这不必讳言;但这生理的享受并不是终结,它只是一个开端,它是与更加复杂的心理活动连接在一起的。

第五,审美活动是个体性与社会性的统一。美感欣赏首先是一种个人的活动,是最富于个人色彩的。对于个人的爱好和选择,我们不能用行政命令来做出整齐划一的规定。一个人喜欢什么是他的自由,有人喜欢清水芙蓉的天然之美,有人喜欢雍容华贵的雕饰之美;有人喜欢浓情化不开的徐志摩,而有人喜欢犀利深刻的鲁迅;有人喜欢阳刚,有人喜欢阴柔;有人喜欢齐白石,而有的人却对齐白石颇有非议。对于审美欣赏来说,这种个性化是随处可见的,是一直存在的,我们也应该充分尊重这种个性。这是一个人"先结构"的审美理想的"期待视野"对于审美的影响。屈原"戴长铗之陆离,冠切云之崔嵬",并说自己从幼年开始就"好此奇服兮,年既老而不衰",坚持自己的理想,不能变心以从俗。屈原在那个时代确实是个性昭彰,傲然不群,无人能及。人们对那种千篇一律、只有模仿而毫无创新的东西都没有太大兴趣,东施效颦、邯郸学步总是受到人们的嘲笑,"楚王好细腰,宫中多饿死;城中好高髻,四城高一丈",都是缺乏审美个性的表现。而那些不拘一格、具有创新精神的审美对象大都受到人们共同的赞赏,这说明人们的审美在欣赏创造性、个性上是一致的。人不仅自在地存在,而且自为地存在,独立和创造是人的本质所在,在审美中同样如此。所以人们共同追求创新,齐白石说"学我者死,似我者生",这说明了审美创新与个性的重要性。

但是作为个人来说,并不能完全脱离时代的社会共同性。人的本质并不是生物个体上的特点决定的,而是在于在实践劳动过程中形成的社会性、历史文化性和创造超越性。不管每个中国人审美欣赏的个性多么不一样,但我们大都对那些意境深远的中国古诗、中国山水画如醉如痴,都能从中得到美的享受,而美国人就比较困难。这说明人们的审美有共同的历史文化背景,有共同的"集体无意识"与民族文化心理结构,个性是这种共同文化中的个性。艺术审美所表现出来的这种个性,是共性中的个性。艾略特曾经说,诗人不是表现个性而是逃避个性,不是表现情感而是逃避情感,也是在强调逃避的是完全个人化的那种滥情。

第六,审美活动是抽象性与形象性的统一。在审美活动中,我们总是直接感受感性对象,因为我们注意的是对象整体的形象给我们的感受,而审美对象也是"立象以尽意",通过形象来表达一定的意义,所以审美中首先获得的就是各种各样直观的形象。我们谈到《红楼梦》,首先感受到的便是一个个栩栩如生的人物形象,贾宝玉、林黛玉、薛宝钗、元春、迎春、惜春、探春等等,他们的一举一动都恍然在眼前闪现。雕塑大师罗丹的作品《思想者》表现的是人类的沉思、理性和智慧的伟大,然而我们看不到"沉思",看不到思想,也看不到"伟大",我们看到的只是一个托着下巴的人,宽阔的肩膀,向上偾张的肌肉,欲开还闭的眼神。我们看到的就是这样一个具体的形象,在形象中体悟到沉思,而绝不是在概念中去演绎抽象的思想。

审美首先是感性形象,这些感性形象都是具体可感的。但我们还要从有限的对象本身获得无限的韵味,更深广的意义,审美又应有一定的抽象思维的特点。从感性形象中升华出更深厚的意蕴,获得更深的审美愉悦,这是审美的路径。我们在欣赏"枯藤老树昏鸦,小桥流水人家,古道西风瘦马。夕阳西下,断肠人在天涯"这样的诗句时,就不能仅仅停留在那些具体的物象上,而是要思考作者为什么只选择这些物象而不选择其他的呢?这样我们就会获得更深的意义,对漂泊落寞、孤单失意的人生境界就有了更多的体会。这样才会有更深的感动,更持久的审美震撼与愉悦。我们要清楚,审美活动中的这种抽象思维是完全融入形象之中的,它绝不是用单个的概念来证明某个道理,而是在不知不觉中融进了理性的成分。它不是与形象性对立的,而是在形象中自然而然表现出来的东西。

在审美活动中,具象性与抽象性的结合,主要是通过内心所引发的丰富的想象来实现的,从而创造出物我统一的审美境界。为了强化某种情感,加强抒情性,需要某种程度的抽象化。在形式美的表现中,抽象化使对象获得了无穷的表现力。中国古代戏曲的脸谱化、程式化,古代诗歌的格律化、规范化,就是对艺术形式的某种抽象化。这种抽象化,给审美欣赏带来一定的不自由,但在克服这种不自由后,这种程式本身的表现力、固定形式的历史意蕴与形式美却给人无限美感。审美活动是感性活动与本质性的抽象活动同时进行的一种高级活动。一般的抽象、理解等活动,往往是从感性到理性,到了理性阶段,就超越了感性,从个别上升到了一般。但在审美活动中,在感性中就有理性,理性就在感性中,它不是一个阶段完成以后再升华到另一个阶段,感性与理性始终是同时存在的。

第七,审美活动是非自觉活动与自觉活动的统一。人是有意识的动物,一切活动都应当是自觉的。但事实上并非如此,人的行为有无意识的层面,人们常常在非自觉的形式下做出某些判断。审美活动很多时候是一种无意识状态下凭直觉在瞬间完成的活动,还没来得及用理性的概念来慢慢推敲,审美判断已经做出,审美活动已经结束。柏拉图曾经说,诗人的创作不是凭技巧而是凭灵感,是诗神附在诗人身上,诗人失去了平常的理智,陷入了迷狂状态才能够代神立言。诗人们说了很多,自己也不知道自己说的是什么。弗洛伊德曾经说创作就是作家的白日梦,是作家无意识的转移和升华。艺术审美活动常常是这样一种迷狂状态,在并非十分清醒的状态下得到美的陶醉。

在审美中,人们常会觉得某个对象美妙绝伦,但究竟美在何处却一时说不出来,人们常说妙不可言,"只可意会,不可言传",想要以清醒的有逻辑的语言来把自己所感受到的美一一说出来时,便觉得语言苍白无力,文不逮意、言不尽意,这实际上就是审美的非自觉性的体现。陶渊明讲读书不求甚解,指的就是审美的领悟。审美愉悦必须亲身去体验,一幅画必须自己去看,一片风景必须自己去欣赏,听别人的讲解而去做理性的分析是不会有审美的激动与忘情的。庄子讲轮扁斫轮,精妙之意是不可传的,诗之妙处莹彻玲珑,如空中之音,相中之色,水中之月,镜中之象,言有尽而意无穷。诗歌之美,如七宝楼台,炫人眼目,拆分下来,不成片段。美是一种整体性的直接感悟,而不是一点一滴的分析。我们不能用日常的思维模式机械地来分析美感是何种愉悦,而常常是直觉形态的非自觉的形象直观把握。

但是审美又不完全是非自觉的,这里面有理性的参与。对形象的非自觉的直感只是审美愉悦的第一步,理性对深入领悟审美对象的审美特质是必不可少的。在获得了初步的审美印象后,人们会有进一步的、自觉的审美观照,绝不会只停留在感性直观的层面。据说唐朝画家阎立本有一次到荆州去看张僧繇的壁画,第一天看了并不理解,说张僧繇定得虚名耳;第二天再去,觉得好了一点,说犹是近代佳手;第三天再去,赞不绝口,说名下定无虚士,寝卧其下进行临摹。这说明在审美欣赏中,人有时并不能一下就能直觉到对象的美,它有一个从不自觉到自觉的过程。在这个过程中,有非自觉的无意识的成分,也有人的自觉的思维活动的深入。禅师青源惟信曾经说自己30年前参禅时,见山是山,见水是水;及至后来亲见知识,有个入处,见山不是山,见水不是水;而今得个休歇处,依然见山是山,见水是水。从刚开始的见山是山、见水是水到最后依然见山是山、见水是水,这已经是一个质的飞跃了,是一个从非自觉的审美状态到自觉的审美状态的飞跃。审美中有自觉的理性寻找不到的妙处,也有"细推物理须如此"的自觉的深层审美愉悦。审美就是这种不自觉与自觉活动的矛盾统一。

本章小结

审美活动得以发生的前提条件是:审美主体具备一定的审美能力;审美主体有审美需要与审美态度;审美心理的养成;审美客体具备一定的条件以及审美环境的具备。审美活动的过程包括审美感知活动、审美想象活动、审美情感活动以及审美通感与理解活动。审美活动是知觉体验性、创造性与愉悦性的,同时审美活动是生理活动与心理活动、个性活动与社会性活动、形象活动与抽象活动以及自觉活动与非自觉性活动的矛盾统一。

推荐阅读

1.滕守尧.审美心理描述[M].成都:四川人民出版社,2022.
2.阿恩海姆.艺术与视知觉[M].成都:四川人民出版社,2019.

本章自测

1.填空题

(1)审美能力包括先天生理能力与(　　　　)。
(2)按照马斯洛低级需要与高级需要的区分,审美需要属于(　　　　)。
(3)提出食必常饱然后求美的是(　　　　)。
(4)认为艺术即直觉,直觉即表现的意大利美学家是(　　　　)。
(5)提出诗人的创作是诗神凭附的古希腊哲学家是(　　　　)。
(6)认为创作是作家的白日梦的奥地利学者是(　　　　)。

2.简答题

(1)审美活动的前提条件有哪些?
(2)审美想象的功用是什么?
(3)审美想象的类型有哪些?

3.论述题

审美活动的特点是什么?

参考文献

[1]鲁道夫·阿恩海姆.视觉思维[M].滕守尧,译.成都:四川人民出版社,2019.
[2]米·杜夫海纳.审美经验现象学[M].韩树站,译.北京:文化艺术出版社,1996.
[3]贡布里希.艺术的故事[M].南宁:广西美术出版社,2014.

第五章　审美范畴

本章概要

本章第一节讲述优美的概念史以及优美的实质,第二节讲述崇高的概念史与崇高的实质;第三节讲述悲剧的概念史与悲剧的实质,第四节讲述喜剧的概念史与喜剧的实质;第五节讲述意境的特征与实质。

学习目标

1. 了解:历史上对于优美的论述;历史上对于崇高的论述;历史上对于悲剧的论述;意境概念的提出。

2. 理解:伯克、康德关于崇高的论述;康德、黑格尔关于喜剧的论述;马克思、黑格尔关于悲剧的论述;意境的实质。

3. 掌握:优美的实质;崇高的实质;悲剧的实质;喜剧的实质;意境的特征。

学习重难点

学习重点

1. 西方美学史上关于崇高、悲剧、喜剧的论述。

2. 意境的特征与层次。

学习难点

1. 康德、黑格尔关于悲剧的论述。

2. 柏克、康德关于崇高的论述。

3. 亚里士多德、霍布斯关于喜剧的论述。

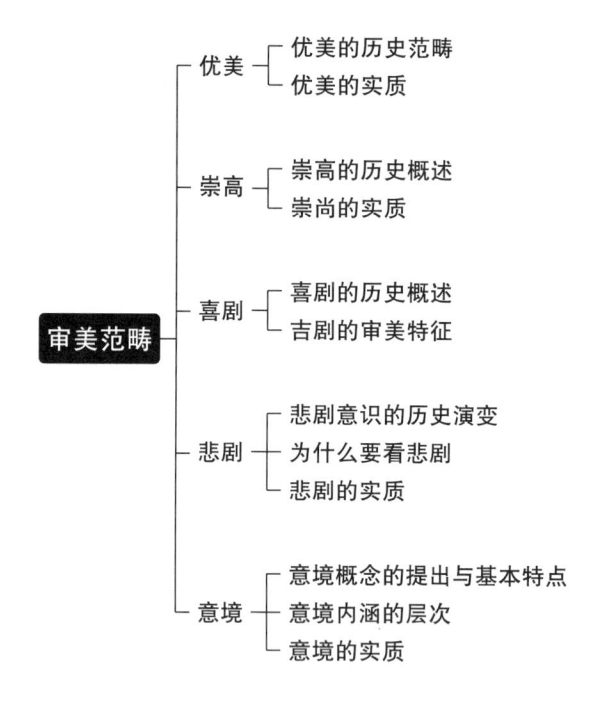

思维导图

审美范畴
- 优美
  - 优美的历史范畴
  - 优美的实质
- 崇高
  - 崇高的历史概述
  - 崇尚的实质
- 喜剧
  - 喜剧的历史概述
  - 吉剧的审美特征
- 悲剧
  - 悲剧意识的历史演变
  - 为什么要看悲剧
  - 悲剧的实质
- 意境
  - 意境概念的提出与基本特点
  - 意境内涵的层次
  - 意境的实质

第五章 审美范畴

美学史上一般的审美范畴有崇高、优美、悲剧、喜剧、荒诞等。这种划分是西方式的。中国古典美学也有各种美的类型划分,有二分法、三分法、四分法、八分法、二十四分法、三十六分法等。如六朝时把美分为出水芙蓉和错彩镂金两种,宗白华先生说这两种美,代表了中国美学史上两种不同的美感或美的理想……楚国的图案、楚辞、汉赋、六朝骈文、颜延之诗、明清的瓷器,一直存在到今天的刺绣和京剧的舞台服装,这是一种美,错彩镂金,雕缋满眼的美。汉代的铜器、陶器,王羲之的书法,顾恺之的画,陶潜的诗,宋代的白瓷,这又是一种美,初发芙蓉,自然可爱的美。[①]这其实是对美的二分法。

中国也有四分法的,如曹丕《典论·论文》中指出:"奏议宜雅,书论宜理,铭诔尚实,诗赋欲丽。"雅、理、实、丽实际上就是四种美的类型。宋朝将美分为妙品、逸品、神品和能品四类。八分法的,如刘勰在《文心雕龙·体性》中认为艺术品的主要形态有:一曰典雅,二曰远奥,三曰精约,四曰显附,五曰繁缛,六曰壮丽,七曰新奇,八曰轻靡。这实际上是八种美的类型。唐代司空图在《二十四诗品》中将美划分为二十四种:雄浑、冲淡、纤秾、沉著、高古、典雅、洗练、劲健、绮丽、自然、含蓄、豪放、精神、缜密、疏野、清奇、委屈、实境、悲慨、形容、超诣、飘逸、旷达和流动。之后出现了黄钺的《二十四画品》、杨曾景的《二十四书品》等,二十四分法影响深远。后来还出现了三十六分法,如许奉恩的《文品》、袁枚的《续诗品》。窦蒙在《语例字格》中将艺术美的类型分为一百零八种,但数目太多,不为人所注意。

第一节 优美

一、优美的历史概述

优美又被称为秀美、纤丽美、阴柔美、典雅美、精致美、和谐美等等,在美学史上有不少美学家对优美作过探讨。从毕达哥拉斯以来,优美一般的特性都是和谐、适宜、对称、完整、秩序、匀称、整一、鲜明、雅致等。到了文艺复兴以后,美学家们常常把优美和崇高对立起来看待。18世纪英国经验主义美学家柏克认为,优美的品质有以下一些方面:(1)比较小;(2)光滑;(3)各部分见出变化;(4)这些部分彼此相融成一片;(5)身材娇弱,不是威武有力的样子;(6)颜色鲜明,但不强烈刺眼;(7)如果有刺眼的颜色,要配上其他颜色,使它在变化中得到冲淡。柏克第一次把优美与崇高加以系统分析,总结出了优美的形式特征。当然,柏克主要是从经验主义的立场

[①] 宗白华.美学散步[M].上海:上海人民出版社,1981:29.

出发研究优美的本质,只着眼于对象的形象特征,还不是哲学高度的、理性的、系统的思索。

　　康德从哲学的高度探讨了优美与崇高,从优美的普遍性上认为美是无关功利而令人愉快的,无关概念而普遍的,是一种无目的的合目的。康德认为就对象来说,美只涉及对象的形式,而崇高却涉及对象的无形式。形式都有限制,而崇高对象的特点在于无限制或无限大。因此,美更多地涉及质,而崇高更多地涉及量。就主观心理反应来说,美感是单纯的快感,崇高却是由痛感转化来的快感。所以康德说美的愉快和崇高的愉快在种类上很不相同,美直接引起有益于生命的感觉,崇高却是一种间接引起的快感,先有生命力受到暂时阻碍的感觉,接着有一种更强烈的生命力的迸发。直接的感官愉悦是优美的重要特征。在《论优美感和崇高感》中,康德描绘了很多优美与崇高的对象,他写到,高大的橡树、神圣丛林中孤独的阴影是崇高的,花坛、低矮的篱笆和修剪得很整齐的树木则是优美的;黑夜是崇高的,白昼则是优美的。①在康德看来,崇高使人感动,优美则使人迷恋。

　　在中国古代,相当于优美范畴的是阴柔之美,是蕴藉含蓄的作品所呈现出来的婉约之美。《礼记》里说"温柔敦厚,诗教也",淡雅飘逸的作品富有深远的意境,在中国古代是一种主要的审美价值取向。中国追求文外之重旨,要求含不尽之意见于言外,这种含蓄隽永、清新淡雅的美学追求更多的是一种优美的品格。司空图《二十四诗品》列出的美的类别,主要都是优美的。清朝黄钺《二十四画品》中列出:气韵、神妙、高古、苍润、沉雄、冲和、澹逸、朴拙、超脱、奇辟、纵横、淋漓、荒寒、清旷、性灵、圆浑、幽邃、明净、健拔、简洁、精谨、俊爽、空灵、韶秀,除了健拔、圆浑具有比较明显的崇高意味以外,其余都呈现出优美的特质。清代文论家姚鼐把中国主要的美学风格概括为阳刚之美与阴柔之美,指出"其得于阴与柔之美者,则其文如升初日,如清风,如云,如霞,如烟,如幽林曲涧,如沦,如漾,如珠玉光辉,如鸿鹄之鸣而如寥廓;其于人也,谬乎其如有思,暖乎其如喜,愀乎其如悲",形象地概括了优美的形式特点。从中国美学的实践来看,在婉约与豪放两类审美品格中,中国艺术常常以婉约为正体与本色。王国维也认为美之为物有两种,一曰优美,一曰壮美。他认为优美是人在静时得到的,而壮美则是人由动至静时得之,强调了优美的纯粹性与崇高的动态性。

　　优美的表现极其广泛。自然界中的优美,表现为自然景物以光、色、形、音等合规律的组合所呈现出的明暗、浓淡、大小、高低、刚柔在矛盾中的统一,以天然的完美和谐作用于主体的感官,使主体获得安静恬美的心理感受。人生的优美表现为个体合乎礼仪、道德规范的言谈举止及其思想观念,和群体或社会稳定、平和的局面。艺术中的优美表现为作品中所反映的自然景物、社会人生或营造的氛围以其

---

① 康德.论优美感和崇高感[M].北京:商务印书馆,2001:3.

合规律、合目的性使主体感受到其中的和谐统一。陈望道认为,优美的对象"要在内容与形式的平衡。看去无何等的威压,无何等的狂暴,无何等的冲突,又无何等的纠纷。只是极自然地、极柔和地却又极庄严地、仿佛明月浸入一般地有一种适情顺性的情趣。"[①]对象与主体的直接合一,给人以直接的愉悦,这是优美的直观特征。

二、优美的实质

优美是主体与客体处于和谐统一的状态中所呈现的审美品格,主体与客体之间没有直接的矛盾冲突。优美是对人的本质的直接肯定,人的本质直接融入对象之中,获得一种直接的愉悦。如果崇高是偏向于内容的范畴,优美则更多的是偏向于形式的范畴,主体与客体之间能直接达成统一。比如我们观看罗塞蒂的作品《白日梦》,觉得优美而意致深远,内心没有激烈的矛盾和起伏。欣赏张若虚的《春江花月夜》就仿佛沉潜到月光如水、江水幽幽、如梦如幻的仙境中去了,禁不住消融了自我,忘记了自我,而陶醉于其中了。"细雨湿衣看不见,闲花落地听无声",优美是一种润物无声式的愉悦,人沉浸其中时没有什么感情的动荡冲突,所以博克说优美是能够引起爱或类似情感的东西。陈望道先生说:"只要形式和内容贴合浑融,形式的一面又整洁又温和,而内容的一面又清灵又高贵,便无论是否人类的运动,都觉安静平衡,有轻快和柔的优美情趣前来亲人。"[②]优美的核心是内心的安静平和,充满爱的审美愉悦。外在形式的有序平衡带来内心的平和安宁的幸福感,这是优美的实质。

我们看雕像《拉奥孔》时,看到被蛇缠绕的拉奥孔父子痛苦的表情,看到他们扭曲的身躯、偾张的肌肉,禁不住心里有一种恐惧的感觉,血管偾张,心跳加速,很难沉浸到对象之中,而是处于和对象高度紧张的对立中。当这种现实的紧迫消除后,无序的偾张被一种有序的精神力量统一,才有可能发现其美,即崇高之美。就好像我们读到诗句"秦时明月汉时关,万里长征人未还。但使龙城飞将在,不教胡马度阴山","想当年,金戈铁马,气吞万里如虎"等诗句,都不禁会产生无限敬畏之感,而不是一种清幽的平淡和恬静,不是读"梨花院落溶溶月,柳絮池塘淡淡风","一曲新词酒一杯,去年天气旧亭台"或者"自在飞花轻似梦,无边丝雨细如愁"的那种轻松和谐的感觉,也不是听《致爱丽丝》的喁喁私语,不是听小夜曲、摇篮曲的沉醉了。

优美在外在形式上最重要的一个特征就是"小",力量的小、数量的小、激发的生命力的小。这种"小"使我们能够掌握对象,因而处于"胜利者"的位置,不需要什么心理防备与努力,没有紧张的对立,能与对象和平共处。立普斯提到,凡不是猛

[①] 陈望道.陈望道学术著作五种[M].上海:复旦大学出版社,2005:124.
[②] 陈望道.陈望道学术著作五种[M].上海:复旦大学出版社,2005:125.

烈地、粗暴地、强霸地，而是以柔和的力侵袭我们，也许侵入得更深些，并抓住了我们内心的一切，便是优美的。①小猫、小狗我们觉得可爱，漂亮，但是我们就很难把大狼狗作为美的对象。优美的对象小巧精致，激起的是一种比较柔和的心理情绪。所以，博克说优美对象的颜色一定不是最浓烈的，那些最适合美的颜色是各种较柔和的颜色，如淡绿、浅蓝、浅白、粉红及紫色。车尔尼雪夫斯基说美感的主要特征是一种温柔的喜悦。我们看到，晓风残月，烟柳画桥，风帘翠幕，三秋桂子，十里荷花的风景是优美的；温文尔雅、彬彬有礼的行为也是优美的；充满了温柔爱怜情感的表情也是优美的。优美常常是与崇高相对立的一种审美范畴，优美是直接的快乐，是感官的，是"小"的；而崇高则是"大"的，间接的快乐，是理性的。这也可以看出，崇高有一种动态转变的心理过程，而优美则是一直处在"静"的心理状态中得到的审美愉悦。

第二节　崇高

一、崇高的历史概述

最早明确提出崇高这一概念的人是古罗马的朗吉弩斯，他在《论崇高》一文中认为文学作品应有崇高的风格，并提出崇高风格一般由五个部分组成：庄严伟大的思想、慷慨激昂的感情、运用藻饰的能力、高雅的措辞、堂皇的结构。朗吉弩斯提出崇高是伟大心灵的回声，强调在文章中表现人的激情，那像闪电一样把他遇到的一切击得粉碎的激情，而不是那种清醒的理智的说服。对激情与人的心灵的强调，使朗吉弩斯的观点对西方文艺审美产生了巨大的影响。他说，大自然把人放到宇宙这个大会场里，让人不仅可以观赏这全部宇宙的壮观，而且还可以热烈地参加其中的竞赛。因此，仿佛是按照一种自然规律，我们所欣赏的不是小溪小涧，尽管溪涧也很明媚而且有用，而是尼罗河、多瑙河、莱茵河，尤其是海洋。朗吉弩斯强调人应当追求那些真正伟大、神圣的事物。他从人的价值出发，说明人不能满足于当一种卑微的动物，而应让自己变得更伟大、更神圣。

中世纪对于神的绝对信仰，把人的精神引向了一种无限的领域。那时无处不在的哥特式建筑高高向上的飞升外形，给人一种敬畏无限的感觉。哥特式建筑也成为崇高的标志性建筑。英国经验主义者班纳特在1681年出版的《大地上

---

① 古典文艺理论译丛编辑委员会.古典文艺理论译丛：第7册[M].北京：人民文学出版社，1964：80.

的神圣理论》中,较早提出了相当于崇高审美效果的概念,赞叹自然界的雄伟壮丽及其在人心中激荡起的伟大情怀。他说自然界的庞然巨物是最令人赏心悦目的。除了天上的苍穹以及浩淼无际的星空之外,没有比大海和高山更叫人感到愉快的了。这些巨大的东西有一种庄严和雄伟的气魄,在我们的心灵中刺激起伟大的思想和激情,使我们自然而然地想起上帝和他的伟大。这是对于崇高审美形态的经验描述。

明确地把崇高作为一个审美范畴,并把它和优美对立起来,作为美学上的两个基本范畴的人是英国的美学家伯克。1757年,他出版了《论崇高与美两种观念的起源之哲学的研究》,从生理学与心理学的角度,对崇高这一审美范畴的特点作了深入的研究和分析。他认为崇高的外在特征是力量、巨大、宏伟、模糊、晦暗等等,主观上的深层原因则是人有自我保护和社交两种情欲,其中自我保护的情欲起源于恐惧与痛苦。当庞然大物威临我们时,我们的心灵为它所震慑,就会感觉痛苦和恐惧。但是如果对象并没有直接的威胁,我们感到自己十分安全时,就不会觉得可怕,而是惊叹、赞赏对象力量和气势的庞大,这种感觉就是崇高感。所以伯克提到,任何适于激发产生痛苦与危险的观念,也就是说,任何令人敬畏的东西,或者涉及令人敬畏的事物,或者以类似恐怖的方式起作用的,都是崇高的本原。[1]但这种痛苦不是真实的、太近的威胁,才会有美的愉悦。

康德早年曾经在《论优美感和崇高感》中对优美和崇高做过细腻的描述。康德指出,一座顶峰积雪、高耸入云的崇山景象,对于一场狂风暴雨的描写或者是密尔顿对地狱国土的叙述,都激发人们的欢愉,但又充满着畏惧。相反,一片鲜花绽放的原野景色,一座溪水蜿蜒、布满着牧群的山谷,也给人一种愉悦的感受,但那是欢乐的和微笑的。崇高必定总是伟大的,而优美却也可以是渺小的。伟大的高度和伟大的深度是同样的崇高,只不过后者伴有一种战栗的感受,而前者则伴有一种惊愕的感受。康德指出,属于一切行为的优美的,首先就在于它们表现得很轻松,看来不必艰苦就可以完成;相反地,奋斗和克服困难则激起惊叹,因而就属于崇高。[2]他也认为对象于我无害的庞大就是一种崇高,并且把崇高分为"力的崇高"和"数的崇高"两种。崇高的这种"大"超过了主体可以直观承受的能力,大到无形式,因而只能在主体的理智参与下才可能获得。所以,康德提出,自然的美关系到存在于受限制中的对象的形式,与此相反,崇高却可以在无形式的对象上见到,如果这对象自身表现出无限性,或者由它的感召而表现出无限性,同时这无限性又被想象成一个整体的话。[3]崇高就是"大"的无限性

---

[1] 伯克.崇高与美——伯克美学论文选[M].李善庆,译.上海:上海三联书店,1990:36.
[2] 康德.论优美感和崇高感[M].北京:商务印书馆,2001:30.
[3] 康德.判断力批判:上卷[M].北京:商务印书馆,1964:83.

激发的主体的超越性。

席勒从感性与理性的分裂、对立与冲突出发,指出崇高是理性对于感性无法直接承受之力的战胜与接纳,是对感性局限性的克服。他说:"在有客体的表象时,我们的感性本性感到自己的限制,而理性本性却感觉到自己的优越,感觉到自己摆脱任何限制的自由,这时我们把客体叫做崇高的;因此,在这个客体面前,我们在身体方面处于不利的情况下,但是在精神方面,即通过理念,我们高过它。"[①]精神对于肉体感官局限的超越而获得的自由,就是席勒理解的崇高的本质。黑格尔从理念的感性显现出发,认为当理念恰好与表现这一理念的形式完全符合的时候,对象就是美的;而当对象的形式过于庞大,远远超出了理念内容,那对象就是一种滑稽的审美品格;而当对象的精神理念远远大于表现它的形式时,对象就是一种崇高的品格。

后现代主义则以消解深度、去中心、解构所谓宏大叙事、元叙事为宗旨,反对本质主义的传统,认为"无""虚空""不在场""混乱""平面"等本身就是事物的存在状态,是我们必须面临的生存样态。那种一厢情愿地把事物归为一个秩序、一个本质、一个中心的做法是没有依据的。传统的崇高美学就是这样,把理性看作更高的归宿,把崇高看作理性对于感性的胜利。如果优美是直接的感官愉悦的美感,那么,崇高就是超越感官而来的理智的愉悦。所以利奥塔批评现代以来的崇高美学,他提出,现代美学就是崇高的美学。但它是怀旧的;它只允许那不可表现的事物作为匮乏的内容被唤起,但是形式,由于其可辨认的一致性,继续给读者或观众提供安慰和快感的材料。但这样的感觉并不等于真正的崇高感,这种崇高感本质上就是快感和痛苦的结合,即理性超越任何表现的快感,和想象力或敏感性无法等同概念的痛苦。[②]在利奥塔看来,这种崇高感的基础是理性价值高于感性价值,在感性痛苦基础上的理性快乐,这是一直以来崇高美感的理论基石。而在后现代主义者看来,这是一种想当然的二元对立的本质中心主义自我设定的宏大叙事。在利奥塔看来,那不可表现者、那无底深渊本身、那无秩序本身不必归于秩序才有意义,那不在场的不可表现者本身就是崇高。

在中国古代没有崇高这一概念,相当于崇高这一概念的是"大""阳刚之美""风骨""雄浑""豪放"等说法。在老子那里,就有对"大"的解释。老子说:"有物混成,先天地生。寂兮寥兮,独立而不改,周行而不殆,可以为天地母。吾不知其名,字之曰道,强为之名曰大。"而《说文解字》里则说:"天大地大人亦大,故大像人形。"《左传·襄公二十九年》记载季札观乐也提到:"为之歌齐,曰:美哉,泱泱乎,大风也哉!表东海者,其大公乎!国未可量也。为之歌豳,曰:美哉,荡乎!乐而不淫,其周公

---

① 席勒.论崇高[M].张玉能,译.北京:文化艺术出版社,1996:179.
② 利奥塔.后现代性与公正游戏:利奥塔访谈、书信录[M].上海:上海人民出版社,1997:140.

之东乎？为之歌秦,曰：此之谓夏声。夫能夏则大,大之至也,其周之旧乎……"孔子也曾说"大哉！尧之为君也,巍巍乎,唯天为大,唯尧则之"。庄子、孟子也都谈到"大"：庄子《秋水》里讲到"大理"："秋水时至,百川灌河,泾流之大,两涘渚崖之间不辨牛马。于是焉河伯欣然自喜,以天下之美尽在己。顺流而东行,至于北海。东面而视,不见水端。于是焉河伯始旋其面目,望洋向若而叹……北海若曰：'今而出于涯涘,观于大海,乃知尔丑,而将可与语大理矣！'"《孟子·尽心下》也说："可欲之谓善,有诸己之谓信,充实之谓美,充实而有光辉之谓大,大而化之之谓圣,圣而不可知之谓神。"这些"大"都相当于崇高的范畴。

瑰丽恢诡的庄子、奇绝险怪的韩愈、沉稳雄浑的颜真卿、豪放的苏轼等等,都有一种崇高的美学特质。岳飞"壮志饥餐胡虏肉,笑谈渴饮匈奴血"的豪情；文天祥"人生自古谁无死,留取丹心照汗青"的豪迈；陈子昂"前不见古人,后不见来者,念天地之悠悠,独怆然而涕下"的苍凉；辛弃疾"八百里分麾下炙,五十弦翻塞外声"的沙场秋点兵以及"气吞万里如虎"的气概；方岳"天地一孤啸,匹马又西风"的辽远等等,中国审美世界里的崇高也是大量存在的。只是,在含蓄蕴藉而又意境幽远的中国古代审美世界里,崇高整体上不占主导地位。李清照说苏轼的词才绝一代,但是终非本色,是"别派",可见豪放的苏轼还没有被看作"正派"。就像班固说屈原是"露才扬己,有违圣训"一样,点到为止的优美才是中国古典美学的正途。

二、崇高的实质

崇高的实质是审美的主体与客体处于对立冲突后趋于和谐统一的美学形态,是更侧重于内容的一种审美品格,是人的本质力量经过对象的震撼和压抑而获得的显现,这种动态变化的过程是崇高的主要特点。这与优美是完全不一样的。优美的对象从内容到形式都是和谐的,一下子就与人的心境相融合,人的本质力量很顺利地在对象中得到显现。而崇高的内容和形式常常显得非常大,大到超过了我们的想象力与感受力,以至我们不能一下子理解它,控制它,掌握它,而是被它震动与惊吓,它始终高高地踞于我们之上,使得我们的本质力量受到压抑与阻遏,不能流畅地表现出来。但是,人是能动的、创造性的、有意识的,在与对象的调和与斗争中最终提高了自己,取得了胜利,理解、掌握、征服了对象,把自己的本质力量对象化在了对象上。因此,崇高对象的外在特征一般都是"大"。康德把非常大的东西称之为崇高,他提到,如果我们不仅把某物称为大,而且全然地、绝对地、在任何意义上都称为大,这就是崇高的。崇高是这样一些事物,与它相比其他一切事物都是小的。[1]陈望道先生认为崇高的这种强大可分为形状上的强大、物质力的强大、生命力的强大这三种形式,但是不管怎样,"大"是崇高的直观特征,但这种"大"还没

---

[1] 康德.判断力批判：上卷[M].北京：商务印书馆,1964：87、89.

有到将人完全摧毁的程度,所以,他说如果要崇高的情趣成立,则又需那"大"不曾越过可以静观的程度,还是在人力可以承受的范围之内,是一种"无害的大"。崇高由此激发的是我们一种比较复杂的情感。

当然,这种"大"并不一定完全是外在形式上的庞然大物。比如屠格涅夫的《麻雀》中,麻雀妈妈勇敢地去与猎狗战斗的时候,虽然麻雀本身并不高大,甚至是"小"的,但是它身上却迸发出一种震撼人心的伟力,使它显得崇高而不是渺小。崇高的审美范畴既是对象外形的宏大,又是人的本质力量的自我显现的"大"。"乱石穿空,惊涛拍岸,卷起千堆雪";"山随平野尽,江入大荒流";"气蒸云梦泽,波撼岳阳城"等等,写的是对象力量的宏大,我们从对象中发掘出这种宏大的力量,实际上是人自身的本质力量的对象化。面对那"危乎高哉"的蜀道,人在这宏大的自然面前感到自己的渺小,有畏难情绪,然而当我们从蜀道上经过,已经征服了它,再回过头来看,心中不由得升起雄壮豪迈的气概来,这就是崇高。我们看德拉克瓦的画《自由引导人民》,面对那为自由而奋争的英勇画面,我们感到的是一种崇高的感觉。就好比我们读着裴多菲的诗句"生命诚可贵,爱情价更高。若为自由故,两者皆可抛",那种不屈不挠、百折不回的顽强精神,常常激起人的崇高之感。

崇高是一种间接的愉快,一种克服阻碍后产生的愉悦。他是由痛感而转化为快感的,由痛而快,是痛快。也正因为有痛苦这个情感根基,所以最后获得的愉悦才更加深刻,更加难忘。所以,康德说:"崇高的情绪是一种仅能间接产生的愉快;那就是这样的,它经历着一个瞬间的生命力的阻滞,而立刻继之以生命力的更加强烈的喷射,崇高的感觉产生了。它的感动不是游戏,而好像是想象力活动中的严肃。所以崇高同媚人的魅力不能和合,而且心情不只是被吸引着,同时又不断地反复地被拒绝着。对于崇高的愉快不只是含着积极的快乐,更多的是惊叹或崇敬,这就可称作消极的快乐。"[①]崇高最本质的就是人的理性对于本能痛苦的战胜,对于无限性的追求和渴望。黑格尔认为崇高一般是一种表达无限的企图,而在现象领域里又找不到一个恰好能表达无限的对象,所以崇高是人对自身无限超越性的寄托,是对人生痛苦的欣然接受与超越,诚如尼采所言,人生诚然充满痛苦,然而,痛苦磨炼了意志,激发了生机,解放了心灵。没有痛苦,人只能有卑微的幸福。伟大的幸福正是战胜巨大痛苦所产生的生命的崇高感。[②]人的本能莫不是趋利避害,趋向直接的欢乐而逃避痛苦,当人明知道是痛苦、是毁灭却仍然能坦然接受,能欣赏这痛苦,这痛苦便不再卑微而成为伟大的痛苦,成为"人"的痛苦。正是崇高这一审美范畴的确立,人类的审美视野才变得更加阔大,审美境界才变得更加高远,审美价值

---

① 康德.判断力批判:上卷[M].北京:商务印书馆,1964:84.
② 周国平.诗人哲学家[M].上海:上海人民出版社,1987:228.

才变得更加丰富,审美情感才变得更加深厚。

当然,优美与崇高的这种区别也不是那样泾渭分明、那样界限森严的,有时候它们之间的界限是模糊的、交叉的,是崇高又显得优美,是优美又显得崇高,很难分开。王国维在《人间词话》中曾经说境界有大小,但不分优劣。比如"细雨鱼儿出,微风燕子斜"这样的境界与"落日照大旗,马鸣风萧萧"相比就并不差;而"宝帘闲挂小银钩"与"雾失楼台,月迷津渡"相比,也别有一番情趣。优美与崇高不同,但并不是说崇高高于优美,或者优美高于崇高,它们是不同的审美品格。

第三节 喜剧

笑是喜剧的特征,但并不是笑就是喜剧,比如精神病人的笑,或者一个人无可奈何的傻笑,就不是我们所说的审美品格的喜剧。远在公元前五六世纪,各诸侯国宫廷中就养一批俳优,专以简单、滑稽的人物扮演,供帝王贵族开心取乐。秦汉之世,俳优之风更盛,民间则有《陌上桑》等喜剧性的歌曲。南北朝到唐之时,有"参军戏"大量上演。到了宋元,话本、杂剧等大量兴起,喜剧作品也越来越多,出现了像关汉卿《救风尘》、康进之《李逵负荆》、郑廷玉《看钱奴》等优秀的喜剧。到清朝,则有李渔的《风筝误》等优秀喜剧出现。对于什么是喜剧,美学史上也有过各种探索。

一、喜剧的历史概述

在西方美学史上,有这样几种比较著名的关于喜剧的理论,即"痛感快感混杂""无害的丑""突然的荣耀""预期失望""生命机械化""心理能量的节省""对立因素倒置"以及"形式大于内容"等八种学说。

(一)痛感快感混杂说

最早提出与喜剧有关的理论的人是苏格拉底。据说苏格拉底十分幽默风趣。他的妻子是一个凶悍之人。有一天,苏格拉底正口若悬河地同弟子们讨论问题,他的妻子在不远处朝他大叫大嚷,这时苏格拉底正得意忘形,没有理会,结果妻子恼羞成怒,劈头盖脸朝他们泼了一大盆水。苏格拉底解嘲地说:"我早就知道,一阵雷声响过之后,就会有一场倾盆大雨。"惹得弟子们哄堂大笑。只是关于什么才是喜剧,苏格拉底的论述已失传了。柏拉图认为,朋友如果对他自己的智慧、美貌及其优良品质有狂妄的想法,但是没有实力实现它,他们就显得滑稽可笑;如果有实力展现它们,他们就显得可恨。这是从心理反应的角度探讨了喜剧的本质问题。在《斐利布斯篇》里,柏拉图说,拿朋友的愚蠢做笑柄时,我们一方面有痛感,一方面又有笑所伴的快感,因此喜剧是痛感和快感的混杂。

(二)无害的丑说

亚里士多德对喜剧和悲剧都做了探讨,悲剧部分比较完好地保存下来了,喜剧部分却大都失传,我们只能从《诗学》中看到一些只言片语:"喜剧是对于比较坏的人的模仿,然而,坏不是指一切恶而言,而是指丑而言。其中一种是滑稽。滑稽的事物是某种错误或丑陋,不致引起痛苦或伤害。"亚里士多德这种"没有痛感的丑"的界定,是古代对喜剧最著名的概括。喜剧的丑不是恶,对其他人的伤害也不大。比如一个伟大的人物写的字像小学生一样歪歪扭扭,有点可笑但对我们并没有什么伤害,这是喜剧。一个人踩了西瓜皮摔了一跤出了丑,可能惹得大家哈哈大笑;但是如果这个人摔一跤就摔死了,这时候就不是喜剧了。文艺复兴时期的特里西诺就指出,如果诉诸感官的对象含有一点儿丑的成分,它就会惹人发笑,例如,丑怪的嘴脸,笨拙的举动,愚蠢的说话,读错的字音,难看的书法,都会立刻引起发笑。但如果这种"丑"达到了"恶"的程度,就不再是喜剧感而是厌恶感了。

(三)突然的荣耀说

英国经验主义哲学家霍布斯提出,喜剧就是人们发现旁人或者自己过去的弱点,突然想到自己的某种优越时所感到的那种荣耀感。看到别人有那样的错误而自己现在把那种错误看得清清楚楚,因而有一种优越感。这种优越感就是人产生喜剧感的原因。比如电影中有这样的镜头:姑娘和小伙子约会,但姑娘有事不能去了,便让自己的爸爸前去告诉小伙子不要等了。爸爸前去了,小伙子还不知情,躲在树后面,听到脚步声便说起甜言蜜语来。这就会引起观众的喜剧感,因为观众感到自己比剧中的小伙子优越,因为他已经知道换人了,但小伙子还不知道,所以观众在优越感中有一种轻松。我们看到一个人拼命地爬上树去寻找鱼,就会觉得这个人太愚蠢可笑了,自己比这个人聪明的优越感就会油然而生,就会有一种愉悦的喜剧感。

(四)预期失望说

康德认为,喜剧的可笑是因为事物突然朝着与人们起初想法完全不同的方向发展,出乎人们的预料,这种期待的失望常常引起人们发笑。比如一个小丑做着各种准备活动,准备从桌子上跳过去,结果他却一下子从桌子底下钻过去了,人们会发出笑声来。康德曾举例说,一个人在宴会上看见一个坛子打开时,啤酒化为泡沫喷出,大声惊呼不已。人们都紧张地以为出了什么事情,他却指着酒坛说,那泡沫当初你们是怎么弄进去的,惹得人们大笑起来。紧张的期待突然消失,康德认为这种不一致就是喜剧引人发笑的根源。一位牧师对美国废奴运动的领导人菲利浦斯说:"你主张解放奴隶,为什么不到非洲去呢?"这明明是在难为菲利浦斯,可以说是菲利浦斯遇到的一个困境,但是菲利浦斯却非常轻松地以同样的方式回答道:"牧师先生是解放人的灵魂的,那你为什么不到地狱里去呢?"这就把想看菲利浦斯笑话的牧师一下子回绝过去了,让他"失望"了,这种失望带来的轻松就是一种喜剧。当然这个"失望"是在一定的范围之内,如果失望过大,变成了绝望,就不是喜剧了。

(五)生命机械化说

柏格森1900年出版的《笑—论滑稽的意义》,从其生命哲学出发,认为"生命冲动"不断推动生命,向前奋进,不断使生命趋于紧张和活动,生命最基本的价值,就在于他的紧张性和活动性。生命的反面就是显得僵硬、呆滞,阻碍生命的前进。一个人不知道买双新鞋却"削足适履",这是生命的机械化;一个人偶然捡到一只撞死的兔子,就不再干活了,专门等在那里渴望继续捡兔子的"守株待兔",这是生命的机械化;把调音的柱子用胶水粘住的"胶柱鼓瑟",这是生命的机械化。喜剧产生的原因,就在于动作、姿态、形体的机械化。比如,有一只船抵达法国海岸时沉没了,法国海关官员去救乘客的命,慌忙间第一句话就是"你们有什么东西要报关交税么?"这使得人们忍不住想笑,因为他不知变通,还是机械地照原来的程序来说。喜剧,是鲜活生命对僵死生命的嘲笑与胜利。

(六)心理能量的节省说

弗洛伊德1905年写了《巧智和无意识的关系》一文,认为人的本能欲望受到压抑,潜藏到无意识之中。喜剧性具有释放的作用,让欣赏者发泄它们,使本能浮动在意识之中,得到满足。这种满足可以通过巧智、想象、感情消耗的节省等途径来实现。比如人们聚精会神、做好准备来看一场12回合的重量级拳击比赛,没想到才刚刚打了一拳,一个人就倒地不起,比赛就结束了。或者大力士摩拳擦掌准备了半天,要将面前的一个大箱子举起来,结果刚一用力便四脚朝天倒在舞台上,因为箱子是空的,他用力过猛。这时观赏者紧张的心理一下子松懈下来,心理能量大量节省,喜剧感也就产生了。马克·吐温得罪了很多人,有人在报纸上恶意登广告说马克·吐温已经死了。很多喜欢马克·吐温的人非常悲伤,跑到马克·吐温家去祭奠他,却发现马克·吐温正在工作,不由得对那些造谣者非常愤怒。马克·吐温知道后却对这些爱他的人说,报纸上那些家伙说得也对,这让大家大吃一惊,没想到马克·

吐温如此大度。马克·吐温接着又说:"只是他们把我死的日期提前了。"这句话一下子把愤怒的粉丝们的情绪安抚下来了,大家一下轻松下来了,也不用再在紧张愤怒里消耗能量了。

(七)对立因素倒置说

谢林将任何对立关系的倒置都称为喜剧,比如怯懦者却装出勇敢者的姿态,矮个子拼命想装成高个子,成年人却扮作小孩,男人扮着女人的模样,老人扮作年轻人,吝啬者却装着慷慨者,这就会喜剧百出。对立的双方突然成为自己相反的一方,这就是喜剧。当卑鄙者以高尚的面目出现,而高尚者以低下的面目出现;当庄严的以滑稽的形式出现,庞大的以微弱的形式出现,上下、左右、多少、前后、内外、远近、大小、黑白、高矮、胖瘦、强弱等矛盾对立面的互换倒置,往往都有喜剧感。

(八)形式大于内容说

黑格尔强调理念和它的感性形式之间的自由表现,当理念和它的感性形式之间完美地互为表现时,这就是美;而当感性的形式远远大于理念的内容时,也就是形式极其夸张,但没什么内容,内容与形式不一致,这就是喜剧。比如赵老太爷为了在土谷祠中抓到阿Q,竟然动用了一个连的兵力,将土谷祠里三层外三层团团围住,对付在里面睡觉的手无寸铁的阿Q。夸张的形式和渺小的内容之间的对比,这就是喜剧。《笑傲江湖》中的"君子剑"岳不群,处处以名门正派、德高望重的君子形象示人,背地里却阴谋诡计,明争暗斗,道德败坏,这种不一致被揭穿之时,君子、小人于一身的表演就显得滑稽可笑。这种形式与内容之间的不一致,是喜剧常有的形态。

二、喜剧的审美特征

第一,喜剧首先要惹人发笑,令人捧腹,具有愉悦性,但这种笑的感情与理智做出的是非对错判断无关,与个人现实的利益得失也不相干,这种笑并不来自于取得了巨大成功,获得了巨大胜利,赢得了亿万财富。喜剧的笑与强烈的憎恶之情不相容,喜剧性对象必须让人轻松愉快,是自然而然的情理之外,又是意料之中。一个人向朋友夸耀自己的钢琴真厉害,只要疯狂弹奏就会报出时间来,朋友不相信,他便在钢琴上大弹一阵。结果墙壁被敲得砰砰响,隔壁老太婆大喊"已经12点了,别弹了"。这一结果出人意料,但又在情理之中,这样"哄堂大笑"的自然性是喜剧美学的关键。急性子的和凝与慢性子的冯道都在朝中做官,有一天冯道穿了双新鞋,和凝问新鞋多少钱。冯道抬起左脚说,九百文。和凝一下子大叫起来,说自己买了一双一样的鞋花了一千八百文。冯道又抬起自己的右脚说,别急,这只也九百文。这一下引得大家哄堂大笑。整个事件的发生因为一个是急性子,一个是慢性子,所以显得既是意料之中,但又有些出乎意料,这种错位的自然性是让人发笑的基础。没有自然的"包袱",靠互相攻击对方的短处来让人发笑的东西不是真正的喜剧。

但喜剧这个"惊喜"的程度不能太大,不能不受控制,否则超出我们想象太多可能变成悲剧。例如我们看到一个人在雪地上摔了个四仰八叉,会情不自禁地笑起来,而当我们知道他已摔断了腿,就很难再笑出来了。陈望道先生说,滑稽戏剧性的笑全然是一种游戏的可笑味,既不是见着高尚行为或端庄情操之类的喜悦心情,也不像悲壮那样的与意志有关,喜剧性的笑无伤大雅。如果人家出乎意料摔死了还在那里大笑,我们自己就是邪恶的了。从这里我们可以看出,自然性与合度性是喜剧必备的特性。比如,一个人说自己的妻子读完《快乐的兄弟俩》这本书以后,生了一对双胞胎;而一个同事接着说,他的妻子读了大仲马的《三个火枪手》,生下来的是三胞胎;旁边另一位同事听了这一番话,不禁脸色发白,他心急如火地喊了起来:"我的天啊!不得了,我妻子正在读《阿里巴巴和四十大盗》,我必须立即回家。"这种类推既是意料之外,同时又是情理之中,而且"度"也掌握得很好,让大家对那个傻得可爱的人的"无害的出丑"进行了善意的嘲笑,自己的优越感也在对"出丑"人的笑意中得到了释放。

第二,喜剧性的笑是人类才有的具有社会性内容的心理现象。动物、植物本身并没有可笑不可笑之说。比如,一棵树本身并没有长得可笑不可笑之说,动物本身也并没有可笑不可笑之说,只有当这些动物某个姿态、动作与人相似时,如企鹅像个大胖子,鸭子走路一摆一摆的像老太婆,老鼠像人一样隆重地娶亲等等,我们就会觉得这些动物有可笑之处,有亲切之感。喜剧性的笑是圈层性的,一些人觉得好笑,而另一些人一点儿也不觉得好笑。喜剧具有民族文化的圈层性,这种特定圈层的共鸣是喜剧笑的特点。中国人觉得好笑的,外国人也许听不懂。《笑林广记》记载:

道士、和尚、胡子三人过江。忽遇狂风大作,舟将颠覆,僧道慌甚,急把经卷投入江中,求神救护。而胡子无可掷得,唯将胡须逐根拔下,投于江内。僧道问曰:"你拔胡须何用?"其人曰:"我在此抛毛(锚)。"

这个"抛毛(锚)"的双关,中国人一下子觉得机智,有笑点,但外国人可能如坠云里雾中,并不觉得好笑。

陈望道先生曾经说,喜剧的事情大约有三类。第一类是实际人物在身体上、观念上、道德上、趣味上,某方面太少或太多的时候,例如鼻子特别大或嘴特别小,与一般的"尺寸"相差甚远,则往往产生喜剧。第二类是两个东西不调和、不适合或者自相矛盾的时候,比如《镜花缘》里描写的有胡须的男子装扮成女子的模样,或者老态龙钟的老太婆却怀孕了,也会产生喜剧。第三类是例外的、不常见的东西也会产生喜剧,比如大学毕业典礼,有人戴着红缨帽就比较喜剧了。这些现象的发笑都是与特定的文化阶层、特定人群密切相关的,在这群人中喜剧性的东西在另一个族群中也许并不好笑。

第三,喜剧的实质是事物内容与形式之间的一种自然合度的错位。内容和表达这个内容的形式之间有着明显的不符合,形式被极端地夸大或者被极端地缩小,都会造成喜剧。这种错位也常常采取误会法、偷梁换柱、夸张的方法。李渔的戏剧《风筝误》就是利用有才能的秀才韩生、不学无术的张生和小姐爱娟、丽娟之间因为风筝而起的误会造成了喜剧的效果。但是并不是误会就能成为喜剧,误会也可能成为悲剧,比如《十五贯》就是因为一系列误会造成了悲剧。而且我们应该明白的是,这种内容和形式上的不一致还必须是一眼就能看到的,不是隐藏起来的,不是要靠人的理性分析才能得到的。《瞧这一家子》描写一个人落水喊救命,岸上一人奋不顾身跳水救人,但他下水后才惊觉自己这一辈子也没下过水,所以也大喊救命。第一个落水之人感到无比气愤,一生气竟然站了起来。原来水还不到他们膝盖那么深。最后这个镜头一定不能少,要不然就是另外一个效果了。《钦差大臣》中,官员把假的钦差大臣奉为上宾,围着他团团转,对真正到来的钦差大臣却夹枪带棒,喝来骂去,产生了喜剧感。这种错位是喜剧的基本内容。错位的"度"是喜剧产生的关键,错位严重,会造成灾难性后果,不会有喜剧感了。由于错位造成的出丑使得喜剧中人的比一般人"差",这个"差"在人们的接受范围之内,带给欣赏者一定的优越感,同时这种出丑又没有直接的伤害,是在情理之中,意料之外。

优越感是快乐的来源之一。喜剧是一种特殊的优越感,是由人自己造成的不合常态的丑引起的优越感。喜剧揭示的丑违反了生活的常态,低于生活的常态,但还在我们的控制范围之内,还不是邪恶,我们自信还能战胜这种丑。比如阿巴公、葛朗台、乞乞科夫、夏洛克以及中国的严监生等,他们的丑主要是对于财富的过分追求,虽然可笑但还不是十恶不赦的大罪。喜剧中的丑给我们生存的窘境,我们还有"余力"来处理。所谓的幽默,其实也就是面对突然的窘境还有"余力"来应付,来自我解嘲把这种窘境化解过去。如果没有胸襟与气魄来面对、掌握、化解这种丑,尴尬就会持续,就没有喜剧感。莫里哀的《伪君子》中答尔丢夫伪装成教会圣洁的高尚之人,但一心只想勾引商人奥尔恭的妻子,并图谋夺取奥尔恭的财产。丑陋的用心与圣洁的教徒之间的错位被我们揭穿了,摆在我们面前任我们来看,来嘲笑。从这个意义上说,喜剧是人类笑看自身缺陷不足的大度与情怀,是一种乐观的心态。

第四,喜剧揭示出丑,讽刺丑的现象,其主要内容是人性的弱点而不是人性的邪恶。人性的邪恶需要正剧来探讨。比如,美国一个百万富翁的左眼坏了,花了巨资安了假眼,一般人很难分辨出哪个是真的,哪个是假的。这个百万富翁便到处炫耀,请人来分辨他哪只眼睛是假的。有一次他请马克•吐温来辨别,马克•吐温指着他的左眼说"这只是假的"。富翁大吃一惊,急问"你怎么知道?"马克•吐温说"因为这只眼睛里还多多少少有一点慈悲"。这里就讽刺了富人没有慈悲。富人炫耀他的假眼很可笑,但也不是十恶不赦的大罪,这种出丑属于喜剧的范围。

喜剧对丑的这种讽刺要成为美学意义上的讽刺,就不能过于直露。鲁迅先生说《儒林外史》"戚而能谐,婉而多讽,于是说部中乃始有足称讽刺之书",这让我们认识到,那种过于快意的所谓"黑幕小说""暴露小说"的讽刺在审美意义上是有所欠缺的。喜剧的丑有讽刺意味,但这种讽刺须具有审美的意义,不是丑的直接展示与暴露,而是善意的讽刺。很多具有寓言性质的故事,如刻舟求剑、掩耳盗铃、买椟还珠、邯郸学步、东施效颦、拔苗助长、叶公好龙、狐假虎威、井底之蛙、班门弄斧、自相矛盾等等,都是揭示人性的弱点,皆"婉而能讽",让人觉得好笑,又觉得有启示意义,这就是讽刺性的喜剧,具有美学的意义。一个聋子和哑巴相遇,聋子请哑巴唱歌,哑巴张开嘴手舞足蹈一番,待哑巴闭嘴了,聋子大声说:"你唱得太好了,简直举世无双。"这让人觉得可笑又可悲。所谓含泪的笑,笑其可笑的伪装,悲人间的不真诚。以良苦的用心探求人间的真善美,但以嬉戏的形式举重若轻,这就是喜剧的美学品格。巴赫金则把喜剧看作人对于世界的一种态度,即一种广泛的、普遍的、狂欢的态度。他认为世界有两种生活观:一种是日常生活式的,严肃的、有组织的、有规矩的、按部就班的生活方式;而另一种则把世界看作尽情狂欢的,泯灭一切财富、阶层、年龄、贵贱、尊卑、职位等界限,它是非官方的、非教会的、非国家的,是夸张的欢乐游戏的方式,嘲笑那些一本正经的、严肃的生活观。喜剧既是对现实的讽刺、嘲弄与埋葬,同时也是一种创造、期待与新生,它是对日常生活的超越方式,是"第二个世界""第二个生活"的建立。这把喜剧提高到了哲学的高度。

喜剧和闹剧只有一步之遥。比如一家三兄弟,老爸死了,请了一个丧乐队来唱歌,乐手唱了一个《送战友》《今夜你会不会来》,兄弟中的老大已经有些不高兴了,因为他刚刚从部队转业回来,只是碍于今天这个特别的日子就忍了。可一会儿歌手又唱起了《今天是个好日子》,三兄弟憋不住了,上去揪住歌手打起来,鼓手一见不妙,也上前打起来。警察来把众人都抓走了,询问一番,又都放了。这就是一场闹剧。当然,喜剧、悲剧的划分有时候也不是截然分明的。喜剧感与悲剧感的混合是这两种审美范畴经常的状态,这正说明了人类审美心理的复杂。比如阿Q就具有悲喜剧色彩,哀其不幸,怒其不争,是这种混合情感的反映。

第四节　悲剧

悲剧诉说的似乎是人生的痛苦,总是和眼泪、苦痛连在一起。人一生下来就哇哇大哭,似乎在哭他来到人世的悲哀。但是我们首先应该明白的是,眼泪并不一定是悲剧,喜极而泣是常有的事情,像杜甫"剑外忽传收蓟北,初闻涕泪满衣裳",这眼泪便不是悲剧。同时我们也应明白,悲剧并不是我们平常所说的悲惨。一个人刚刚还活蹦乱跳,和我有说有笑,结果一走出校门便被汽车撞死了,这并不是审美品格的悲剧,而是一个悲惨的事件。那么,究竟什么是审美意义上的悲剧呢?

一、悲剧意识的历史演变

悲,《说文解字》里说:"悲,痛也。从心,非声。""心痛"是悲剧的一个前提。中国很早就有悲剧性的审美形式。西周民间开始出现了一些悲剧性的歌曲,"亡国之音哀以思",收录在《诗经》里。如《黍离》:"彼黍离离,彼稷之苗。行迈靡靡,中心摇摇。知我者谓我心忧,不知我者谓我何求。悠悠苍天,此何人哉!"到了春秋战国时期,则有"风萧萧兮易水寒"的燕赵悲歌和哀感的楚辞流传。《楚辞·九歌》有言:"悲莫悲兮生别离,乐莫乐兮新相知。"把"悲"与"乐"作为两种基本的情感呈现在人们面前。东汉张衡在其《西京赋》里写女娥坐而长歌,声清畅而委蛇,度曲未终,云起雪飞,初若飘飘,后遂霏霏。而此后的《昭君怨》《孔雀东南飞》等成为悲剧的开端。宋元以来,悲剧渐兴。《窦娥冤》《汉宫秋》《赵氏孤儿》《琵琶记》《娇红记》《长生殿》《桃花扇》《雷峰塔》《四郎探母》等成为中国悲剧园地的奇葩。元末明初的高则诚就明确指出:"论传奇,乐人易,动人难。"把喜剧归为"乐人",而悲剧则是"动人"。明末戏曲评论家陈继儒指出,《西厢记》《琵琶记》俱是传神文字,然读《西厢记》令人解颐,读《琵琶记》令人酸鼻,把戏曲艺术的情感方式分为悲与喜两种基本模式。

那么究竟什么是悲剧呢?在人类早期生产力水平还比较低的时候,人们认为悲剧的产生是命运之神的安排,是无所不在的,是不可避免的。古希腊迈达斯王在森林中找到了智慧女神,问她在世界的一切事物中,人所需要的最好的是什么?她回答说人生最好的事首先是不要生下来,其次是赶快死。这表明人们对人生悲剧必然性的无可奈何。古希腊的其他神话故事比如西西弗斯[①]推石头上山的故事,也

[①]西西弗斯触犯天条,宙斯惩罚他把一块巨大的石头从山脚下推到山顶,他费了极大的气力好不容易才把石头推上山顶,当他刚一松手想要休息一下的时候,石头又滚到山脚去了,他只有又去从山脚把石头推到山顶,这样周而复始永远没有尽头地推着石头,做着苦役。象征着人世无边无际的痛苦。

表明了人们对人生无尽苦难的悲剧性命运的认识。在希腊 tragedy(悲剧)一词的本意是"山羊之歌"。当时人们创作了大量作品来上演,观众认为最好的作品会获得一只山羊作为奖品。这些"山羊之歌"充满了强烈的宿命意识,比如索福克勒斯的《俄狄浦斯王》,神预言忒拜国王拉伊俄斯的儿子俄狄浦斯王将来要杀父娶母,老国王因此命人把还是婴儿的他绑住双脚,扔在深山老林,却意外获救,长大后就是俄狄浦斯王。俄狄浦斯也从神那里知道了自己将要杀父娶母,因此,他做了一系列的努力想要避免这一命运,但是最终神的预言还是一一实现了。早期的悲剧大都是这样,把人类悲剧的根源归之于强大而神秘的神或命运。

亚里士多德提出了"过失悲剧说"。他认为悲剧是对一种不是特别好也不是特别坏的"中等人"的模仿,是由主人公自己的"过失"造成了自己的悲剧。过失就是在不知道的情况下做了某件事,导致了某种悲剧性的结局。悲剧主人公与普通人极为相似,所以,悲剧容易激起人的"怜悯"与"恐惧"之情。亚里士多德把悲剧的原因从神那里归结到人自己的行为。文艺复兴以后,由于人的觉醒和科学主义的兴起,人们从神的笼罩下解放出来,从神本世界回到人本世界,再次把人自身作为最重要的认识对象,相信人自身的力量,认为人是能够认识世界、掌握自己的命运的。这时候,人们认为悲剧的产生原因在于人自己,人自己的性格缺陷导致了悲剧的产生。命运悲剧转变成了性格悲剧。比如麦克白的悲剧是因为他自己的贪婪造成的,女巫的三个预言竟然搅动了他当国王的贪欲,导致他杀了国王篡位。李尔王的悲剧是因为自己的轻信造成的,就因为小女儿没有像两个姐姐那样说奉承他的话,就突然间勃然大怒,剥夺小女儿的一切,把她赶出国去。他的悲剧是性格上的缺陷带来的。奥赛罗的悲剧是因为他自己太强烈的嫉妒心造成的,娶到如此高贵美丽的苔丝狄蒙娜,却因为一条手绢就可以将爱情置之不顾,亲手掐死爱人,这实在有些丧心病狂,是人性的缺陷。哈姆雷特的悲剧是因为性格的优柔寡断造成的,如果他在知道他的叔叔是杀死他父亲娶了他母亲的凶手后,果断地复仇,就不会酿成最后的悲剧。性格的缺陷成了悲剧的主要原因。

德国古典美学时期的谢林认为,悲剧的实质在于主体中的自由与客观者的必然之实际的斗争,这一斗争的结局,并不是此方或彼方被战胜,而是两方既成为战胜者,又成为被战胜者。谢林强调悲剧发生的必然性和人的主体性,认为真正的戏剧中没有偶然性,而且一切无论是从外在还是从内在而言均应为必然的。[①]所以,他认为仅仅外在性质的灾厄并不能引起真正的悲剧矛盾,"诸如不治之症,财产的失落等,亦无悲剧效果",因为这些都只是偶然性的外在矛盾,而不是必然的情势和主体的自由之间的普遍矛盾。黑格尔的悲剧观与谢林有着某种内在的一致性,那就是强调悲剧产生的内在必然性。他从自己哲学体系的角度认为悲剧的产生是因

---

① 谢林.艺术哲学[M].北京:中国社会出版社,1997:380.

为悲剧冲突的双方都有自己合理的辩护理由,每一方都有存在下去的理由,但是这两方却不能同时存在,必然有一方要灭亡,要失败,因此悲剧的产生是必然的。某一理想的实现就要和它对立的理想发生冲突,而对立理想的实现也会产生同样的效果,所以它们又都是片面的,抽象的,不完全符合理性的。这是一种成全某一方面就必然牺牲另一方面的两难处境。

  悲剧的解决就是使代表片面理想的人物遭受毁灭或痛苦。就他个人来看,他的牺牲好像是无辜的,但是就整个世界秩序来看,他的牺牲却是罪有应得的,足以伸张永恒正义的。他个人虽然遭到毁灭,但他所代表的理想却并不因此而毁灭,所以悲剧的结局虽是一种灾难,却仍然是一种调和永恒正义的胜利。以索福克勒斯的《安提戈涅》为例,女主角安提戈涅的哥哥因为争夺王位,借外兵来攻击自己的祖国忒拜,兵败身死后,忒拜国王克瑞翁下令禁止收尸,违令者死。安提戈涅不顾禁令,收葬了哥哥,国王下令把她烧死。她死后,和她订婚的王子也自杀了。在这个悲剧里,安提戈涅收葬自己的哥哥,从人伦亲情来说是正确的;国王下令禁止收叛徒乱臣的尸体,也有合理性。双方都代表着一种理想,都有一定的合理性,但只有一方能取得胜利。罗密欧与朱丽叶,一边是爱情,一边是亲情,两者却不能两全,这就是悲剧。雅斯贝斯说,悲剧产生于真理的分裂性,每一种行动都展现出个别的真理,悲剧是"诸神"之间的斗争,没有完全的胜利者,最后的胜利者只能是普遍的宇宙法则而不是个别的行动,这是深受黑格尔影响的理论。

  叔本华认为人生而有欲,欲望得到了满足就是无聊,而欲望没有得到满足就是痛苦,所以人生就像钟摆一样在无聊和痛苦之间来回摇摆。人生就像吹肥皂泡一样,吹得越大就会越快破灭,但人所做的却是尽快地将肥皂泡吹大。所以,人生在世本身就是无尽的痛苦和无聊。他认为悲剧有三种:罪大恶极的人所造成的悲剧、盲目的命运作弄所造成的悲剧、普通人在日常生活中由于相互猜疑、误会而造成的悲剧。叔本华认为真正的悲剧是第三种类型的悲剧,它无所不在,无人能逃,是最为可怕的悲剧。那些罪大恶极的人给我们的悲剧、盲目的命运给我们的痛苦,都有某种偶然性,都不是生命的普遍状态。而只有在日常生活中所呈现出的痛苦才是真正的悲剧。只要活着就永远都有痛苦,没有休歇的时候。星期一到星期六是痛苦,而星期日则是无聊。人生就是无止尽的痛苦,所以叔本华把日常生活的悲剧作为真正的悲剧。叔本华认为所有的悲剧能够那样奇特地引人振奋,是因为逐渐认识到人世、生命都不能彻底满足我们,因而不值得我们苦苦依恋,可以从容放弃生命,正是这一点构成悲剧的精神。于是在悲剧中我们看到,在漫长的冲突和苦难之后,最高尚的人都最终放弃自己一直追求的目标,永远弃绝人生的一切享受,或者自在而欣然地放弃生命本身。所以他说:"要是有人敲坟墓的门,问死者愿不愿意再生,他们一定都会摇头谢绝。"悲剧就在于使人认识到人生不值得再过一次。他以此为标准,指责希腊悲剧也没有达到对于生命本身认识的最高峰,因为阿喀琉斯宁愿在人世做一个帮工,跟随没有土地、也没有什么财产的穷人干活,也不愿在所有的死者当中享有大权,可见希腊悲剧是如此地恋生。

尼采认为悲剧是"酒神精神"和"日神精神"共同作用下而产生的。酒神精神是主体的狂放、沉醉,任由自我原始生命力的自由袒露;日神精神则是对绮丽华美的梦幻的追求,对光明的追求。酒神的无羁无绊以日神那种绚丽的形式表现出来,就是悲剧。苏格拉底主义认为只有知识才是价值所在,抛弃了主体的狂放沉醉,由此希腊的悲剧也就消亡了。随着现实主义创作方法的深入,在19世纪很多人开始把悲剧的根源归结于整个社会,开始了对整个社会的批判,兴起了一股批判现实主义的热潮。席勒的《强盗》,歌德的《葛兹》,巴尔扎克的《高老头》,托尔斯泰的《复活》、易卜生的《娜拉》等,把人物悲剧的原因归于整个社会的黑暗与不公平。马克思、恩格斯在致拉萨尔的信中指出,拉萨尔的悲剧之所以产生,不是所谓的"目的"和"手段"之间的矛盾,而是"历史的必然和这种必然还不能实现"之间的矛盾,科学地指出了悲剧产生的历史根源。

二、为什么要看悲剧

人们为什么要看悲剧呢?或者说,人们看悲剧时是一种什么心态呢?人从中得到了什么呢?美学史上有这样一些说法。

一种说法是恶意说,即人天生是一种邪恶的动物,人性本恶,所以他们喜欢悲剧。尼柯尔谈到,像淘气的儿童喜欢看别在针尖上的蝴蝶无力挣扎那样,或者像野蛮人将被击败的敌人活埋那样,我们的确是从最原始的感情中得到一种秘密的、人们不愿公开承认的快感。埃尔肯拉特也说,我们贪婪地看着受难的场面,连眼睛都不眨一下,悲剧产生的这种快感和某些人在看屠宰动物或加入流血斗殴时感到的快乐是同样的性质。人是残忍的,身上还有些野蛮的大猩猩的痕迹。桑塔耶纳也指出,在悲剧中可以感到恶,但与此同时,无论它多么强大,却不能伤害我们,这种感觉可以大大刺激我们自己完好无恙的意识。安全感与优越感来自恶意。卢克莱修、特里西诺等都有这样的看法,一个人看见别人发现了宝藏并不高兴,而看见别人摔进泥坑却哈哈大笑。弗洛伊德也认为,悲剧的快乐来自英雄人物在宇宙神圣法规面前的那种软弱无力的徒劳对抗,而观赏者则带着某种受虐狂的意识去欣赏它。

第二种是同情说。伯克认为悲剧中揭示出来的正是人类的高尚精神,人在观看痛苦中获得快感,是因为他同情受苦的人,他的同情心得到了宣泄。同情表现出一个人的爱,因为爱,所以是快乐的。吉拉丹也指出,人对人的同情是模仿人性的各种艺术所引起的快感的原因,并不是人喜欢别人受苦,而是他喜欢由此而产生的怜悯。立普斯也强调,悲剧是由于欣赏者感情移入,与悲剧中的人物"共同体验"的"同感"造成的。他提出了"心理堵塞"的原则,就是说心理变化在其自然发展中,如果受到遏制和阻碍,心理活动就被堵塞起来,并在发生遏制和阻碍的地方被提高。悲剧的悲痛、受难等产生的"堵塞"使得这种情感更加强烈,欣赏者就会更加深入地与悲剧中人物共同体验那些剧烈的情感,以及那些情感所激发的道德体验,对悲剧的观照就是对自己的观照。所以,他提到,对悲剧对象的欣赏是从悲剧提高的快感,它的来源就是看到灾难而被引起的、从而是最亲切的、对异己人格的共同体验。[1]正是主体对客体对象的"积极的情感移入"和"同病相怜的共同体验"产生了悲剧的快感。帕克也认为人们能接受悲剧,在于"同情"的态度,理解主人公的意志和行为并由此受到精神的鼓舞和激励。陈望道先生说,悲剧产生的客观条件是悲惨,但面对这悲惨,有的人觉得幸灾乐祸,就不会产生悲剧感。所以,主观上还要有面对悲惨的"同情",悲剧才会产生。

　　第三种是寄托说。杜博斯说灵魂和肉体一样,有它自己的需要,而它最大的需要就是精神要有所寄托。正是这种寄托的需要可以说明人们为什么从激情中得到快乐。激情固然有时使人痛苦,但没有激情的生活却使人更痛苦。加尔文·托马斯认为,有一种快感来自单纯的出力和各种功能的锻炼,这种锻炼似乎是对生命本能的热爱。悲剧就是这样一种情感的"锻炼"和"寄托"。

　　第四种是净化说。亚里士多德指出情绪的宣泄和平衡是一个人健康的保证,从悲剧里我们可以得到各种情绪的宣泄带来的心理平衡与健康。我们所要求于悲剧的不是各种各样的快感,而是它所独有的那种快感。悲剧宣泄了人心中怜悯与恐惧的情绪,所以会产生快感。弗洛伊德则认为是被压抑的无意识得到了宣泄,所以产生快乐。华兹华斯指出,当痛苦的思绪袭来时,及时的抒发减少了悲哀,使人平静。巴依瓦托也说,伴随着缓和过程总有一种无害的快感。情绪的宣泄说是悲剧快感的一个重要理论。

　　第五种是混合情绪说。悲剧是快乐和痛苦的混合情绪,并非单纯的快乐。封丹纳尔认为,快感只是减弱的或者减轻的痛感,就仿佛瘙痒通常产生一种快感,但用力过分就是痛感。快感、痛感只是量上的差别,并无质上的分别。我们为自己喜欢的人物的不幸而哭泣,与此同时,我们又想到这一切都是虚构的,并用这想法来安慰自己。正是这种混合的感情形成一种悦人的哀伤,使眼泪带给我们快乐。痛并快乐着,悲剧能给人这种独特的情感体验,所以人们对悲剧如醉如痴。

　　第六种是表现技巧带来的快乐说。悲剧的高超表现技巧令人佩服,让人产生快乐。鲁卡斯认为悲剧表现人类的苦难,苦难本身让人难过,但它表现苦难的真实

---

[1] 古典文艺理论译丛编辑委员会.古典文艺理论译丛:第6册[M].北京:人民文学出版社,1963:124.

和传达这种表现的高度技巧,却使我们产生快感。正如亚里士多德所言,一具腐烂的尸体令人讨厌,但对它的模仿却让人觉得愉快。罗丹的雕塑《老妓》,老妓女本身的丑陋让人难过,但罗丹表现这一事物高超的技艺让人心生崇敬,由此得到艺术带来的快乐。

三、悲剧的实质

要回答人们为什么喜欢看悲剧,首先要明白什么是真正的悲剧,我们从悲剧里得到的是什么。悲剧的概念源于戏剧的一种类型。审美意义上的悲剧,尤其是艺术作品上的悲剧性,是从作为戏剧类型的悲剧开始的。悲剧本是希腊人在祭祀酒神狄俄尼索斯时,以独唱和合唱对答的形式来歌唱狄俄尼索斯在尘世的痛苦,赞美他的再生。由他的死而引起的悲痛被他的复活而引起的欢乐和喜悦所取代,这是悲剧最早的由来。

悲剧的产生是人类在生存过程中感受到人与自然界的对立与分裂,由于早期人们自身力量比较弱小,感到外在力量无比强大,难以战胜外在世界,因而感受到人自身不可避免的痛苦与灾难。人们面对这种灾难做了无尽的战斗,这就是悲剧精神的实质。拿我国早期的神话来讲,夸父追逐太阳,结果渴死道中;精卫飞东海而被淹死,它日夜不停地衔木想要填平东海;刑天舞干戚,神农鞭百草,这些无不表明人类在自然界面前的弱小,但又都有人类无尽的战斗,表现出一种悲壮的气概。简单地说,战斗而没有胜利就是悲剧的实质。悲剧不仅仅是一种悲情的同情。悲剧是主人公坚持正义或积极进取,与现实环境发生了冲突,在冲突中主人公因遭到感性生命的毁灭而成就了精神生命的永恒价值,从而激起悲壮之情使人们的心灵得以净化,精神得以提升。它重在说明有限人生的无限意义,强调的是人生的价值,让人正视世界的现状、生存的意义、历史的矛盾,因而它的效果常常是积极的。这样看来,悲剧的实质是:

第一,人类所感到的理想和现实之间的矛盾和冲突。没有矛盾、没有冲突就没有悲剧。有个人与个人理想之间的矛盾、冲突,个人肉体与灵魂的冲突,个人和社会、他人的矛盾冲突。也有整个人类的理想和所处历史阶段的现实之间的矛盾和冲突,这种矛盾冲突的普泛意义越大,悲剧性就应该越强。人在这种矛盾冲突面前做出无尽的抗争和努力,为了自己的理想而奋斗,直至献出自己最宝贵的生命。"死"是悲剧常有的外在形式,但这种"死"不是人类为之奋斗的理想的死亡,而是为之奋斗的"这些人"的暂时死亡。"这些人"倒下了,还有无数的其他人将继承他们为之奋斗的理想,带给无数人继往开来的热情,因此,悲剧中肉体的死亡带来道德的昂扬、精神的胜利。悲剧常常是乐观的而不是悲观的,使人激动的而不是使人颓废的。诗人叶赛宁曾经说:"死亡不算新鲜事,活着也不更新鲜。"活着或死去是一个问题,但它并不"新鲜",并不是判定悲剧的标准。一部戏剧可能所有的人都死了,但它可能不是悲剧;一部戏剧里没有人死去,但它可能是一部十足的悲剧。正如马雅科夫斯基所说:"人生一死非难事,创建生活更困难。"因此,悲剧的关键是在所遭遇的矛盾和冲突中,人是否表现出一种英勇斗争精神。悲剧感动人的不是"死",而是在"死"中呈现出来的一种生命力和尊严。

第二,人在面临困境时的行为带来的审美愉悦。悲剧必须有困境,没有困境就没有悲剧。这个困境往往表现为矛盾双方力量的悬殊,一方力量大,而另一方力量小,这种大小对比让人所处的困境更加突出,以越弱的力量去对抗越强的困境,悲剧性越强。面对强大的困境,人的行为有多种,有的人因为对方太强而灰心丧气,放弃抗争,束手就擒,坐以待毙;有的人不管对方多么强大,都要做全力以赴的抗争,生命不息,抗争不止。在这种选择面前,选择不抗争就没有悲剧可言,选择抗争就是悲剧的开始。抗争的结果有可能是形式上的失败,比如肉体的死亡,但必有精神上的胜利,比如成全了爱情、维护了尊严、保卫了正义等。就是这种转换带来了悲剧意义的生成,从悲剧中我们明白了人类原来可以这样面对生存的困境,我们庆幸在这样的困境中有人那样去做了,我们庆幸困境终于过去了,终于成为我们反观的对象了,我们可以只是来"看"了,由此升起的惊叹、自豪与快乐,就是悲剧的美感。

第三,人的精神与尊严的胜利。悲剧是可歌可泣的。"可泣"的是美好东西的毁灭;"可歌"的是在这个毁灭过程中人的精神上的另一种胜利。悲剧是凤凰涅槃,是死中的新生。《霸王别姬》是真正的悲剧,并不是因为项羽终于死了,落得一个悲惨的结局,而是因为他用自己的行为结束了自己的生命,而不是等着被别人来结束他的生命,在惨淡的困境中完成了最后的壮举。他是一个失败的英雄。作为一个英雄他失败了,他失败了仍被看作英雄,这就是悲剧。美学意义上的悲剧因此必须有三个要素:第一是困境;第二是面对困境时人的行为;第三个是困境中行为转化的快乐。困境中的艰难是痛苦,而痛苦中的奋斗的转化是快乐。悲剧因此是痛快,由痛到快,痛快并存,在此意义上悲剧具有崇高的美学品格。

第五节　意境

　　意境是独具中国特色的美学范畴,是中国古代美学价值取向的浓缩,要想了解中国美学精神,就必须懂得意境。但究竟什么是意境,却历来众说纷纭,有多种关于意境的阐释,比如情景交融说、诗画一体说、境生象外说、生气远出说、哲学意蕴说、对话交流说、虚实结合说、典型形象说、有无相生说、主客观融合说、情感气氛说、想象联想说、超越说、人生境界说、和谐说等等。面对如此众多的解释,究竟应该怎样认识意境呢?

一、意境概念的提出与基本特点

如果说叙事性文学作品主要的理想形态是典型,那么抒情性文学作品的理想形态则是意境。我们先来看看意境的出处。

明确提出"意境"这一概念的人是唐朝的王昌龄,他在《诗格》中提出诗有三境:

一曰物境。欲为山水诗,则张泉石云峰之境,极丽极秀者,神之于心,处身于境,视境于心,莹然掌中,然后用思,了然境象。故得形似。

二曰情境。娱乐愁怨,皆张于意而处于身,然后用思,深得其情。

三曰意境。亦张之于意而思之于心,则得其真矣。

物境是指自然山水的境界,着重于"形似";情境是指人生经历的境界,强调的是"深得其情";而意境则是指内心意识的境界,强调"得其真"。从这里我们可以看出,要从物境到情境再到意境,就要极度描摹事物外在形态本身,"张泉石云峰之境",要有外在的物象,这是"物境"。在"物境"中饱含着"娱乐愁怨"等各种感情,这种融合则"深得其情"。而物境、情境之中还有事物的本真之思,人生之悟,天地之道,万物之理,这些显然有理性思考的结果融汇在物境、情境之中,这样则上升到了意境。那么,意境应该具备的基本特点有形象性、情感性与超越性。

第一,意境首先应该具有形象性。形象性是一切艺术的根本特性,意境也不例外。意境必须首先呈现出一个鲜活、形象、美丽的画面,让人如临其境,所谓"状难写之景如在目前"便是如此。直接抽象空洞的说理、抒情等都不是美的方式,必融理于画,融情于景,才有艺术性可言,才有美可言。"渭城朝雨浥轻尘,客舍青青柳色新",没有这幅形象的画面,后面的"劝君更尽一杯酒,西出阳关无故人"便没有了安身之所,朋友之情没有了可寄托的画面,就显得生硬直露,失去了更深层次的美感。王国维说"红杏枝头春意闹"这句诗"著一闹字而境界全出",宋祁在这里把那种春意盎然的意境用"红杏枝头"这样一个形象中显现出来,就相得益彰、美不胜收了。再幽深的意境也必有所附丽,不能凭空出现。意境所附丽的就是一个个具体的形象,饱含着作者深情的形象。

第二,意境具有情感性。意境饱含着情感,这也是一切艺术都具有的特点。王国维曾经说"一切景语皆情语",艺术作品里没有单纯的景与物,景与物都是情,情因景兴,景以情观,以我观物,物皆着我之色,景中有情,情融于景,景即是情,情即是景,情景一也。"枯藤老树昏鸦,小桥流水人家,古道西风瘦马。夕阳西下,断肠人在天涯。"句句是景又句句是情。"驿外断桥边,寂寞开无主,已是黄昏独自愁,更着风和雨。无意苦争春,一任群芳妒,零落成泥碾作尘,只有香如故。"这样的"咏梅",其实就是作者情怀的自况,就是情感的自然流溢,这样一种意境里面流淌的是情感。情感性是意境的突出特点。

第三,意境具有超越性。这也就是说,意境要含有多种意义的可能性,超越语言本身所直接呈现的字面意义。言少而意丰,境生于象外,含有无限丰富的意蕴是意境的一个基本特点。比如我们读到李商隐的那些"无题"诗,它的无限丰富的意蕴使我们觉得李商隐的诗特别有意境。传诵千古的"春蚕到死丝方尽,蜡炬成灰泪始干",就指向了人生各个方面,具有广阔的人生适用性,让人觉得意境幽远,就是因为它超越了简单的、眼前的固定指向,具有了多义性。龚自珍说:"西山有时渺然隔云汉外,有时苍然堕几榻前,不关风雨晴晦也。"这种境界主要是一种"心境"了,只要心能够超越具体的物象,就自然能够"心远地自偏",具有超越的意境。

董其昌曾经指出"诗以山川为境,山川亦以诗为境"。意境是"象"中的意,"意"中的象,是水乳交融在一起的,它没有任何刻意雕琢的痕迹,是"踏破铁鞋无觅处,得来全不费工夫"的妙手偶得,这种自然天成的融合是意境的又一个特色。"大雪压青松,青松挺且直。欲知松高洁,待到雪化时",这既是如实写雪压青松的自然情景,但显然又是借指人格的高洁。这两者的关联是自然而然的,一点也不牵强附会。

二、意境内涵的层次

意境是有层次性的,一般认为有三个层次。

第一个层次是直观感性形象的渲染。意境首先要有一个感性形象,没有形象,则情感、意义都无所附丽。"千山鸟飞绝,万径人踪灭。孤舟蓑笠翁,独钓寒江雪。"我们首先感受到一幅大雪霏霏、人迹罕至、寒江独钓的画面,再由此生发出对人生的慨叹。范仲淹《苏幕遮》上半阕"碧云天,黄叶地。秋色连波,波上寒烟翠。山映斜阳天接水。芳草无情,更在斜阳外。"全是写景,主要是形象建构,下半阕"黯乡魂,追旅思。夜夜除非,好梦留人睡。明月楼高休独倚。酒入愁肠,化作相思泪",全是抒情。有了上半阕形象的铺垫,下半阕的情与形象之间的关联也就水乳交融,倍感深沉自然了。中国美学的情思表达几乎都是先陈述一段景,实际上就是先讲他物,再叙己情,这就是"起兴"。

第二个层次是人的生命情思的传达。情景交融的画面实际上传达的是对于生命意蕴的深层次体会。《江雪》中的画面传达给我们一种孤高俊洁的生命意识的流淌,《苏幕遮》中的画面传达给我们的是人生漂泊、世事沧桑这样的领悟。明朝沈记飞在评价李煜《乌夜啼》"无言独上西楼"一词时,说"七情所至,浅尝者说破,深尝者说不破。破之浅,不破之深"。中国艺术的抒情达意要点在于"不说破"的含蓄蕴藉之美。这种浅斟低唱的情思之外的传达,是一种人生境界的传达。

第三个层次是对超越人生境界的启示。这是说由对当前瞬间生命的超越而启迪人生永恒的生存真谛。这是由个人、当前而推向了人类、未来,不再仅仅是个人人生感悟的抒发,而是由此推向了人的生存的一般境况,从个别走向了一般。《江雪》就启示我们一种空灵的人生境界和恒久的宇宙意识,而《苏幕遮》启示我们的是人人都可能有的悲秋之叹以及由此而来的羁旅相思之情,超越了个人的局限而对人的一般生存状况产生了启迪。

总体来看,意境既要有一往情深的缠绵悱恻,又要有狂放不羁的超旷空灵。只有"情",虽然能深入事物,获取事物的感人情致,但不能超越这个事物获取更高的空灵境界;只有"超越",则又仅仅是空中楼阁。深情,入得其中;超越,出得其外。入得其中而不能超越,那只是一种"情",还不能成为"境";出得其外而没有"情",那只是一种冷漠的"空虚",也不能称为一种"境"。深情的无情,这是意境的精髓。宗白华曾经写道,什么是意境?唐代大画家张璪论画有两句话:"外师造化,中得心源。"造化和心源的凝合,成了一个有生命的结晶体,鸢飞鱼跃,剔透玲珑,这就是"意境",一切艺术的中心之中心。[①]也就是说,意境主要是指艺术创作中主观情感与客观景象相交融,由此产生的具有丰富生命跃动的内涵和无限超越的审美境界。

苏轼和章质夫咏杨花词就很能说明这一问题。章质夫写了一首咏杨花的词:"燕忙莺懒芳残,正堤上杨花飘坠。轻飞乱舞,点画青林,全无才思。闲趁游丝,静临深院,日长门闭。傍珠帘散漫,垂垂欲下,依前被风扶起。兰帐玉人睡觉,怪春衣雪沾琼缀。绣床渐满,香球无数,才圆欲碎。时见蜂儿,仰粘轻粉,鱼吞池水。望章台路杳,金鞍游荡,有盈盈泪。"而苏轼也和了一首:"似花还似非花,也无人惜从教坠。抛家傍路,思量却是,无情有思。萦损柔肠,困酣娇眼,欲开还闭。梦随风万里,寻郎去处,又还被莺呼起。不恨此花飞尽,恨西园,落红难缀。晓来雨过,遗踪何在,一池萍碎。春色三分,二分尘土,一分流水。细看来,不是杨花,点点是离人泪。"此词一出,人们认为苏轼词比章质夫词更胜一筹,王国维说苏轼词和韵是原唱。仅就对杨花形态的细腻描写来说,章质夫的词要细腻得多,从"堤上杨花飘坠"到"春衣雪沾琼缀"再到"香球无数,才圆欲碎"等,不可谓不细致。苏轼的词虽也有杨花的情态,但并没有细腻的描摹,更多的是借杨花表达人生在世的一种感悟,写的是杨花但与杨花又有一定的距离,跳出了就杨花写杨花的狭隘,从杨花里"出"来了,人的情意完全融化在里面了,寄托着人生一般情态的寓意,眼界更阔大了,境界就显得更高一层了,更有回味的余地。

有情境不一定有意境。唐琬的《钗头凤》:"世情薄,人情恶,雨送黄昏花易落。晓风干,泪痕残。欲笺心事,独语斜阑。难,难,难!人成各,今非昨,病魂常似秋千

[①] 宗白华.宗白华全集:第2卷[M].合肥:安徽教育出版社,1994:326.

索。角声寒,夜阑珊。怕人询问,咽泪装欢。瞒,瞒,瞒!"整首诗就是声泪俱下的哭诉,就是一往情深的告白,就是哀婉缠绵恸哭,这是情,是"情文",但这不是意境,不是"境文"。杜甫的"剑外忽传收蓟北,初闻涕泪满衣裳。却看妻子愁何在,漫卷诗书喜欲狂。白日放歌须纵酒,青春作伴好还乡。即从巴峡穿巫峡,便下襄阳向洛阳",整首诗一气呵成,喜悦之情跃然纸上,这是酣畅淋漓的直接呼喊,这是"情文",但这确实不是我们所说的意境。

  王国维提出,诗人对宇宙人生,须入乎其内,又须出乎其外。入乎其内,故能写之。出乎其外,故能观之。入乎其内,故有生气。出乎其外,故有高致。[①]因此,仅有入乎其内的情,还不算高致。意境要成为一种高致,就要既入乎其内,又出乎其外。要有"热心冷眼",对生命有百分之百的"热",但还要"冷眼旁观",方能走得更高更远。当然,意境的这种"高致""超越""空灵",不是空穴来风,而是"有情""有象"基础上的空,有情境方能有意境,有意境必有情境。所以诗人周济说"初学词求空,空则灵气来!既成格调,则求实,实则精力弥满"。意境的实和虚,与人生的实和虚是相辅相成的。

三、意境的实质

  意境的实质是以有限的意象表达无限的情思。要想真正理解中国艺术的真意,读者就要自觉地越过有限的、有形的、眼前具体的实象,去追寻那看不见的、无限的、无形的"象外之境",追求大美。读者只有认识到中国艺术的这种虚化价值取向,在接受作品时自觉地去领悟中国艺术的精髓,自觉地"略形貌而取神骨",在其"神"而不在其"形",在其"意"而不在其"象",在其"虚"而不在其"实",这样才能真正领略到中国艺术的美。经过这样的淘洗之功,不拘泥于形,不拘泥于象,不拘泥于实,但见性情,不睹文字,意到便成,避实就虚,才能真正从中国艺术中得到那种妙在笔墨之外的美,为王维的雪里芭蕉心醉神迷,为陶渊明的无弦琴流连忘返,明白"外枯而中膏,似淡而实美"的中国艺术的至味,这种价值取向是中国意境理论的根基。

  究竟什么是意境呢?如果作品所提供的是一个辽远的空间,意思有无限的延展,我们就说它很有意境;而如果意思清清楚楚、明明白白,只有唯一的解释,没有任何可以驰骋想象的空间,我们往往觉得索然无味,认为其没有意境。意境就是提供给人的可以再想象、再创造的空间,就是审美意象运载量伸缩"张力"的大小。如果"言外""画外"还有无穷的意蕴,意境自然就很大。因此,意境的核心就是在有限的意象中"寄托"无限的情思。可罗列出来的"象"总是有限的,而人的情感、思想却总是有无限的期待。在有限的"象"中熔铸无限的期待,这就是意境。

  中国古人论画有"咫尺万里"之说,以追光蹑影之笔,写通天尽人之怀,在一花

[①] 王国维.人间词话[M].上海:上海古籍出版社,1998:15.

一鸟、一树一石、一山一水中负荷着无边的深意、无边的深情。半瓣花上说人情,一粒沙中见世界,在有限的"象"中寄寓无限的情感和对宇宙人生的理解,登山则情满于山,观海则意溢于海。盖情之所至,无所不是境,此亦得江山之助,恍然有宇宙之精华,万物之灵长之叹!在细细格物之中,洞见广袤无垠的宇宙世界,在人生际遇的回味中,体察天人之间的和谐美妙。这如画如诗、如梦如幻、似有还无、似无还有,亦真亦幻、亦幻亦真、难分真幻的清澈玲珑,就是意境。意境理论的形成是中国人对人生有限性与无限性关系最深刻的体悟。宗白华说宋朝诗人张于湖的《念奴娇》最能表现中国艺术追求的这种高超莹洁的境界:

洞庭青草,近中秋,更无一点风色。玉鉴琼田三万顷,著我扁舟一叶。素月分辉,明河共影,表里俱澄澈。悠然心会,妙处难与君说。应念岭表经年,孤光自照,肝胆皆冰雪。短发萧骚襟袖冷,稳泛沧冥空阔。尽挹西江,细斟北斗,万象为宾客。扣舷独啸,不知今夕何夕。

这的确是中国艺术意境的典型代表,时间、空间、宇宙、人生、天地、人世,俱是晶莹剔透,"表里俱澄澈",这些都在一叶一草中,在一月一人之中,又在三万顷、沧冥之外,故常无,欲以观其妙,从无中生出万有,少中见出多,超越形而得神,超越虚而得实,这是中国艺术一以贯之的传统。可以说,意境的实质就是在有限的物象、意象与情境之中通达人生、宇宙无限的深度、广度与高度。从宋人所心慕的"平沙落雁""远浦帆归""山市晴岚""江天暮雪""洞庭秋月""潇湘夜雨""烟寺晚钟""渔村落照"等"八景"来看,就是以一种淡然无奇的心境来意会那无限深情厚意和神奇的人生况味。以有限追寻无限,这就是意境的根本,就是意境的核心精神。景、情、境对于意境来说是相生相荡、三位一体的;个人、社会、宇宙对于意境来说也是相推相磨、三位一体的。白朴的《天净沙秋》:"孤村落日残霞,轻烟老树寒鸦。一点飞鸿影下,青山绿水,白草红叶黄花。"看上去没有一处言情,没有一处说理,似乎只是默默地在看一幅风景画,但浓烈的情、深沉的理与外在自然世界已深深地交融在一起,天地无穷,自然妙道,人生有情,在这种对自然的注视中已经升华成了人生的境界。不笑看世界,不怒看世界,只是静看这世界,意境的幽远正是人生心胸阔大的表现。苏轼《赤壁赋》有言:"自其变者而观之,则天地曾不能以一瞬;自其不变者而观之,则物与我皆无尽也,而又何羡乎?且夫天地之间,物各有主,苟非吾之所有,虽一毫而莫取。惟江上之清风,与山间之明月,耳得之而为声,目遇之而成色,取之无禁,用之不竭,是造物者之无尽藏也,而吾与子之所共适。"面对时光流转,人世变迁,此中浩叹千年不绝,人生有限,宇宙无穷,如何超脱,如何超越,这是意境的大命题,这是中国人对宇宙人生最高领悟的最美表达。

本章小结

本章讲述了优美、崇高、悲剧、喜剧与意境五种审美范畴。优美的外在特征是"小",而其实质是主体与客体之间没有矛盾冲突的一种直接和谐愉悦,它激发的是一种比较单纯的情感。崇高的外在特征是"大",崇高的实质是主体与客体之间经过矛盾冲突之后的一种间接的和谐愉悦,它激发的是一种比较复杂的情感。悲剧是人在困境中的行为所激发的一种主体精神的胜利,它激发的是一种混合的情感。喜剧是内容和形式之间一种透明的错位所引发的主体愉悦,它激发的是一种无害的优越感。意境是在有限意象中表达人类无限的理想,它激发的是一种超越性情感。

推荐阅读

1. 朱光潜.悲剧心理学[M].北京:中国文史出版社,2021.
2. 朱立元.西方美学范畴史[M].太原:山西教育出版社,2006.

本章自测

1.填空题

(1) 中国美学中相当于优美的范畴是(　　　)。
(2) 第一次提出崇高概念的人是(　　　)。
(3) 提出崇高分为数学的崇高与力学的崇高的人是(　　　)。
(4) 认为喜剧是无害的丑的人是(　　　)。
(5) 提出喜剧是预期失望的人是(　　　)。
(6) 鲁迅提出悲剧是(　　　)。

2.简答题

(1) 优美的特征与实质是什么?
(2) 崇高的特征与实质是什么?
(3) 悲剧的实质是什么?
(4) 喜剧的实质是什么?

3.论述题

意境的特征与实质是什么?

参考文献

[1] 王振复.中国美学范畴史[M].太原:山西教育出版社,2006.
[2] 汪涌豪.范畴论[M].上海:复旦大学出版社,1999.

第六章　艺术

📖 本章概要

本章主要分四节介绍艺术论。首先说明学者们对艺术所下的各种定义；其次说明艺术的存在形态与存在价值问题；再次说明艺术创作的过程、思维形式、原则、技巧和心理问题；最后说明艺术类型问题。

◎ 学习目标

1. 了解：艺术的两种定义路径；艺术存在的形式与价值；艺术创作过程、形象思维、艺术创作方法、艺术创作能力与艺术创作心理；艺术类型：建筑、雕塑、绘画、音乐、舞蹈、戏剧、影视。

2. 理解：各种艺术定义的内涵及其相互之间的区别；艺术存在的动态性与整体性；艺术创作方面的构思、表达、思维、原则、技巧、心理；各艺术类型的审美特征。

3. 掌握：中国对于艺术的定义及其背后的社会文化因素；艺术对于中国式现代化建设的作用；中国艺术创作的现实主义与浪漫主义；中国艺术类型的发展及其在中国优秀传统文化中的地位。

💡 学习重难点

学习重点

1. 起源角度与本体角度的艺术定义，学会辨析各定义不同的逻辑前提。
2. 艺术存在方式与存在价值，掌握艺术分析的动态路径与静态路径。
3. 艺术的创作流程、创作思维、创作原则、创作技能与创作心理。

学习难点

1. 艺术与艺术品的联系与区别。
2. 艺术创作中形象思维与抽象思维的关系。
3. 艺术灵感与艺术直觉的差异。
4. 艺术癫狂与一般癫狂的比较。

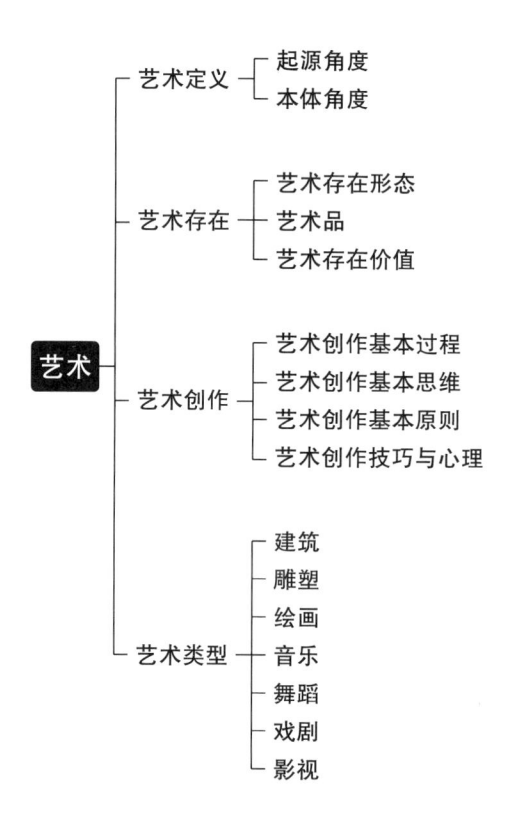

思维导图

- 艺术
  - 艺术定义
    - 起源角度
    - 本体角度
  - 艺术存在
    - 艺术存在形态
    - 艺术品
    - 艺术存在价值
  - 艺术创作
    - 艺术创作基本过程
    - 艺术创作基本思维
    - 艺术创作基本原则
    - 艺术创作技巧与心理
  - 艺术类型
    - 建筑
    - 雕塑
    - 绘画
    - 音乐
    - 舞蹈
    - 戏剧
    - 影视

第六章　艺术

艺术是人类文明中的特殊部分,也是社会美中的特殊部分。后来学界将其从社会美中独立出来,与自然美、社会美并立,于是这三者成为审美现象的三种基本类型。

人们对艺术有许多认识,如培根讲:"艺术是人与自然相乘。"梵高也讲过,艺术,是人加入自然,并解放自然。[①]美国帕克在《美学原理》(1920)中认为艺术就是心境的完整而自由的表现。美国欧·亨利在小说《爱的牺牲》中写道,艺术是令人迷恋的爱人。[②]国内学者余秋雨则讲,艺术,是一种把人类生态变成直觉审美形式的创造。[③]这些认识不乏对艺术的讴歌,说到了艺术神奇的一面,饱含对艺术的热爱。康定斯基说过:"当宗教、科学和道德发生动摇(最后一击是由尼采的巨掌发出的),当外在的支柱岌岌可危时,人类便把自己的注意力从外表转向了内心。在这场精神革命的过程中,文学、音乐和绘画是最敏感的区域。它们反映了现实的黑暗面,最初展示了只为少数人所觉察然而却意义重大的微光。"[④]这说明了艺术的重要性,因此也可以解释我们为什么要在美学中专辟一章讲艺术的原因。

欧·亨利:艺术是令人迷恋的爱人。

黑格尔指出美学实际上就是艺术哲学,并且在他的《美学》中直接以艺术为对象,围绕着艺术美进行理论研究。之所以要专门讲一讲艺术,是因为审美活动是美学的主要研究对象,而其中最典型的活动就是艺术活动。日常活动中包含着很多审美活动的因素,在现代社会,从人们的穿衣打扮到家居用品、工业产品的创造等,都有审美活动参与其中。我们必须看到,审美活动是一种人与世界的整体性的精神性交流。这种交流在那些包含审美因素的一般活动中间会有一些体现,但是只有在艺术活动中,审美活动的根本特性才能最充分地体现出来。本章主要包括以下内容:一是艺术的定义问题,二是艺术的存在问题,三是艺术的创作问题,四是艺术的类型问题。

---

① 转引自余秋雨.艺术创造论[M].上海:上海教育出版社,2005:2.
② 麦琪.世界著名爱情故事精选集[M].北京:中国社会科学出版社,2004:4.译文有改动.
③ 余秋雨.艺术创造论[M].上海:上海教育出版社,2005:13.
④ 康定斯基.论艺术的精神[M].查立,译.北京:中国社会科学出版社,1987:25.

第一节　艺术的各种定义

历史上出现过多种艺术定义,下面从两个角度介绍其中一些具有代表性的看法。

一、从艺术起源角度来定义

(一)模仿说

模仿说的主要代表是德谟克利特和亚里士多德。这种理论认为艺术起源于人对大自然的模仿。这种模仿是人的本能,正是在人类的模仿行为中出现了再现大自然的艺术。模仿说在后来发展为再现论。在艺术发展的最早期,模仿说强调艺术的模仿对象是大自然,而后来的再现论扩大了模仿范围,即艺术的对象不仅有大自然,也有人类社会。模仿说不仅强调模仿的对象是大自然,突出艺术与自然之间在内容上的联系,也强调大自然与人的模仿行为对艺术技巧及艺术形式的影响,而后来的再现论虽注意到了再现与艺术技巧——例如逼真手法——之间的关系,但它主要关注的是艺术与外部世界在内容上的联系。二者的共同点是都认为艺术是对外部世界的反映。

德谟克利特说我们在许多重要的事情上都是动物的学生,比如从蜘蛛那里学会织布和缝补,从燕子那里学会造房子,从啼唱婉转的天鹅和夜莺那里学会唱歌。柏拉图也承认艺术是模仿,但从他的理式论出发,他又贬低这种模仿。在他的"理式——现象——艺术"的图谱里,理式是真实本身,也是真善美的统一,而现象是对理式的模仿,是理式的影子,因此现象界或现实世界不太真实,而艺术又是对现象的模仿,是现象的影子,因此艺术距离真实更远。与德谟克利特一样,亚里士多德肯定了模仿论,在这方面,他与自己的老师的观点是针锋相对的。亚里士多德认为,现实世界或现象界是真实的,因而艺术的模仿也是真实的,不仅如此,它对人类也是有益的,因为模仿是人类求知的一种途径,它还能带来求知的快感。他认为模仿和求知是人的本性,人在孩提时代就能运用这种本性,并从中获得快感,这种快感源自模仿中惟妙惟肖的逼真,越逼真就越有快感。他在《诗学》中把所有归结为诗的艺术形式(如悲剧、喜剧、史诗等)的本质都归结为模仿,比如他认为悲剧是对一定长度的严肃行动的模仿。他还认为,不同艺术有不同的模仿媒介,绘画和雕刻用颜色和线条来模仿,音乐用声音来模仿,舞蹈用有节奏的人体姿态来模仿,史诗则用语言来模仿;不同艺术也有不同的模仿对象,喜剧模仿的人物比实际生活中的人好,悲剧模仿的人物比实际生活中的人坏;不同艺术亦有不同的模仿方式,如史诗用叙述的方式,戏剧则通过模仿人物把整个故事表演出来。亚里士多德的模仿论在西方统治了很长时间,一直到17世纪法国古典主义盛行的时候还是强调艺术的模仿。到19世纪西方现实主义文艺兴起之时,艺术家们依然在宣扬艺术要模仿和再现现实。

模仿说从基本的经验事实出发,正确地指出了艺术内容的源泉就是外部世界,艺术就是对外部世界的反映。但是这一定义忽视了艺术同时也是对外部世界的概括和提高,这就是人们常说的"艺术源于生活又高于生活"。模仿论指出了艺术源于生活这一面,但没有指出(或指出得不够)艺术高于生活这另一面,换言之,它指出了艺术与外部世界之间的客观联系,但忽略了艺术与人(艺术家)之间的主观联系。

(二)游戏说

这是由康德提出,由席勒、斯宾塞等人加以完善的学说,又称席勒—斯宾塞理论。这种理论认为游戏与艺术具有本质上的共同性:自由。艺术是自由的,游戏也是自由的,艺术就起源于人的游戏活动。英国的斯宾塞认为不仅仅人,动物也有游戏。动物的游戏和人的游戏有相通的地方,动物游戏是为了练习,人的游戏也是为了练习。斯宾塞的观点指出了游戏的生理性质,把游戏视为一种动物式生理本能,这是有局限的,其局限在于没有区分动物游戏和人类游戏,也没有说明人类游戏的精神性质。

德国美学家席勒则把动物游戏和人类游戏进行了区分,他认为人的游戏高于动物的游戏,只有在游戏时,人才真正成为人。作为有限存在,人始终有两种冲动:一个是感性冲动,另一个是形式(理性)冲动。前者要求有绝对的实在性、具体性,后者则要求有形式性、理性概括。文化教养的任务是对于这两种冲动的界限和片面性加以确定,从而在人身上唤起新的冲动,即游戏冲动。游戏冲动克服了感性冲动和形式冲动的片面和对立。感性冲动意味着感性的强迫,形式冲动则意味着理性的强迫。这些强迫应该消除,才能使人在所有方面达到自由。游戏活动正是强迫的解除和自由的实现,游戏冲动的对象是"生命的形象",是"活的形象"。生命的形象、活的形象就是广义的美。美因此是感性和理性的统一,是内容和形式的统一。在游戏中,在审美中,

席勒美学上最重要的著作。他认为审美的人是自由的人,也是真正的人。

人才成为真正意义上的人。

席勒指出，人只有在精力过剩的情况下才会游戏，当人一天到晚为生计而烦恼时，恐怕是没有心情进入游戏的。这种观点是对德谟克利特的继承。后者指出过，艺术（德谟克利特是以音乐为例）的产生不是出于必需，而是出于"奢侈"，人有余裕，才会审美，才会从事艺术。总而言之，席勒的游戏说有几点需要记住：(1)游戏冲动是对感性冲动与理性冲动二者的片面性的克服和平衡；(2)游戏与审美具有相通之处，一是都具有自由自在性；二是它们都是一种感性活动；(3)游戏与人的本质都是自由。席勒认为，人只有在游戏的时候才是真正的人，人也只有在成为真正的人时，才会游戏。之所以这么说，是因为游戏的本质是自由，人的本质亦是自由；自由是人的最高本质，而游戏确证的就是人的自由自在性。

游戏说是有一定道理的，指出了艺术的自由本质，但也是片面的，把艺术和审美活动完全归因于游戏，是有局限性的。把艺术起源归为游戏的自由，虽然说出了艺术与人的精神之间的本质关联，但忽视了艺术起源的客观原因，忽视了艺术与外部世界之间的关系。艺术活动不仅是人的个人性行为，也是受外部世界影响的社会性行为。

（三）巫术说

重要代表有英国人类学家泰勒和弗雷泽，故又称泰勒-弗雷泽理论。这种理论认为，巫术是原始社会就存在的一种普遍现象，那时候人类几乎所有的活动都带有巫术的痕迹，巫术活动具有明显的审美因素和艺术意味。最早的艺术比如音乐、舞蹈、绘画、诗歌等都具有巫术的性质，是萌发于巫术活动之中的，因此艺术起源于巫术。

在原始人类中间，巫术是一种主要的社会生活内容。萧伯纳说，科学不存在的地方，愚昧就自命为科学。在史前社会，当科学还未产生或还很不发达的时候，巫术确实在很多领域充当了今天科学所充当的角色。由于知识不够，巫术成为指导人们行为的权威，处处在发挥作用。在史前时期，巫术不仅被原始人看作一种认识自然的方式，也被视为影响自然、改变自然的一种途径。西方学者认为原始人按照模仿律（远距离作用）或接触律（近距离作用）这两大巫术规则来思考，来活动。模仿律是指模仿某对象就能发挥现实的作用，比如原始岩画，在一头牛身上画一支箭。在进行这种绘画的活动中，原始人不仅仅要绘画，还要进行一些其他的祈祷活动。原始人认为在牛身上插一支箭就会真的射中一头牛。接触律是指对接触过的东西实施某种巫术行为，就能对与这件东西发生联系的人或物产生同样的效果，比如烧掉某人的衣服，就好像烧死了衣服的主人。于是，史前社会的人类活动大多带有巫术性质。原始的巫风后来还有遗留，比如说在

《大红灯笼高高挂》这部电影中就有用针刺人形布偶的情节,其意图是对布偶的原形实施诅咒和报复。

  总的来看,西方的一些理论把巫术作为艺术的起源,还是很有启发的。其一,原始人的巫术活动是原始社会非常常见、非常广泛的一种生活活动,占原始人现实活动的绝大部分。在原始人那里,本来没有"巫术"一词,"巫术"是后人对原始人这一部分生活活动的命名。这意味着巫术在当时与现实是纠缠在一起的,巫术与真实无异,甚至被视为最高的真实。这也意味着巫术包含艺术萌芽,艺术萌生于巫术是极有可能的,巫术仪式中包含着舞蹈、音乐、诗歌、绘画等成分,只是那时人们不把它们叫做舞蹈、音乐、诗歌、绘画罢了。其二,原始巫术思维的特点之一是丰富的想象性和无所不在的拟人化思维,它显现为:原始人总是把身边的事物与遥远的、神秘的东西联系在一起、混淆在一起,而且总是设想其他一切事物都具有人的性质和精神,这样就为舞蹈、绘画、音乐等的产生准备了条件,舞蹈、绘画、音乐等成为人与神、人与他物联系的桥梁。其三,巫术的想象性和充沛的情感也使巫术活动成为原始社会中的准艺术活动,或者说,原始人的巫术活动中包含着丰富的审美因素。当时一些在今人看来非常具有审美性的活动,其实有着很明显的巫术的味道。阿尔塔米拉洞穴壁画,不能按照今天的眼光将其视为一种纯粹的艺术活动,而应该首先视为原始人的一种巫术活动。在这些牛、马、鹿的形象中,寄托了原始人对于获取杀死动物的神力的祈祷、期盼,也就是说,这种巫术活动在原始人看来,有助于狩猎活动的成功。对法国拉斯科洞穴壁画,我们完全可做同样的分析。因为在史前社会,艺术活动并没有从人类活动中独立出来,当时还不存在专门的艺术审美活动。但是,我们又必须承认,原始人的巫术活动中包含着艺术审美的因素。没有包含艺术审美因素的巫术活动的发展,没有艺术审美因素的历史积累,就不可能有后来逐渐独立的艺术活动。在这些原始壁画中,绘画的一些基本要素已经具备了,体现了原始人在线条、色彩、构图等方面的表现能力,虽然它还没有从巫术活动中独立出来。总体而言,巫术是艺术的重要起源因素,但是它不是唯一的因素,其他如恋爱、战争等因素也可能催生出很多原始艺术。如果把原始艺术全部视为巫术的产物,这就有以偏概全的缺点。

(四)劳动说

  代表是俄国的普列汉诺夫。这种理论认为艺术起源于人类的生产劳动,劳动是艺术和审美产生的原因。普里汉诺夫在他的著作《没有地址的信》中认为,劳动创造了艺术,先有劳动,然后才有艺术活动,后来匈牙利理论家卢卡奇更进了一步,详细分析了艺术是如何从劳动中一些包含审美的要素中发展出来的,提出正是从劳动中创造出了音乐的节奏和其他艺术要素。劳动说在中国现当代文艺场域也是最有影响的一种理论，曾被认为是马克思主义的基本观点，但是我们重温马克思、恩格斯的原著就会发现，他们认为劳动在从猿到人的转变中起着决定性的作用，但并没有说艺术和审美的起源是劳动。因此，这一说法今天遭到了学者们的反思，认为劳动是艺术起源最主要的原因，但不是唯一的原因。艺术是起源于以生产劳动为中心的一切人类活动，除了劳动之外，其他活动像巫术、战争、爱情、生殖等，都在艺术的起源过程中发挥过不同的作用。

艺术起源于劳动的理由有三个方面：首先，劳动创造了人本身，也就创造了艺术的主体，为艺术的产生创造了根本的条件。恩格斯在《劳动在从猿到人的转变过程中的作用》中，令人信服地论证了劳动是人进化的决定性条件。劳动使类人猿手脚分工，进而可以直立行走，完成了从猿到人的具有决定意义的一步。

原始劳动舞蹈的现代演绎。

恩格斯讲，首先是劳动，然后是语言和劳动一起，成为人类发展的两个最主要的推动力。在它们的影响下，人的脑髓开始增加，思维能力逐渐增强，于是就有了创造文化的条件，使艺术的产生成为可能。其次，在劳动中产生了艺术创作的需要。在史前社会中，人类过着群居生活，生产力极为低下，为了生存必须从事艰苦繁重的群体性劳动。在劳动中为了减轻疲劳，提高劳动效率，交流感情，协调动作，人们会统一地发出有节奏的呼号之声，人们的节奏感就这样在劳动中产生了，这种节奏感和一定的意义结合起来就是音乐和诗歌。鲁迅因此说，人在扛木头的时候，会用"杭育杭育"这种呼号来统一节奏，到后来劳动号子就从中出来了，接着音乐、诗歌也就从中产生了。最后，原始人的劳动决定和制约着原始艺术的内容。劳动生活是原始艺术直接的描写对象，我国保留下来的最古老的诗歌之一《弹歌》："断竹，续竹，飞土，逐肉"，描绘的就是古老狩猎生活的过程。恰如班固《汉书》所言"饥者歌其食，劳者歌其事"，早期许多文艺就是人们劳动生活状况的真实反映和记录。

劳动说的局限性在于：第一，劳动说虽然准确地揭示了劳动产生了人，人在劳动（制造和使用工具）中从猿慢慢进化而来，但与此同时，劳动产生了人，这并不意味着劳动同时产生了艺术。第二，劳动确实与某些艺术活动的诞生有联系，但是并非全部艺术活动都产生于劳动之中，因而把劳动作为艺术发生的唯一源泉，这就将复杂的艺术起源问题简单化了。大量的艺术活动和劳动其实是没有直接联系的。综上，如果把艺术的源头完全归于劳动，这是片面的。

二、从艺术本体角度来定义

(一)表现说

它是与模仿说和再现说相对立的一种理论,认为艺术的本质不在于对外在世界的模仿和再现,而在于艺术家对自己内心世界的表现。表现说在西方出现得比较晚,到了19世纪,浪漫主义艺术家才强调艺术是对主体心灵的表现,当然这之前也有类似观点,但没有把它当作艺术的本质。浪漫主义把文艺看作自我心灵的表现。在当时,表现说成为界定艺术的一种流行观点,华兹华斯所讲的"诗歌是情感的自然流露"成了浪漫主义文艺观的基石,并被很多人所接受。后来托尔斯泰也认为:"艺术起源于一个人为了要把自己体验过的感情传达给别人,于是在自己心里重新唤起这种感情,并用某种外在的标志表达出来。"[1] 20世纪也有很多人坚持这种观点,如柏格森和克罗齐。克罗齐认为,艺术是成功的表现,美也是成功的表现;艺术即直觉,直觉即表现[2]。中国也有类似理论,比如说"诗言志""诗缘情"等说法。《尚书·尧典》云:"诗言志,歌咏言,声依咏,律和声";《毛诗序》亦云:"在心为志,发言为诗,情动于中而形于言";陆机《文赋》也指出:"诗缘情而绮靡",这些都认为诗歌是对思想或情感的表现。

表现说非常准确地指出了艺术的一大目的在于抒情,在于情感的表现,但是艺术的目的不仅仅在于情感的表现,艺术也反映世界,并拥有属于自己的独立的形式美。艺术的美可以美在情思,也可以美在世界(艺术所再现的世界),还可以美在形式(文学的语言美、绘画的线条美、舞蹈的造型美,诸如此类)。所以表现说既具有合理性,又具有片面性。

(二)符号说

舞蹈之美重点在两方面:一是舞以宣"情",一是舞以炫"美"。

符号说认为艺术是人类情感的符号化形式,这是德国哲学家卡西尔提出的,由他的美国弟子苏珊·朗格发展充实起来。卡西尔认为"人是符号的动物",创造和使用符号是人之作为人的本性,"人不再生活在一个单纯的物理宇宙之中,而是生活在一个符号宇宙之中。人的符

---

[1] 段宝林.西方古典艺术家谈文艺创作[M].沈阳:春风文艺出版社,1980:515.
[2] 克罗齐明确提出"直觉是表现",见克罗齐.美学原理[M].朱光潜,译.北京:作家出版社,1958:11.

号活动能力进展多少,物理实在似乎就相应地退却多少"①。符号活动使人从根本上脱离了动物界,而进入文化世界,因此,卡西尔认为"符号化的思维和符号化的行为是人类生活中最富于代表性的特征,并且人类文化的全部发展都依赖于这些条件"②。人的符号活动构成神话、语言、艺术等文化形式,而所谓文化就是人类经验的符号形式。作为文化中的艺术,它不是现实的模仿和再现,而是人类情感的符号化表达,正如苏珊·朗格所讲:"艺术,是人类情感的符号形式的创造。"③苏珊·朗格还指出,艺术中的情感是具有可传达性的符号化的人类普遍情感,而非私密性的不可传达的个人情感,这是很能发人深思的。

卡西尔:人是符号的动物。

(三)形式说

形式说认为艺术的实质仅仅在于艺术作品的艺术符号和物质媒介,而同现实的内容无关。这种形式主义的观点成为西方的一个传统,最早的源头可追溯到毕达哥拉斯学派,在近代,这种理论主要可以追溯到康德。在康德充满矛盾的美学思想中,包含着对纯粹美的分析。他认为,美本来只涉及形式,艺术美最重要的是通过形式来让人产生快感。他说:"在绘画、雕刻和一切造型艺术里,在建筑和庭园艺术里,就它们是美的艺术来说,本质的东西是图案设计,只有它才不是单纯地满足感官,而是通过它的形式来使人愉快,所以只有它才是审美趣味的最基本的根源"。④

使"形式说"产生广泛而深刻影响的,是20世纪的什克洛夫斯基、雅各布森以及克莱夫·贝尔。什克洛夫斯基的"陌生化"与雅各布森的"文学性"这两个有名的概念都强调文学语言形式、结构、技巧是文学的本质所在而非文学的内容。与俄国形式主义强调文

莫奈的《日出·印象》。1874年升起的这一"日出",确实是"有意味的形式",开创了西方绘画的新境界。

---

① 卡西尔.人论[M].甘阳,译.上海:上海译文出版社,1985:33.
② 卡西尔.人论[M].甘阳,译.上海:上海译文出版社,1985:34.
③ 苏珊·朗格.情感与形式[M].刘大基,傅志强,周发祥,等,译.北京:中国社会科学出版社,1986:51.
④ 康德.判断力批判[M].转引自朱光潜.西方美学史:下卷[M].北京:人民文学出版社,1985:366.

学形式的本体地位不同,英国形式主义是以绘画为例来说明艺术形式的本体地位。作为视觉艺术评论家的克莱夫·贝尔给艺术下了一个著名的定义,即艺术是"有意味的形式"。这里的意味指人与艺术形式打交道时获得的审美情感或审美快感,这种快感不是日常生活中获得的快感,而是具有审美力的人在观照纯粹形式之时所产生的特有情感状态;意味源于纯粹形式,现实的内容反而阻碍审美快感的产生。这是典型的形式主义观点。他反对艺术与现实之间的联系,认为"再现往往是艺术家低能的标志。……如果这位艺术家千方百计地想表现生活感情,这往往正是他缺乏灵感的症状;如果某位观众力图在形式以外寻求生活感情,则是他缺乏艺术敏感性的症状"。[1]继承贝尔的观点并再次将其推向极端的,是美国现代艺术批评家克莱门特·格林伯格。他十分强调艺术形式的物质实在性,提出了"艺术是媒介"的命题。在他看来,正是"绘画平面的不可侵犯的平面性,画布、画板或纸的不可避免的形状,油画颜料的可触性,水和笔的流动性",诸如此类的物质与材料的特征,决定着艺术之为艺术的本质。

形式说看到了艺术作品所使用的物质材料和艺术符号所具有的特殊价值,看到了艺术的语言符号不仅是艺术的手段,同时也是艺术的目的。这从一定意义上讲,是对艺术独立性及其审美属性的发现和肯定。然而,它将艺术形式的地位和作用无限夸大,认为艺术的全部价值仅在于形式,同人的社会生活内容毫无关系,这就使自己的艺术观丧失了全面性和辩证性,忽视了艺术的内容以及艺术与社会的联系,走到了错误的边缘。

拉斐尔《雅典学院》:内容的美+形式的美。

另外还有从艺术功能角度来定义艺术的理论。比如孔子所说的"诗可以兴,可以观,可以群,可以怨",这是对艺术的四种功能的简洁的概括。中国的载道说也是这样一种学说,认为艺术的功能是为了传达儒家的"道",是为了实施社会教化,因而不太重视艺术本身的审美特征。与这种学说相对抗的是娱乐说,认为艺术的本质主要在于令人产生快乐,可以自娱也可以娱人,如清代的李渔。历史上的载道说使艺术变得比较沉重,娱乐说又使艺术显得有些轻飘,反映了中国文人在艺术立场上的两个极端倾向。

---

[1] 克莱夫·贝尔.艺术[M].周金环,马钟元,译.北京:中国文联出版公司,1984:18.

第二节 艺术的存在

"艺术"的概念是抽象的,它不等于具体的艺术品,也不等于具体的艺术活动,但是,"艺术"之为"艺术",又正是体现在"艺术品"和"艺术活动"上面的。换言之,"艺术"的存在有两种形式:一是静态的形式,即艺术品;一是动态的形式,即艺术活动。静态和动态,这是我们把握艺术属性的两种途径。动态的艺术活动又分为两个部分:一方面是艺术创作,另一方面是艺术接受。

一、艺术存在的方式

我们可从三个方面来理解艺术的存在方式[①]:

首先,从静态或实体性上看,艺术存在于艺术品中,艺术品是艺术的一个最鲜明、最直观、最实在的显现。艺术的属性、特征直接体现于艺术品的感性存在与内容意蕴之中。艺术品是艺术体验、审美体验的基本对象。艺术品中的艺术世界以生动感性的艺术意象为中心,而以蕴藉空灵的艺术意境为制高点。艺术意象是艺术品中富有意蕴的感性存在形式,不仅仅是视觉形象,也可以是听觉形象或嗅觉形象;可以是人物形象,也可以是景物形象。艺术意境则是以意象为基础、以虚实结合为手段而形成的一个具有丰富哲理或意味的审美想象空间。

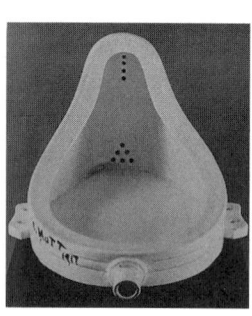

左:大理石雕《萨莫色雷斯的胜利女神像》,创作于约前200年,高328厘米,现藏巴黎卢浮宫。
右:杜尚的《泉》,这是20世纪著名的"艺术事件",它带来重重问题:《泉》真的是艺术品吗?它与安格尔的《泉》有何关联?杜尚的行为真的是艺术活动吗?

其次,从动态或现实性上看,艺术存在于人的具体艺术活动中。艺术品是艺术的实体化,艺术活动则是艺术的动态化。艺术活动体现为具体的艺术创作和艺术欣赏两个过程。艺术创作是艺术属性的第一次具体化,艺术接受是艺术属性的第二次具体化。没有艺术创作的艺术家不叫艺术家,而只是一个人;没有艺术接受的艺术品也不是艺术品,而只是一个物。荣格引用过别人的一句话:"不是歌德创造了《浮士德》,而是《浮士德》创

[①] 朱立元.美学[M].北京:高等教育出版社,2001:288.

造了歌德。"这句话的意思是:具体的艺术创作过程和成果才能确认艺术的存在和艺术家身份。

最后,从静态和动态相结合或整体性上看,艺术存在于"艺术创造——艺术品——艺术接受"的流程中。艺术系统包括四个要素:世界、艺术家、艺术品、接受者。艺术家观察世界、反思自我,然后进入具体的艺术创造过程,创作出艺术作品,最后艺术作品又被接受者所接受,这就完成了艺术系统的一个线性流程。接受者的接受实现并丰富了艺术品的价值和意义,又将接受的信息反馈给艺术家,艺术家再一次进入新的创作流程。如此循环,艺术世界因而越来越生动,越来越繁荣。这整个的流程就是抽象艺术的具象生动的展示。简言之,艺术存在于从艺术创作到艺术品再到艺术接受的动态流程中。

二、艺术品

(一)艺术品的概念

与"艺术"概念相比,"艺术品"这个概念稍微好把握一些,所以在此我们试图为它下一个定义,即艺术品是指反映外在世界(自然与社会)和内在世界(精神)的一种特殊的符号性存在,这种特殊性主要体现在生动性、情感性、想象性等方面。按照传统的眼光来看,"艺术品"这个概念包括以下含义:第一,艺术品首先是可直接感知的物化或物态化产品。任何艺术品都有"物性",要么具有物化(如青铜、水墨等)的形式,要么具有物态化(如曲谱、文字)的形式。第二,艺术品是人工产品而非自然现成之物,即艺术品是人的创造性劳动的产物,是艺术家主观加工的结晶;而且艺术品一般是手工劳动的产物,而非机械化流水线的批量复制,这决定艺术品一般具有独一无二、不可复制的特点。第三,艺术品都是精神性的产品。一方面,艺术品主要是精神劳动的产物;另一方面,它是富有精神属性且为了满足人的精神需要而存在的。艺术品的这种精神性是艺术品之"艺术性"的本质表现。劳动的基本形式是物质劳动和精神劳动,而艺术主要是一种精神劳动,物质劳动只是其中的次要部分,一般不决定艺术的本性。写诗写得挥汗如雨,并不是诗歌好坏的判断标准。第四,艺术品主要是形象思维而非抽象思维的成果。艺术世界是感性而生动的,主要是形象思维的结晶,当然也不能完全排斥抽象思维的作用。如上,艺术品一般具有物质性、人工性、精神性和形象性的特点。

(二)艺术品的层次结构

按照中国古代的认识,文学作品可以分为三个层次:言、象、意。推而广之,其他艺术品其实也有三个层次:符号、意象、意蕴。这种认识的源头是王弼《周易略例·明象》中的一段话:"夫象者,出意者也。言者,明象者也。尽意莫若象,尽象莫若言。言生于象(言生象),故可寻言以观象;象生于意(象生意),故可寻象以观意。"

结合中西方相关的理论,我们认为艺术品可有四个层次结构:

1. 物质材料层

即艺术品在时空中存在的物质实体与媒介,如大理石、画布、颜料、纸、舞台、铅字、屏幕、银幕等。物质材料有时可成为审美对象,如雕塑的材质大理石、玉石等都直接可以进入审美范围。物质材料也可影响艺术品的审美质量,如清画论家戴熙讲:"古人书画多用熟纸,今人以用生纸为能,失合古意矣。"任何一种艺术形式,都要依附在一定的物质性载体或媒介上;没有这些基础性的物质媒介,就不可能有艺术。艺术品的存在首先是一种物质性的存在,此即海德格尔所谓的艺术的"物性"。

2. 符号形式层

如线条、形体、音符、旋律、语言等。它们构成了艺术作品的第二个层次。符号层次比起纯然物质性的实体,距离艺术的本性更近,其中精神性因素也更为丰富,同时在塑造审美意象方面也更加具体化了。不同艺术类型的符号大多是不同的。如文学的艺术符号只有语言文字这一种;绘画的艺术符号,主要由线条、色彩、光影、构图构成;雕塑的艺术符号,主要由体块、造型、光影等构成;建筑的艺术符号,主要由平面、立面、体量、空间构成;音乐的艺术符号,主要由音符、音高、音色、拍子、和声、调式、旋律构成;舞蹈的艺术符号,如果主要以演员的肢体的单一动作作为最小单元的话,主要由直立、弯曲、拱起、扭转和倾斜构成,而从宏观角度看,则是由节奏、速度、空间、方向、高度、力量、形体造型等构成;戏曲的艺术符号,主要由唱腔、念白、动作、情境和布景等构成;电影和电视的艺术符号,主要由镜头、台词、潜台词、蒙太奇、色彩、音响等构成。

3. 意象世界层

意象是符号构造出来的,可指人物形象、景物形象等,也可指想象出来的听觉形象。艺术的符号形式都要指向具体的意象,把接受者带到意象世界。相比物质层和符号层,意象世界层是一个更加虚化的层次。不仅各门艺术,而且每一部艺术品之间的意象都是有差异的。绘画的意象不同于音乐的意象,音乐的意象又不同于戏曲的意象。同样是文学作品,《红楼梦》的意象不同于《阿Q正传》的意象。《红楼梦》的意象世界是由四大家族、大观园、金陵十二钗等组成的,《阿Q正传》的意象世界则是未庄、阿Q、王胡、假洋鬼子等构成的。

4. 内在意蕴层

内在意蕴是意象世界所包含或所暗示的审美内涵与人生意味等,甚至包括接受者从意象世界中阐发出来的新的意义。例如《红楼梦》的意蕴在于不仅"问"爱情,也"问"人生;不仅"问"个人,也"问"民族;不仅"问"当时,也"问"历史与未来。

伟大的艺术总是通过有限的空间,通往无限的天地。在这里可领悟到的一种艺术的诀窍是:经营好"有限",才能拓展出"无限"。

三、艺术存在的价值

(一)批判的武器和武器的批判

批判的武器是指具有社会作用的各种"武器"(比如军队、监狱、计算机知识、法律知识、贸易知识、文学艺术等);武器的批判是说我们对这些"武器"的社会作用要有辩证的认识,要知道各种"武器"的作用是有自己的范围和特点的。

艺术诚然是一种批判的武器,但从武器的批判方面来说,艺术对于社会所发挥的作用,与军队、计算机或金融知识等相比,是不太相同的。军队可以攻城拔寨,计算机和金融知识可以直接进入社会经济运行系统,而艺术无疑在这些方面的存在感是较低的。但是,艺术的社会作用无疑是存在的,甚至有军队、计算机、金融知识等永远无法取代的作用,这就是它对于人的精神所发挥的特殊作用。艺术发挥社会作用的方式是间接而非直接的,即首先影响人的精神,然后影响全社会。一旦人的精神受到艺术的影响,这种影响的效应往往是深刻而持久的。对于人在社会中的生存来说,艺术不是很实用,因此很多人可能一辈子都没有接触过艺术也一样活着。但另一个事实是:艺术虽然不实用,却从古至今一直存在着,而且可以预测它会一直存在下去。这证明它虽不是生存的必需品,却是很多人精神的必需品。艺术是精神的事业,这是说,艺术一方面是精神所从事的事业,另一方面是从事精神的事业,艺术的起点是人的精神,终点也是人的精神。它需要精神做前提,以改造精神为目的;它只对精神发生作用,而改变了精神,人的生活和社会的面貌便随之必有改变。

(二)艺术的社会功能

艺术的社会功能是多元的。从反映世界的角度来看,艺术具有认识外在世界和人的主观世界的作用;从自我抒情的角度来看,艺术有表现情感和发泄情绪的作用;从伦理的角度来看,艺术有净化心灵、提高道德境界的作用;从交往的角度来看,艺术有促进社会交际的作用;从娱乐的角度来看,艺术有消遣的作用等。总的来看,艺术的社会功能可分为三个方面:审美的功能、认识的功能和教育的功能。

第一,艺术的审美功能。所谓艺术的审美功能,是指艺术能给人带来快感,使人获得情感愉悦和心灵净化,实现精神上的舒畅与超越。艺术带来的快感虽有生理快感的成分,但主要是一种精神快感。艺术是一种审美的存在,是各种美中审美因素最为集中的形态,因此这逻辑地决定了艺术是具有审美功能的,也说明审美功能是艺术最为基础的功能,艺术的认识功能和教育功能是以这种审美功能为前提和中介的。古罗马的贺拉斯提出"寓教于乐",说的就是艺术的教育功能是建立于艺术的审美功能之上。

因为艺术是各种美中审美因素最为集中的存在,所以艺术也是各种美中最能发挥审美功能的。要知晓线条带给人的审美魅力,当然可以到大自然去看摇摆的杨柳,去观峻峭的悬崖,但最富意味的体现却是在书法方面"癫张醉素"即兴挥洒的墨趣里,在绘画方面"吴带当风"飘逸的描画中,在雕塑方面敦煌飞天仿佛临风而动的裙裾上。要了解文字带给人的精神快感,最好的方式只能是走进诗歌、散文、小说、剧本这样的文学作品中,比如可去莎士比亚戏剧那里感知诗意般优美的文字,也可以打开老舍那似乎飘着拂之不去的忧伤的《月牙儿》:

是的,我又看见月牙儿了,带着点寒气的一钩儿浅金。多少次了,我看见跟现在这个月牙儿一样的月牙儿。多少次了,它带着种种不同的感情,种种不同的景物。当我坐定了看它,它一次一次地在我记忆中的碧云上斜挂着。它唤醒了我的记忆,像一阵晚风吹破一朵欲睡的花。

那第一次,带着寒气的月牙儿确是带着寒气。它第一次在我的云中是酸苦,它那一点点微弱的浅金光儿照着我的泪。那时候我也不过是七岁吧,一个穿着短红棉袄的小姑娘。戴着妈妈给我缝的一顶小帽儿,蓝布的,上面印着小小的花,我记得。我倚着那间小屋的门垛,看着月牙儿。屋里是药味,烟味,妈妈的眼泪,爸爸的病;我独自在台阶上看着月牙,没人招呼我,没人顾得给我做晚饭。

读老舍这些感性又诗意的文字,就好像看见一个慈祥的智者,带着忧郁地望着北京街头穿来穿去的值得悲悯的众生。这样人性充溢的文字,是美的集中表现,也是唤起审美快感的不竭的泉源,从大的方面讲,可以启发人们的生活之道;从小的方面讲,可以启发人们的审美兴趣,拓宽人们的审美心胸,提升人们的审美品格。

第二,艺术的认识功能。所谓艺术的认识功能,是指艺术有助于人们认识世界和认识人本身。

艺术认识功能的第一个方面是认识人之外的世界,包括对大自然和人类社会的认识。如印度史诗《罗摩衍那》对古代印度社会的民族性格和宗教信仰有全景式的展示。不管哪一种艺术,都会与外在世界或现实世界发生一定的联系,这种联系或者是直接的,如现实主义艺术直接以反映现实世界为目的;或者是间接的,如浪漫主义艺术虽然以表现人主观想象的世界为主,但这种主观想象的世界归根结底不能脱离现实世界,例如《西游记》《镜花缘》虽以浪漫手法虚构了许多现实世界中没有的场景或事物,但它们仍是现实世界曲折的反映,如孙悟空是现实中人性、猴性与非现实的神性的结合。因此,所有艺术对于人们认识现实世界或外在世界都是有帮助的。同时,艺术通过设置特殊的情境或氛围,运用特定的手法或技巧,使人们能更深刻地认识外在世界。比如《秃头歌女》《等待戈多》,运用极度荒诞的手法,使人们比在现实生活中更能认清人类社会中某一方面的真相。

艺术认识功能的第二个方面是认识人本身,包括自我和他人。艺术让人们在旁观他人的同时,加深对自我以及全部人性的认识,正如国外有人指出:伟大的艺术似乎都具有一种本质特性,即"促进对人生充分可能性的认识"[①]。比如海明威的《老人与海》描绘了一个硬汉子内心的顽强,而阿炳弹起《二泉映月》,就如怨如诉,其内心的凄苦酸楚全部倾泻在琴弦上。阅读或聆听这些作品,人们在付出敬仰或同情的同时,也不由得会对自己加以激励或反省。这是了解他人和自我的双重过程,也是一个提升对人、对人性的认识的过程。

艺术之所以有助于人们认识人自己,最重要的一个原因是艺术本身是艺术家精神性因素的凝聚。艺术说到底属于"人学",因此有人说,文学艺术有如一个餐馆,这里只有一道"主菜",那就是"人"或"人性",其他都只是"配菜"。如英国小说家亨利·菲尔丁在《汤姆·琼斯》里通过好人琼斯串联起了一系列人物,这一系列人物宛如人性照妖镜,照出了魑魅魍魉。人们也常说"文如其人"。李贽《焚书》卷三云:"性格清彻者,音调自然宣畅;性格舒徐者,音调自然疏缓;旷达者自然浩荡;雄迈者自然壮烈;沉郁者自然悲酸;古怪者自然奇绝。有是格,便有是调,皆情性自然之谓也。"刘熙载《艺概·书概》也说:"贤哲之书温醇,骏雄之书沉毅,畸士之书历落,才子之书秀颖。"可见艺术像照片一样可体现艺术家本人的个性气质,而接受者在审美过程中自然可感知、了解不同的人性魅力,进而促进对人的全面性的认识。

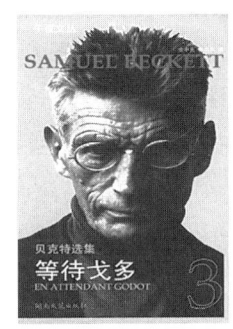

左:贝克特用《等待戈多》告诉我们,人生需要希望,否则生活是无法忍受的,等待戈多就是等待希望。但是希望迟迟不来,希望就衍变成了绝望。而我们的希望是,等待戈多真的是等待希望。

右:青年时期的海明威,他的一个信条是,做人要做"硬汉子"。

第三,艺术的教育功能。所谓艺术的教育功能,是指艺术有影响人、启迪人、激励人、提升人等方面的作用,可对人的性格、道德素质、生活信心、生存境界等产生积极效果。艺术之所以有教育的功能,是因为从其形式来说艺术是审美的,而且是审美的典型形式,因而对人有更大的吸引力,这样教育功能的实现就有了一个重要的前提条件,而且对艺术形式的欣赏本身就是潜移默化实施教育的过程;从其内涵来说艺术是真善美的统一,艺术内容感人的秘密其实就藏在真善美这三个字里,这

[①] 梅内尔.审美价值的本性[M].刘敏,译.北京:商务印书馆,2001:51-52.

是正能量的高度浓缩,因而接受、领悟艺术内容的过程就是逐步奔赴真善美的过程,这种过程就是教育的过程。比如电影《阿甘正传》中,主人公阿甘为了一个爱他的人(妈妈)和一个他爱的人(珍妮),一直坚持一种生活姿态——跑。这写就了他精彩的一生。傻傻的阿甘是个一根筋的人,他一生爱就爱定一个人,做就做好一件事。这种执着的坚毅的品质感染了无数人,也鼓舞了无数人。观看《阿甘正传》,也就是观众感受正能量、让自己接受洗礼的过程。

不可不指出的是,艺术以上三方面基本的功能,在现实环境下其实是难以分开的,也就是说,艺术发生功能的状态常常是审美、认识、教育三个方面混在一起的,无法也不必分开,但理论上探讨又不得不分开来进行。梁启超曾经指出,小说这种再现性较强的文学类型,由于能够"导人游于他境界",因而具有极强的吸引力和艺术感染力,他把这种吸引力和感染力提炼为四个字:熏、浸、刺、提。这其实是将以上三种功能放在一起来谈的。

第三节 艺术的创作

一、艺术创作的一般过程

我们就郑板桥的艺术创作来谈。郑板桥的《墨竹图》刚劲苍健,生气勃勃,是艺术家性格的显现。郑桥板由此提出了创作墨竹的三阶段:眼中之竹——胸中之竹——手中之竹。这是他的经验之谈,也可以作为对创作过程的形象总结。所谓眼中之竹,也就是艺术创作的第一步,即和生活打交道,也就是我们平常所说的收集材料的阶段,是创作的准备阶段。在和生活对象打交道的过程中,作家的目的是去发现和积累一些足以表达他的思想、他的心胸的对象,这样的对象就是眼中之竹,而反过来说,眼中之竹大多还是原生态的生活现象,属于"现实之竹";同时,眼中之竹开始有初步的个性化选择和提炼,艺术家和对象之间有了初步的情感"交流",这是审美的开始,是把竹和内心初步结合在一起的一步。通俗地说,这是"看清楚"的一个阶段,即清楚哪些对象以及对象的哪些方面可以进入创作的范围。然后进入第二个阶段,也就是胸中之竹的阶段。这就是艺术构思阶段。在这个阶段,在第一阶段中形成的对象进一步和艺术家的心灵结合在一起,在头脑中经过想象、加工,进而形成有序化的艺术框架和审美意象,这已经不同于现实生活中的竹子了。构思是艺术创新的重要一步。艺术有没有新意,很大程度上取决于构思过程中能否用自己的思想、情感去发现、体悟对象的细微之处。而艺术能不能创新,在于艺术家本人有没有深邃的思想和敏锐的心灵。清代赵翼说:"预支五百年新意,到了千年又觉陈",所以艺术构思的创新是相当重要的。通俗地说,这是"想清楚"的一个阶段。第三步,通过艺术技巧把心中的审美意象表现出来,这就是手中之竹,属于艺术传达阶段。没有高超的技巧,艺术作品就不可能产生,审美意象就传达不出来。通俗地说,这是"写清楚"的一个阶段。通常的情况是,如果不能"想清楚",那么要"写清楚"是很困难的。

我们知道,画竹名家有苏东坡和郑板桥。郑板桥对画竹的心得体会不是他的独创,而是受到了东坡的影响,东坡曾经也说过"成竹在胸"的话。他在《答谢民师书》中有一段话也可以用来很好地说明艺术创作过程:"求物之妙,如系风捕影,能使是物了然于心者,盖千万人而不一遇也,而况能使了然于口与手者乎?"所谓"求物之妙",即可指艺术的积累;"了然于心",则指艺术的构思;"了然于口与手",则指艺术的传达。东坡说的不是一般的艺术创作过程,而应该是纯熟、自由的艺术创作过程。

综上,艺术创作过程可总结为:

1. 艺术准备阶段——眼中之竹——"求物之妙"——"看清楚";
2. 艺术构思阶段——胸中之竹——"了然于心"——"想清楚";
3. 艺术传达阶段——手中之竹——"了然于口与手"——"写清楚"。

二、艺术创作的基本思维

艺术创作的基本思维是形象思维。艺术要不要抽象思维呢?当然是要的,但不是艺术的主要思维方式。现在有一种倾向,认为形象思维最好叫做意象思维。这是有道理的,不过既然"形象思维"已经约定俗成了,我们此处沿用这一概念可便于大家理解。形象思维是以感性形象为思维单位和思维目标、以想象为中心环节、以情感为原动力的思维过程。

它的第一个特点,顾名思义,就是形象性。形象思维始终伴随着形象,通过"象"来构成思维流程。中国古代讲的"神与物游"类似于形象思维,"神"在这里指的是人的思维或精神。形象思维从"形象"起步,以"形象"结束,第一个形象是原生态的,第二个形象是思维之后的产物。严格地说,在形象思维的初始阶段出现的"形象",那只是一种生活具象或者物象,它们来自现实世界,还只具有客观性,而在形象思维的完成阶段,它们才被加工为艺术形象。换言之,形象思维过程其实也就是对具象的加工改造过程,通过这个过程,具象或者物象变为真正的艺术形象。形象思维始终保持着"象"的个别感性形态,但这里面又包含着主体对世界的理解。换言之,形象思维也可以实现通过个别事物来把握一般规律的目的,这也就是所谓的"以象显质"。

第二个特点是情感性。情感是人在与世界打交道的过程中对对象所产生的一种主观倾向和态度。在情感方面有七情六欲之说,七情即喜、怒、哀、乐、爱、恶、欲;六欲有的认为是指人对异性所具有的六种欲望:色欲、形貌欲、威仪欲、言语音声欲、细滑欲、人相欲;有的认为是指眼、耳、鼻、舌、身、意等六欲。今天所讲的"七情六欲"一语,是泛指人的各种情绪与欲望。人是触物起情的,形象思维把人置身于一个很具体的环境里,他就必然会产生形形色色的情感反应。正是情感这种感性化的心理体验,才真正推动了形象思维的产生、流动,最后导致美的创造;正是情感才赋予了形象思维一个活动的方式,那就是想象和联想的运用。没有情感,主体便可能不会有灵动的心灵和敏锐的感觉,他自然不会也不可能去追求与外在事物的沟通和感应。没有情感,移情活动便不可能发生,这样,实际上也就取消了思维的可能。

布格罗笔下的《圣母》:一定是怀着深厚的情感,才能有这般唯美的构图。

简单地说,情感在形象思维中的作用表现在:首先,作家的情感活动贯穿于艺术形象塑造的过程之中。艺术形象由萌生、发展直至完成,始终伴随着作家情感的涌动。其次,作家内心不断涌动的情感还要渗透、灌注到艺术形象当中。最后,情感不仅是想象展开的推动力,而且本身就是想象的内容。

第三个特点是想象性。形象思维之所以神秘奇特,难以驾驭,正是想象的特点决定的。想象是形象思维的主要方式,原因在于:形象思维必须使客体与主体这两个原本互相分离的世界之间达成沟通,主体借物传情,托物言志,让客观之物负载与它本来毫不相干的主观情志,因此客观之物必须多少有所变形、有所扩充,以便融汇和体现主体的情感与愿望,此时便需要想象的出场。形象思维中的想象或艺术想象不像科学中的想象,它不必遵守生活的逻辑,而只需依照情感的逻辑。也就是说,艺术想象相当自由,可以跨越时空和生死。这种不符合生活常识的事情,恰恰是艺术中一种常见的现象,也是艺术富有吸引力的原因之一,而功劳应主要归于形象思维中的想象。

三、艺术创作的基本原则

创作原则在学界也被叫做创作方法,是指艺术家认识、处理创作材料或创作对象时的基本立场、方式和手段的总和。它不同于艺术家处理准备写进作品的材料的具体方法和手段,这种具体方法和手段一般属于修辞手法,创作原则却表现在艺术家采取什么样的立场、态度去选取材料和表现材料。高尔基指出,基本创作原则有两种,即现实主义和浪漫主义,但历史上出现过的创作原则是很多的,有现实主义、浪漫主义、象征主义、古典主义、自然主义等。下面介绍艺术史上两种最基本的创作原则或创作方法,即现实主义和浪漫主义。

(一)现实主义

现实主义作为一种创作原则,指艺术家按照生活的本来面目来塑造形象、表现生活的立场与手段。逼真性、写实性、典型性是它最突出的特点。现实主义作为一种文艺思潮,一般特指19世纪30年代在欧洲开始流行的一种艺术运动,主要是指文学领域一大批作家自觉地运用现实主义原则从事文学创作而形成的一种文学潮流,但也旁及其他艺术领域。从文学方面来看,由于他们的作品表现出对当时社会的尖锐的批判性,文学史上往往又将其称为批判现实主义。比如司汤达以《红与黑》为代表作的系列作品,巴尔扎克以《高老头》为代表作的系列作品,狄更斯以《艰难时世》为代表作的系列作品,托尔斯泰以《战争与和平》为代表作的系列作品,歌德以《葛兹·冯·伯利兴根》为代表作的系列作品,马克·吐温以《哈克贝利·芬历险记》为代表作的系列作品,等等,形成了一股世界性的自觉的创作思潮。

不过我们应该注意的是,虽然作为一种世界性的自觉文艺创作思潮是在19世纪30年代才出现的,但很早以来就出现了具有现实主义精神的文艺创作,而且很多古代的艺术家也都自觉或不自觉地在遵循现实主义的创作原则。司马迁写作《史记》时强调"不虚美,不隐恶",人称"实录",这种"实录"精神就是现实主义精神。杜甫诗作人称"诗史",真实反映了当时的社会历史状况,比如他的《潼关吏》《新安吏》《石壕吏》《新婚别》《无家别》《垂老别》等作品真实表现了安史之乱时的社会状况,是典型的现实主义作品。张择端的《清明上河图》、曹雪芹的《红楼梦》、吴敬梓的《儒林外史》、李宝嘉的《官场现形记》等也都是具有现实主义精神的杰出作品。西方在19世纪之前的许多作品也同样具有很强的现实主义精神,比如米隆的《掷铁饼者》、安格尔的《土耳其浴室》、被称为"皇冠上的明珠"的莎士比亚作品,"雷邦多独臂人"塞万提斯的《堂吉诃德》等。

现实主义的主要特点可以简单概括为如下四点:

1. 创作立场:从客观现实出发

现实生活是现实主义创作的材料与对象。现实主义艺术家都敢于直面人生,正视现实,以现实生活为创作源泉,也以现实生活为直接的描写对象。现实主义的反面是浪漫主义。浪漫主义虽然也要取材于现实并反映现实,但它从现实生活中取材时比之现实主义经过了更复杂的过程,是一种"曲线性"而非"直线性"的方式,因而浪漫主义对现实的反映也是间接的,在它的主观抒情和虚构的理想中,它描写的内容与现实的面貌是不一致的,是变形的,甚至是现实中不存在的。

《乱世佳人》在真实反映美国南北战争的基础上,塑造了郝思嘉和白瑞德这一对令人难忘的"欢喜冤家"。

2. 创作目标:塑造典型

现实主义艺术以塑造典型为自己的目的。所谓典型是指既具有鲜明个性又具有概括性和普遍性的艺术形象,包括典型人物和典型环境。现实主义艺术的典型直接来自现实生活,也直接反映现实生活,但它又高于现实生活,能够反映生活的本质,具有"窥一斑而知全豹"的艺术高度。比如鲁迅笔下的阿Q,不仅是生活于江南某地的一个农民,更是很多中国人甚至所有人的化身。又如莎士比亚笔下的麦克白,不仅是一个生活于11世纪苏格兰的具有野心而残暴的人,也是现实生活中很多同类人的符号。通过这一典型,莎氏想告诉人们的一个普遍道理是:野心或贪婪是人的悲剧的一个原因,而不管这个人生活在什么时代。

3. 创作效果:逼真感

现实主义艺术能给人带来近似于现实生活的逼真感,即逼肖于现实的真实感,因而美国的艾布拉姆斯在《镜与灯》中将现实主义艺术比喻为"镜子"。比如《红楼梦》中的大观园,仿照的就是江南的私家园林。这种逼真感源于现实主义艺术做到了细节描绘的真实,即在局部刻画上与现实生活是一致的。但现实主义艺术又不止于此,它还将细节真实与本质真实结合在一起,这使现实主义艺术不仅反映生活的表象,也能说明表象之下隐藏的普遍性道理。

由此,现实主义就与19世纪中后期的自然主义创作原则完全区别开来。以法国的左拉、龚古尔兄弟、福楼拜、莫泊桑为代表的自然主义,其思想基础是19世纪30年代兴起的孔德的实证主义哲学。实证主义有句名言叫"不问为什么,只问是什么",这种实验原则被自然主义在创作领域完全继承下来,因而自然主义主张文学应具有"科学真理的精确性",拒绝创作者主观因素的参与,强调创作的纯客观性,要求以自然科学的态度对待生活和艺术。它的代表人物左拉说,看见什么就说什么,自己的任务是将现实一句一句地记下来,仅限于此,道德教训则留给道德学家去做。所以,自然主义只有或只要细节的真实、表象的真实而不要艺术的概括、本质的真实。当然,理论的提倡是一回事,实际创作又是另一回事。自然主义的提倡者中实际没有一个真正贯彻了自然主义,如左拉的《萌芽》反而是很有现实主义精神的,福楼拜的《包法利夫人》、莫泊桑的《项链》《漂亮朋友》等也都没有完全采用自然主义原则。现实主义超越自然主义的地方就在于它既坚持细节的真实,又坚持本质的真实;既以生活为师,又勇敢地成为生活的化妆师。

4.创作手法:写实

在具体的创作手法上,现实主义艺术坚持写实或再现。这种写实的手法,关键之处是按照现实生活的实际情形来构思人物形象、描绘艺术场景,因而具有强烈的生活气息和上面所讲的逼真感。现实主义艺术当然也会有想象和虚构,因为想象和虚构是一切艺术都具有的特点,但比较浪漫主义艺术,现实主义艺术的想象和虚构成分要少得多,而且在运用想象和虚构时二者的艺术宗旨也是不同的;如果说浪漫主义艺术运用想象和虚构是纯粹奔着塑造一个想象的王国和浪漫的王国而去的,那么现实主义艺术则是奔着更广泛更真实地反映现实生活而去的。从逻辑上和事实上两方面来看,其实整个艺术史上没有任何一部艺术作品是纯粹现实主义或纯粹浪漫主义的。当我们说某一部作品属于现实主义或属于浪漫主义时,只是从比较意义上一种相对的判断,而不能排除现实主义艺术中也存在浪漫主义因素,反之亦然。比如《红楼梦》大体上可说是现实主义的,因为它关于大观园等场景、环境的描写,关于贾王史薛四大家族的叙事,关于宝玉、黛玉、宝钗之间爱情的书写,都符合历史的真实,但关于通灵宝玉的描写,关于神瑛侍者与绛珠仙子之间前世恩怨的描写,明显是一种异托邦式的浪漫主义虚构。又如《镜花缘》大体上属于浪漫主义,其中写到的脚踩云朵的大人国、终年身体摇摆的劳民国、捧耳而行的聂耳国、一毛不拔的毛民国、无生育之苦的无继国、手生大眼的深目国、民风硗薄的靖人国、顶天立地的长人国等,都免不了作者的虚构,其中很多是接着《山海经》浪漫主义传统而来的,但是这里面也免不了存在若干现实主义因素,虽然背景是唐代,其实却曲折反映了清代社会的某些生活面相。

(二)浪漫主义

在西方,"浪漫"(romantic)源出于"传奇"(romance,罗曼司)。最早这种传奇是用罗曼语写成的。而这种语言之所以这样称呼,是因为它出现在意大利与法国交界地带的"罗马格纳",而罗马格纳又明显地是从"罗马"一词来的。可见"浪漫"这一术语是来源于"罗马"一词。最初"浪漫"一词并没有同艺术或艺术理论联系在一起,直至18世纪,它才开始在德国人那里被用于指艺术的某种形式,有想象、感伤等内涵,此后在法国被一批具有叛逆精神的文人所采用。到19世纪,在德国开始了浪漫主义艺术运动,并被推广到英国和其他国家,形成了一种泛欧性以至世界性的文艺思潮,主要强调想象、天才、激情等内涵,涉及文学、绘画等众多艺术领域。如绘画领域波提切利《维纳斯的诞生》、德拉克洛瓦《自由引导人民》等都是著名的浪漫主义作品。相比于其他艺术领域,文学方面的浪漫主义名家更多,群星璀璨,蔚为大观,有德国的诺瓦利斯、席勒,英国的华兹华斯、柯勒律治、骚塞,即所谓的"湖畔派三诗人",以及拜伦、雪莱、济慈,法国的夏多布里昂、雨果,俄国的普希金,美国的惠特曼等。中国的浪漫主义艺术也历史悠久,如战国时期的《山海经》与同时期屈原的《离骚》、汉代的名雕《马踏飞燕》、唐代李白的《将进酒》和吴道子的佛教名画《送子天王图》、明代吴承恩的《西游记》和汤显祖的《牡丹亭》等,都是典型的浪漫主义作品。

德拉克洛瓦的《自由引导人民》。

浪漫主义创作原则是指以抒发主观情思、描画理想蓝图、富有想象性和虚构性等为主要特点的创作立场和手段。艾布拉姆斯《镜与灯》因此将浪漫主义比喻为"灯",意指历史上大多数浪漫主义作品有如一盏明灯,带给人们希望和向往,指示人们奔赴"诗和远方"。浪漫主义总体上分积极浪漫主义和消极浪漫主义,屈原、李白、吴承恩、汤显祖、乔治·桑、雨果、拜伦、海涅等绝大多数属于积极浪漫主义,消极浪漫主义者是极少数,代表有夏多布里昂。我们下面所谈到的浪漫主义,主要是就积极浪漫主义而言的。具体而言,作为创作原则的浪漫主义,其主要特点如下:

1.创作立场:从主观精神出发

与现实主义强调客观现实的刻画不同,浪漫主义强调主观精神的呈现,尤其是艺术家情感的抒发;它以人的主观世界或内心世界为创作对象,因此它具有强烈的主观性和抒情性。在此意义上,雨果说过,人心是艺术的基础,就好像大地是自然的基础一样。[①]浪漫主义抒发的情感要么是典雅的,要么是激情式或英雄式的,当然也存在少数夏多布里昂式的阴郁,总体上来说,寄托着艺术家对远古某种宁静世界的怀念,或是对某种光明未来的呼唤。浪漫主义艺术绝大多数也是艺术家富有激情或热情的产物。以上所说的这一切,与19世纪末期以来的现代主义创作原则是完全不同的。以象征主义、意识流、表现主义、达达主义、荒诞派、野兽主义等为代表的现代主义创作原则,是以非理性现象为自己的创作对象,以具有颠覆性特点的艺术手段,表现在人与自然、人与社会、人与他人以及人与自我四个方面中的非和谐关系,突出人在非理性世界所感受到的冷漠与孤独,或是人自己在这种无序的生存境遇中所产生的惶惑、苦闷与焦虑。浪漫主义艺术所具有的光亮、宁静、热情等在这里基本消失殆尽。现代主义艺术不仅反现实主义的"镜"的传统,也反浪漫主义的"灯"的传统。

---

① 雨果.论文学[M].柳鸣九,译.上海:上海译文出版社,1980:9.

2.创作目标:讴歌理想

浪漫主义艺术诚然也能塑造典型,如雨果《巴黎圣母院》中的敲钟人加西莫多和女主人公艾斯梅哈尔达就是典型的艺术形象,但浪漫主义艺术更显著的创作目标是讴歌理想的人性、理想的世界和理想的生活方式,如雨果不仅在《巴黎圣母院》,也在《悲惨世界》《九三年》等作品中,讴歌了一个充满爱的世界,赋予爱一种改变人性、改变世界的神奇力量,这就是雨果式人道主义最主要的内涵,也是雨果被贴上浪漫主义作家标签最主要的理由。浪漫主义艺术史上有许多孔子式的大同世界、老子式的小国寡民社会或柏拉图式的理想国,如阿里斯托芬的"云中鹁鸪国"、拉伯雷的"德廉美修道院"、《镜花缘》的"大人国"、《格列佛游记》的"慧骃国"、托马斯·莫尔的"乌托邦"、康帕内拉的"太阳城"等。浪漫主义艺术所塑造的理想往往有两个维度:一个维度是过去,在某些艺术家笔下,以怀旧的方式告诉人们,理想世界存在于已消逝时代的某个地方,如陶渊明所写的桃花源,或"湖畔派三诗人"所向往的中古时代的某个田园;另一个维度是未来,即在更多的艺术家笔下,以展望的方式告诉人们,理想世界存在于人们尚未到达却应该到达的某个地方,如培根所写的新大西岛及岛上的所罗门宫,或詹姆斯·希尔顿《消失的地平线》所描绘的神秘东方的香格里拉。同时,所有理想图景,不管是过去的还是未来的,都是与现实世界相区别的"异时空",它们首先是异托邦,然后是乌托邦。从比较的角度来说,现实主义侧重于再现现实,而浪漫主义侧重于表达希望、理想;现实主义强调再现"已经"有的生活,而浪漫主义强调表现"应该"有的生活。

3.创作效果:虚幻感

浪漫主义艺术由于侧重于主观精神世界的表现和理想人性、理想图景的虚构,因而在创作效果上容易给人一种虚幻感,可使人明显感知到这种艺术的虚构性。当然,现实主义艺术也是有虚构的,但直观上更易使人感觉到它的真实感。这是问题的一方面。另一方面是,浪漫主义艺术的虚幻感并不能否定它也是有艺术真实性的。如果说现实主义艺术既具有细节真实、表象真实又具有本质真实的话,那么浪漫主义艺术可能在细节真实、表象真实方面完全无法与现实主义艺术相比,毕竟像《山海经》和《镜花缘》中的无肠国或《西游记》里的孙猴子,在世界的任何地方都是不存在的,但不能否定浪漫主义艺术也是能揭示生活的本质真实的,如无肠国所揭示的人性上的悭吝,不仅存在于无肠国里,也存在于世界上很多人身上。归根结底,现实主义艺术也好,浪漫主义艺术也罢,但凡艺术,其意义指向常常在"艺术之外";艺术所描绘的虽在有限的"生活之内""艺术之内",但它所通往的常在"生活之外""艺术之外",在艺术的"他处"或"远方";换言之,无论采取哪一种创作原则,在传达生活的本质真实方面是殊途同归的。

4.创作手法:想象、夸张

所谓浪漫,其中一个意思是不现实,或至少是现实中很少见的;这意味着浪漫主义艺术常有偏离现实生活的特点。产生这种偏离的原因在于浪漫主义艺术必须大量地展开想象,以至免不了要采用夸张的手法。如《镜花缘》里写到的长人国,人一般在七八丈高,脚面与多九公肚子齐平,而最夸张的长人国里的人,连头带脚,恰长十九万三千五百里,此乃由天至地的高度,即此人恰恰头顶天,脚踏地。因此东土大唐去的一个人在这人的底襟偷了一块布,回到家乡竟然开了一家布店。又如汉代铜塑《马踏飞燕》,作者展开大胆的构想,让体态矫健的骏马撒开四蹄飞奔,三足腾空,只让右后足落在一只展翼疾飞的飞燕背上。整体造型充满想象和夸张,展示了艺术的奇趣。马的粗壮圆浑的身躯以及它有力却轻盈的奔跑,与展开翅膀飞翔的小鸟之间形成极大的反差与张力,这是偏离现实的夸张手法的体现,也产生了富有趣味的夸张效果,使人仿佛忘记了小鸟的存在,感受到一种"天马行空"的奔腾气势。

汉代《马踏飞燕》,现藏甘肃省博物馆。

四、艺术创作的能力

(一)什么是艺术家?

艺术家不是一般的人,而是善于运用符号来描绘世界、解释世界的专门人才。艺术家通常是在文字、声音、线条等符号的运用方面具有独特而高超能力的一批人。唯有他们,能将别人想"说"却"说"不出来的东西,用符号生动地"说"出来。人们把唐代许多杰出诗人分别誉为诗仙、诗圣、诗魔、诗鬼、诗豪,说明这些人在运用诗歌语言方面的能力是突出的。波德莱尔被兰波称为"通灵者""诗人之王",是因为兰波认为,在象征主义诗人中,唯有波德莱尔通过诗歌最成功地实现了世俗界与神灵的沟通。在但丁眼里,古罗马的维吉尔被尊称为"仙",是因为但丁觉得维吉尔是古希腊到古罗马这一漫长时期内在诗歌语言运用方面最优秀的人。

艺术家的身份取决于具体的艺术活动,而艺术活动的具体展开,是艺术家能力被运用和被展示的过程。缺乏这一过程的人不配叫做艺术家,退出这一过程的人严格意义上则不宜被再叫做艺术家。艺术家可以是指正在展开艺术活动、从事艺术创造、实施艺术能力的人,这

这件萝卜微雕说明:艺术就是让不可能的变成可能,或者说,让没有意思的变得有意思,让有意思的变得更有意思;艺术家则是实现这一切的人。

是艺术家之为艺术家的动态证明。实施艺术能力的产物就是艺术家的作品。作品是艺术家之为艺术家的静态证明;相比于动态证明,这种静态证明更具有铁证的意味。一个从来没有作品的人是不可能被叫做艺术家的。艺术家从来不是浪得虚名的人,例如达·芬奇之所以被叫做文艺复兴时期的"艺坛三杰"之一,是因为他有《蒙娜丽莎》,有《丽达与天鹅》,有《最后的晚餐》,并在运用黄金比方面体现了高超的能力。米开朗琪罗位列"艺坛三杰"则在于他不仅有《创世纪》这样的顶级名画,还有《大卫》《摩西像》之类杰出的雕像作品。而拉斐尔成为"艺坛三杰"之一则在于他不但有《西斯廷圣母》之类的"婉约"作品,还有《雅典学院》之类的"豪迈"作品。再如杜甫之所以被称为"诗圣",不仅在于他有可做七律教科书的《登高》,更在于他有为人间疾苦而付出悲悯的"三吏""三别"。"诗圣"二字表彰的是杜甫写诗水平所达到的别人很难达到的高度,也是他诗中所写的符合儒家的丰厚的内容。还有这么一则轶闻,说的是在某次世界性笔会上,一位匈牙利作家见一朴素谦虚的女性,就自我介绍说自己是多产作家,已经写了339部小说,而这个女性是玛格丽特·米歇尔,她只轻轻地回答了一句话:"我却只写了一部,就是《飘》。"由此又说明,决定艺术家身份的是其作品,而决定艺术家高下的,则是作品的质量。

玛格丽特·米歇尔终生只有一部作品,那就是《飘》。但仅此一部,就足以让她在文学的历史上,不会"随风而逝"了。

(二)艺术创作能力的构成

艺术创造能力体现了艺术家的基本素质,它主要包含艺术感知能力、艺术运思能力和艺术传达能力等方面。艺术感知能力集中体现为一种对生活和艺术本身的敏感度。创作流程表现为:客观(生活或创作对象)→主观(构思)→客观(传达或物化)。感知能力主要体现在从客观(生活)到主观的转化过程中,解决生活哪些部分可以进入主观构思的问题;运思的能力主要体现在主观的构思上,解决无序的原生态生活在头脑中逐步有序化的问题;而传达能力主要体现在从主观再到客观的转化过程中,解决头脑有序化到符号有序化问题。某一东西在头脑中没有实现有序化,即前面讲过的"想清楚",那么符号有序化(即前面也讲过的"写清楚")一般也很难实现。但是头脑有序化并不必然导致符号有序化,前者是后者的必要条件,却非充分条件,因为符号有序化还涉及对符号本身的了解和运用。

1. 艺术感知能力:艺术敏感

艺术家在感知方面,不仅需要具备一般的感知能力,要求没有感知方面的缺陷或障碍,而且更需要具备一般人可能不具备的感知能力,这就是艺术家的敏感,可叫做艺术敏感。艺术感知能力主要体现为艺术敏感。艺术家不仅要乐于感受,还要善于感受。乐于感受是态度问题,善于感受是能力问题。善于感受是艺术敏感的具体实现。那么什么叫艺术敏感？它指的就是艺术家对世界和艺术门类的敏锐感受能力和领悟能力。对世界的敏感包括对外在世界和内在世界两方面的敏感。对外在世界的敏感是指对作为创作对象的生活现实的感受力；对内在世界的敏感是指对生命、精神的细微体察和领悟力。前者表示艺术家在面对世界与艺术的关系时,善于面对世界、甄别世界、处理与提炼世界；后者表示艺术家善于体察和把握内心中情感的波澜与思想的火花。以前认为艺术家必须深入生活,必须在生活中积累大量的实际经验,这当然不错,但是仅仅靠生活积累是不够的,有时还需要对于生活的敏感。光体验生活并不能保证就能获得创作冲动和创作灵感；要创造出优秀的艺术作品,不但需要生活经验的积累,更需要有对于所积累的生活材料的敏感,甚至后者比前者更重要,因为没有这种敏感,积累就失去了目标。对于世界的敏感或对于生活的敏感,其关键之处在于明白对于世界或生活的取舍。选择之同时就意味着放弃,而如何选择、如何放弃无关乎艺术家的积累,而取决于艺术家对积累的东西的敏感力。比如说曹禺在创作《雷雨》的时候只有二十多岁,无疑其生活阅历说不上深,生活积累说不上厚,但他却创作出了优秀的话剧作品,这首先就决定于他对现实生活的敏感。这种敏感使他对生活有了一般人所没有的阅读能力。

艺术敏感不仅仅是对生活的敏感,还包括对不同艺术门类以及与艺术门类相关的艺术符号的敏感,比如对色彩、声音、文字的敏感。这一类敏感促使哪怕同样的对象、同样的生活也可能进入不同的艺术门类,进而使同样的对象、同样的生活呈现出不同的面貌、焕发出不同的光彩。同时值得指出的是,对艺术门类的敏感既有天赋的因素,又是可以训练的,表现在艺术家身上就体现出不同的个性特色。比如同为文学名家的朱自清和俞平伯,对语言文字的敏感力都是毋庸置疑的,同时又是富有个性特征的。1923年两人同游秦淮河,写出了同题散文《桨声灯影里的秦淮河》,而体现出来的对秦淮河的感知把握却是各有特色,各有各的优势。相对而言,朱文偏于感性,更有诗意的风采；俞文偏于理性,更有哲理的深度。在艺术家实际的创作中,对艺术门类的敏感与对世界的敏感常常是结合在一起的,这意味着敏感力强的艺术家能在对世界产生敏感的同时,迅速找到恰当表达的艺术符号。

2.艺术运思能力：艺术想象与艺术理解

艺术运思能力主要包括艺术想象和艺术理解。艺术想象是一种重要的心理能力,也是各种艺术能力中的第一能力,因为它是艺术活动与审美活动的中枢及基本动力。艺术想象最重要的内涵在于四个字:"无"中生"有",这表明艺术想象等同于艺术创新。虽然学界对艺术想象有多种角度的分类,但实际上任何想象都缺不了创新的成分,区别只在于创新的程度。宽泛地说,想象力等于创新力或创造力。正是艺术想象化无为有的基本内涵,决定了它可以化抽象为具体,变分散成整体,使旧貌换新颜,从此岸到彼岸,从而实现"艺术小天地"与"天地大宇宙"之间的衔接。艺术想象的基本特点是:一是具有不受约束的超时空的自由性;二是体现主体的创造性、能动性和个性;三是形象生动性;四是情感性;五是非逻辑性和非功利性。这说明艺术想象和科学想象是存在区别的:①艺术想象是非功利性的;科学想象则是功利性的,着眼于实际功用的想象;②艺术想象只遵循"情感的逻辑",其实质是非逻辑性的,科学想象则遵循生活本身的逻辑和理性的因果逻辑;③艺术想象允许虚构;科学想象一般不允许虚构,要求的是客观、真实,当然这要与科学假设、科学预测区分开来;④艺术想象的结果是生动的形象,科学想象的结果则是抽象的概念、公式和定理。

艺术理解是艺术运思能力的重要组成部分,也是一种重要的心理能力。如果说艺术想象重在创造事物,那么艺术理解则重在把握事物。所谓艺术理解,是指运用理性将艺术感受、艺术情感、艺术想象等推向深入、明晰、有序化的一种思维过程与思维能力,是形成见解和思想的主要心理力量。它的力量集中体现于思维整理和思维深入两个方面。整理是无序至有序的力量,深入是表面至深层的力量。概而言之,艺术理解要实现两个目的:一是创作的材料或对象在思维中的有序化,二是这些材料或对象在思维中的深化。做到这两点,材料在思维中也就基本实现了审美化。因为所谓材料的美化或艺术的审美化,无非是指合适地运用符号来使材料进入艺术世界;所谓"合适",意味着材料布局有秩序、有层次、有深度。

3.艺术传达能力:艺术技巧

艺术家应该是能够实现"人人心中所想,而人人笔下所无"的一批人,即艺术家是"写"别人想"写"而不能"写"的特殊人才。姜夔《白石诗说》写,人所易言,我寡言之;人所难言,我易言之,自不俗。清代文论家叶燮《原诗·内篇下》也指出,可言之理,人人能言之,又安诗人之言?可征之事,人人能述之,又安诗人之述之?必有不可言之理,不可述之事,遇之于默会意象之表,而理与事无不灿然于前者也。总之,艺术家拥有超常的艺术表达能力或技巧。何谓艺术技巧?简单地说,是指将心中构思好的意象固定下来,并赋予它具体形式的各种能力,包括选材的能力、修饰的能力、结构布局的能力和运用方法的能力等。

运用艺术技巧能力超常的人,人们常常视之为艺术天才。也就是说,艺术天才是指在艺术技巧运用方面远远超出常人和常态的人。他常常确立艺术的典范和规则,能够开风气之先,引时代之潮。前面章节提到过,对于天才的分析,是康德美学的重要内容。在康德看来,艺术天才最重要的特征在于独一无二性和不可模仿性。法国的狄德罗也说:"天才只可体会,但绝不能模仿。"① 在康德看来,艺术天才的作品常常成为后人学习的范本,他们是为艺术立法的人。康德甚至认为艺术天才高于科学天才,因为牛顿之类科学天才在他的著作中写出来的一切,人们都可以通过学习而获得,而艺术天才的一切是不可学习不可模仿的,即艺术天才是独一无二的。

李白与杜甫,唐诗璀璨星空中最耀眼的双子星座,一个心游天际,追慕道家,一个注目人间,踯步儒学。从这个层面讲也可能只有从这个层面讲,"李白是天才,杜甫是人才"才是有一定道理的。

五、特殊的创作心理现象

艺术创作中特殊的心理现象有直觉、灵感、癫狂等,它们是艺术家创作能力的组成部分。

第一,艺术直觉。艺术直觉是直觉中的一种。所谓直觉,是指不依靠逻辑推理而获得知识的思维方式或能力。而所谓艺术直觉,是指创作主体在瞬间直接把握客体审美本质和审美意蕴的思维方式或能力。艺术直觉与科学直觉或一般的直觉既有共同点,又存在区别。其共同点在于它们都是非理性的一种心理活动和心理能力。科学直觉和艺术直觉的区别在于:首先,前者的目的是把握事物内在特质或规律,后者的目的是把握事物蕴含的审美本质和审美价值。其次,前者排斥个人主观偏见,而后者带有明显的个人主观性。最后,前者较少情感色彩或不允许情感色彩夹杂其中,而后者具有强烈的情感性,不仅允许而且要求有艺术家情感的渗透。

第二,艺术灵感。它是指创作时思维突然活跃、思路豁然开朗的一种积极的心理状态和心理能力。正如张问陶《论诗十二绝句》其一所云:"凭空何处造情文,还使灵光助几分。奇句忽来魂魄动,真如天上落将军";其二亦云:"名心退尽道心生,如梦如仙句偶成。天籁自鸣天趣足,好诗不过近人情。"艺术灵感的特征是:①触发上具有偶发性。正如《文赋》所云:"来不可遏,去不可止"。陆游也说:"文章本天成,妙手偶得之。"南宋戴复古《论诗十绝》(之一)亦指出:"诗本无形在窈冥,网罗天

---

① 狄德罗.论戏剧艺术[A].文艺理论译丛(1958年第1册)[C].北京:人民文学出版社,1958:177.

地运吟情。有时忽得惊人句,费尽心机做不成。"②停留上具有短暂性。苏东坡所写的"作诗火急追亡逋,清景一失后难摹"形容的就是这一点。③频率上具有一次性。即艺术灵感不可重来,不会重来。宋代陈与义《春日二首》其一因此写道:"忽有好诗生眼底,安排句法已难寻。"④功能上具有创造性。灵感是具有创造性的积极心理现象。⑤心理状态上具有迷狂性或忘我性。处于艺术灵感中的人似乎处于"自失"的状态,类似于尼采所讲的酒神的醉态中。

艺术灵感与艺术直觉有关系,但不等于艺术直觉。二者的复杂关系体现于:第一,艺术来临之时可能也是艺术直觉充分展现之时。第二,二者皆需长期的知识和理性积累。第三,艺术直觉有对错之分,而艺术灵感则必定是积极的。第四,艺术直觉是面临任何事物皆可能出现的,区别只在于直觉之深浅对错而已,而艺术灵感却不一定面临任何事物都可能出现。或者说艺术直觉必然是面对某一对象的,而艺术灵感无须面对某一对象。

第三,艺术癫狂。它是指艺术家在创作中由于情感爆发而表现出来的一种暂时性的歇斯底里状态。我们认为,艺术癫狂的实质是艺术家对艺术活动的高度投入、极度专注和深度忘我。艺术癫狂只存在于艺术审美的领域,属于一种暂时的变态,而非真正的和持久的变态。艺术癫狂不等于精神病。精神病人的悲剧在于永远也摆脱不了幻象的纠缠,而艺术家只是在创作的突然兴奋中,如醉如痴,在创作癫狂过去之后又会返回到正常状态,而这一点,精神病人是办不到的。

左:当代画家萧和的设色纸本立轴《李白斗酒》。李白一生的宝贝有三件:诗、酒、剑。其中酒不仅是他作为道家弟子的符号,也是他涌起诗歌灵感的契机。

右:被誉为"诗人音乐家"的舒曼最后疯了,这与艺术癫狂毫不相同。艺术癫狂的本性是投入,在时间性上则是短暂并受控制的。真正的癫狂则是永无时间性的盲目投入。

第四节 艺术的类型

历史上,人们按照不同的标准对艺术的类型进行了多种形式的划分,其中一种常见的分类方式是将艺术分为五类:一是实用艺术,即实用与审美相结合的艺术,有建筑、园林、书法、实用工艺等;二是造型艺术,有绘画、雕塑、摄影等;三是表情艺术或表演艺术,指通过一定物质媒介(音响、人体等)和表演、演奏、演唱等直接表现情感而间接反映社会生活的艺术,有音乐、舞蹈等;四是语言艺术,指文学;五是综合艺术,即需要编剧、导演、演员、化妆师、灯光师等通力合作的艺术类型,主要有戏剧、影视等。受篇幅所限,下面我们主要介绍文学、建筑、书法、雕塑、绘画、音乐、舞蹈、戏剧和影视。①

一、文学

文学可能是所有艺术中接受人数最多、社会影响最大的艺术类型。在中国的学科设置中,艺术长期放在文学门类中,成为文学学科下面的二级学科,直到近几年才上升为与文学并列的一级学科。文学是语言艺术,所以给文学下定义,首先要注意到"语言"这个词汇。文学是具有修辞性、形象性、情思性、想象性诸特点的一种艺术。文学的审美特征就主要体现在四个方面。

1.修辞性

严格意义上的修辞性是指对语言文字的修饰、润色。文学修辞既关乎如何安排语言文字的位置,又关乎如何设置语言文字的声音、对称、节奏等,前者的目的是做到"知言善任",后者的目的是做到使语言文字有音乐美、韵律美。文学之外的艺术大多具有一种以上的符号,如绘画至少有两种最基本的符号:线条、色彩,而文学的符号只有一种,那就是语言文字,这是文学所"穿"的唯一一件"外衣"。唯其如此,这件"外衣"的"质地"和"颜色"就需要特别地加以关注和经营。文学活动,最开始的工作就是经营这件外衣的质地和颜色,简而言之是指给语言"化妆",这便是文学的修辞性的体现。文学之美,最外在、最基础的美是语言美;文学修辞性首先保证的是这种语言美。但语言美毫无疑问不应是文学追求的全部目的或最后目的;文学始于语言,但不应终于语言。历史上的"齐梁体"获得的赞誉很少,关键的原因在于它过于用心在语言美上面,而相对忽视了其他方面。

2.形象性

这里的形象性有两层意思:一是指文学以塑造各类形象为中心。此处形象指文学中的一切感性存在,主要包括人物形象和景物形象。如果说语言是文学的一种外在基础性的物态化存在,那么形象是经由语言而形成的偏于内层的虚化存在。虚化存在的意思是文学形象不可通过五官而感知,却能通过想象等心理重构而存在于大脑中。二是指文学具有具体生动性。这种效果的源头在于作家驾驭语言的能力,载体则是文学所塑造的形象世界。形象性的别名是具体生动性。袁枚在《随园诗话》中说:"一切诗文,总须字立纸上,不可字卧纸上。"具体性是指文学描写常常有细节刻画方面具体而微的细腻的特点,可以深入世界的每一个角落,也可以交代内心的每一处腠理;生动性是指文学的世界仿佛一个富有生机的有机体,是一个生命力十足的动态世界。

---

① 本小节主要参考:何林军.美学十六讲[M].长沙:湖南师范大学出版社,2018:346—420.

3.情思性

此处情思是情感和思想的简称。文学是富含情思的海洋。情感与文学的本质性联系在于它一方面是文学创作的动力,另一方面是文学创作的内容,因而文学中的情感是文学之所以能够感染人和富有魅力的一个重要因素。思想是人对于世界的理性认识和认识中所形成的观念,这是文学之所以能够启发人和富有魅力的另一个重要因素。情感与人的感性相关,思想与人的理性相关;二者都是文学不可或缺的成分,只是落实到具体作品中,二者的存在或许会出现比重上的差异,换言之,有些作品特别富有情感而可能思想性不是很明显,另一些特别富有思想而可能情感性不是很充分,当然也有些作品二者都很明显,呈现出相得益彰的完美效果。

4.想象性

任何艺术都具有想象性,文学亦不例外。想象是进行文学活动所需的一项重要能力,它贯穿于文学活动的全过程;从语言文字的运用、文学形象的塑造、文学意蕴的传达,到文学世界的被接受,每一个阶段或每一项任务都需要想象的参与。想象对于创作而言,服务于创造一个世界;想象对于接受而言,服务于重现一个世界,并扩大这个世界。文学的想象性也说明文学是一个运用语言符号而虚构出来的世界。这个世界不如绘画、雕塑、舞蹈、影视等那样直观,从传统上来看,它只是一个纸上的世界,它能够"活"起来,想象的作用功不可没,尤其从接受方面来讲,几乎全靠人的想象。

二、建筑

人类从事建筑的最原始、最直接的原因是为了居住。历史地看,人类居住经历了由穴居野处到构木为巢再到建造房屋的过程。中国建筑、欧洲建筑、伊斯兰建筑被认为是世界三大建筑体系。伊斯兰建筑以砖或石结构为主,主要建筑类型是礼拜寺、圣者陵墓、王宫和花园。伊斯兰式建筑最大的造型特点是广泛使用尖拱和尖顶穹窿,建筑上一般装饰几何纹样图案,并采用装饰性极强的彩色琉璃石砖。欧洲建筑是一种以石结构为主的建筑体系,以教堂成就为最高。中国建筑以汉族传统建筑为主流,以宫殿和都城建筑的成就最高。中国建筑是唯一以木结构为主的建筑,当然也有砖石结构的建筑。

总体看,建筑的审美特征主要是:

首先,建筑讲究实用至上,兼顾审美。即是说,建筑的目的首先是为了"用",而不是为了"看",即首先要求适合居住或使用,其次才是审美。古罗马维特卢威经典的建筑三原则"实用、坚固、美观"中,实用也是排在第一的。在此基础上,建筑才追求审美。拿中国古代建筑来说,它的美主要体现在华表、石狮、灯炉、照壁、屏风、壁画、匾联、碑刻、雕塑等方面。

其次,建筑属于大型立体造型艺术。与雕塑之类立体造型艺术比,建筑所占空间一般要大得多,它常利用造型给人强烈的视觉冲击。比如,埃及金字塔中最大的胡夫金字塔,高约146.5米,底边各长230多米,用200多万块2.5吨左右的巨石叠成。据记载,这座金字塔是每3个月强征10万人轮番工作了30年之久才建成的。建筑作为大型的空间造型艺术,决定了我们要对它有完整了解,就需要不断移动,转换观赏视角。同时,建筑的空间性,决定了它与周围环境具有合作性的密切关系。

再次,"建筑是凝固的音乐"。歌德、雨果、贝多芬都指出过这一点。这意味着建筑如音乐一样,利用飞檐、斗拱等形体布局传达出某种节奏感和韵律感。如中国的大宅院有厅堂、厢房、前院、后院,很有层次感和节奏感。又如北京故宫,从正阳门、端门、午门、太和门到太和殿、中和殿、保和殿直到景山,一路沿中轴线展开,十几个院落纵横交错,仿佛大型音乐一般有前奏、有渐强、有高潮、有收束,几百个殿宇高低错落,有主体、有陪衬、有烘托,俨然一组"巨大的木头交响乐"。出于同样的原因,雨果也赞美巴黎圣母院为"巨大的石头交响乐"。再看威尼斯的圣马可大教堂,其外形简直就是精美的五线谱。

又次,建筑是历史的见证。有人把建筑叫做世界的编年史,这就是说,建筑可以成为历史的记录,当然它没有文字或图片那样直观和详细。建筑常以它历经的沧桑,告诉人们历史的某种文化面貌。比如秘鲁的马丘比丘、埃塞俄比亚的岩石教堂,都以沉默的方式,记录了各自所属地域的某一段历史:前者记录的是拉美女性王国的辉煌,后者记录的则是非洲人民曾经所遭受的欧洲殖民。又如罗马的圆形大剧场,诉说的是古代奴隶主畸形的嗜血癖好,昭示着历史曾经血腥的一面。

威尼斯的圣马可大教堂

最后,建筑具有象征性与隐喻性。建筑本身无法像其他艺术一样叙事或抒情,但它可以以自己的形式或造型,成为事物或观念的象征,在自己与世界之间构成某种隐喻关系。比如中世纪哥特式尖顶建筑,它向上不断缩小、延伸的造型,使人的目光不由自主地注视浩渺天穹,由此实现人与彼岸或宗教之间某种象征性或隐喻性的意义关联。中国的天坛是圆形,地坛是方形,这象征着中国人对于天地的一种基本认识:天圆地方。古希腊轮廓刚劲挺拔的陶立克柱象征着男性的雄健,而外形轻盈修长的爱奥尼亚柱则象征着女性的温柔,因而前者叫做男性柱,后者叫做女性柱。

朗香教堂可能是20世纪最富象征意味的建筑,是瑞士裔的法国建筑大师柯布西耶的作品。它造型奇特,四面游观或仰望俯视,皆可发现它与世界之间的某种宗教隐喻,因此有的说它像祈祷的双手或远航的船只,有的又说它像水中的鹅或教士头上的帽子,还有的说它像聆听福音的耳朵或修道院的老嬷嬷与小修女。

柯布西耶设计的法国朗香教堂

三、书法

按理说,世界各国都有书法,但没有哪一个国家像中国一样,将书法发展成为一门独立艺术。我们这里只讲中国书法艺术。书法是汉字书写艺术,它的美主要体现在两方面:一是笔墨运用、点画结构、字体章法等所具有的形式美和技巧美,二是书写者的气质、品格、情操等所体现的精神美。书法是一种实用艺术,广泛使用在书信、楹联等方面,后来慢慢发展为独立艺术,出现了许多著名的书法家。唐代以前的书法名家较少,主要有卫夫人、"二王"等。唐朝是书法空前成熟的时代,有楷书方面的"唐四家":褚遂良、虞世南、欧阳询、颜真卿,也有草书方面的"癫张醉素":张旭、怀素。宋代书法家著名的有"宋四家":苏东坡、黄庭坚、蔡襄(一说蔡京)、米芾。宋代之后名家也层出不穷,如元有赵孟頫,明有文徵明、唐伯虎、董其昌,清有郑板桥、何绍基,等等。

书法是中国艺术中最为纯粹的线条艺术,它的令人赞叹的美,使人们把它叫做"墨宝"。汉字书体,在传统上分为篆、隶、真、草四种,也有加上行书称为五体的。篆分大篆和小篆。大篆是在甲骨文、金文(钟鼎文)基础上演变而来的。春秋战国时的秦国文字大体保持西周的写法,这便是"大篆",它是小篆的前身。秦国统一中国后建立秦朝,此时大篆简化后便有了小篆。小篆是秦代实行"书同文"政策后出现的全国首次规范化的字体。秦代通行小篆的同时,还通行隶书,隶书由篆书变化而成。隶书在汉代是正式字体。真书又叫楷书,由隶书演变而来,是现代通行的字体。草书共有三种:章草、今草、狂草。章草由隶书演变而来,起于汉代;今草是章草的延续,是楷书的快写体,从东汉末年流传至今;狂草是在今草的基础上任意连写,兴于唐代。另外,还有介于今草与楷书之间的一种字体叫行书。它大约产生在东汉末年今草与楷书盛行的时候。

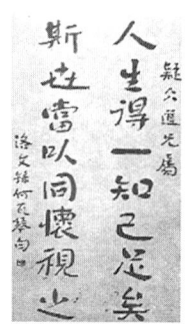

鲁迅手书联

书法的审美特征主要是：首先，它是一种抒情的艺术或表现的艺术。书法难以叙事，可见者主要是书者的内心世界和素养，此之谓书法为"心画"。其次，它是一种造型的艺术。人们常说书画同源，意思是指书法与绘画都是二度空间的造型性艺术，创作手法和审美感受有相同的一面，原因在于汉字或多或少具有象形的痕迹，是以表意为主的方块字，以点线组合造字的基本方式始终没有改变。最后，它是一种形式的艺术。书法是纯粹的点线结合的艺术，书法艺术的魅力主要在形式，不在于所写的内容。

四、雕塑

雕塑是用一定的物质材料制作出的具有三维形象的艺术品，是典型的视觉艺术，甚至可以视为一种触觉艺术。雕塑所塑造的形象，多为写实性的现实世界中的对象，但20世纪以来，雕塑中的形象存在抽象化发展的趋势。雕塑类型从制作方法来分，主要有雕和塑两种，故称之为雕塑；雕是一种"减法艺术"，而塑是一种"加法艺术"。其中雕又分为圆雕、浮雕和透雕三种亚类；塑则可分为泥塑、陶塑、石膏塑、面塑等。

雕塑的审美特征主要是：

木雕观音，充满生活情趣，可能为宋代的作品。

其一，雕塑是小型立体造型艺术。所谓小型是相对的，它可以高到几十米甚至上百米，也可以小到几厘米甚至几毫米，但相对建筑之类的空间造型艺术，它毕竟是小型的，而且相对小型的雕塑更为多见。雕塑是占有三维空间的实体艺术，具有实际的高度、宽度和深度，因而可以从不同侧面、不同角度、不同距离去观看。

其二，雕塑是材质美与技巧美的结合。雕塑是唯一可触的艺术，触觉是雕塑审美的一条途径。雕塑的可触性意味着不同的材质会给人带来不同的触觉方面的审美感受，如大理石的细腻润滑，花岗岩的粗糙坚硬，木质材料的质朴和纹理等。不仅如此，不同的材质也给人不同的视觉感受。所以雕塑的材质构成雕塑审美的重要部分，雕塑美包括它的材质美。同时，不同的材质也具有不同的审美表现力。比如大理石颜色洁白，适合表现青春、爱情、活力、纯洁等主题，所以罗丹以少女为对象的《思》和以青春爱情为主题的《吻》选用的都是大理石；青铜颜色暗黑，富有重量感，适合表现沉重、悠远、悲凉等情绪,所以罗丹的《欧米哀尔》和《青铜时代》选用的都是青铜。此外,艺术家在雕塑的光影设计、线条刻画等方面表现出来的精湛技巧,更是雕塑美的重要组成部分。雕塑的材质只是基础,决定雕塑的审美价值的,主要还是雕塑家的技巧以及雕塑各形式因素的表现力和艺术魅力。

其三,雕塑是凝固的舞蹈。即雕塑强调选择有表现力的瞬间动作,从而实现化静为动的审美效果,强化雕塑的意义和意蕴。舞蹈是连续的人体动作,雕塑则是从中截取内涵最丰富的一个动作来雕刻塑造,要选择如莱辛所言的"高潮前的顷刻"来创作。如《拉奥孔》选择被蛇缠绕的三父子这个富有包孕性的静止形态,令人想象到他们的哀号、恐惧和内心挣扎,展示出一种强烈的悲剧美。

罗丹的《吻》。材质不同,审美感受就不同,艺术表现力也不同。

其四,装饰性与环境依托性的统一。雕塑大多是展示性的,这便意味着它需要对周围环境有所要求,这样才能够既最好地呈现雕塑本身的审美魅力,又达到对环境有所装饰和美化的效果。雕塑的装饰性效果如何,与环境条件有时具有直接的因果联系。为了追求理想的装饰效果,应该考虑摆放地点、周围颜色以及雕塑自身比例等因素。

雕像《拉奥孔》

五、绘画

绘画是指运用线条、色彩等艺术符号,通过设色、构图、造型等艺术手段,在二度空间中塑造静态视觉形象的艺术。绘画从体系而言有东方绘画与西方绘画;从材料、工具、技法而言,有中国画、油画、版画、水彩画、水粉画等;从形式的不同而言,则有壁画、年画、连环画、宣传画、漫画等。

西方绘画以油画为主,用油质颜料在布、木板或厚纸板上绘画。中国画亦称"国画",主要分为壁画、卷轴画两类;按装裱则分手卷、挂轴、册页三种;也可按表现特点分为工笔画和写意画两种,写意画又可以分为小写意和大写意;还可按题材分为人物画、山水画、花鸟画三大画科。

五代顾闳中人物画《韩熙载夜宴图》局部

绘画的审美特征主要有：

第一，绘画具有平面直观的形象美。它是在二维平面通过笔、刀、墨、颜料等塑造可视形象的艺术。不管是写意为主还是写实为主，也不管是运用线条还是涂抹色彩，最终要呈现为视觉形象，给人源自现实或逼近现实的形象感。绘画的平面性使它的形象具有幻觉感，而绘画的直观性又使它的形象具有真实感。

第二，绘画具有构图与造型的美。全面地看，绘画的艺术符号有线条、色彩、动感、笔墨(笔触)、构图、造型等等，其中最基本的符号是线条、色彩、构图、造型。线条、色彩是绘画的基础，线条确定形象的大小和轮廓，色彩赋予形象以明暗和层次等。构图主要涉及画幅之内形象的位置和比例等的安排，造型主要涉及形象本身的塑造。绘画既有线条和色彩的美，也有构图和造型的美；同时线条美和色彩美也包括在构图美和造型美当中，前两者应该说是为后两者服务的。很多画家都在这方面形成了自己的风格。譬如南宋的马远和夏珪都是构图方面很有特色的画家，对于空白的经营独具匠心。达·芬奇在构图上则喜欢采用金字塔形。

第三，绘画属于瞬间的艺术，强调画面的精炼性和表现力。与雕塑一样，绘画也是静态艺术。静态艺术必须掌握的艺术技巧是化静为动，这种化静为动又要依靠两个方面来实现：一方面是创作必须选择最有表现力的瞬间，另一方面是接受时观众的自由想象，而后者根本上又取决于前者。籍里柯的《梅杜萨之筏》描绘的是法国历史上的一次海难事故。为了最大程度地激起大家对遇难者的同情和对海难的反思，画家展开想象，直接刻画小筏子上人们的呼喊和恐慌这一瞬间性场面，从而有利于将人们拉进灾难现场，实现化静为动的效果。

第四，绘画是有限与无限相统一的艺术，追求有限的空间里蕴藏深远意味。绘画虽然是瞬间艺术和受平面框范的有限空间艺术，但绘画又在有限空间内传达出丰富的情感、思想和意蕴。绘画是有限与无限的结合。正如唐代朱景玄《唐朝名画录》指出："挥纤毫之笔，则万类由心；展方寸之能，而千里在掌。"有与无的相互结合，实与虚的相互生发，这是所有绘画的存在方式，尤其在中国画里体现得特别充分。

不管是达维特的《苏格拉底之死》还是徐悲鸿的《奔马图》，都是有限形式与无限意味的不同程度的结合。

无论是中国的写意画还是工笔画，也不管是西方典雅的古典主义、激情的浪漫主义，还是表达主观情绪的现代派，都在有限画幅中传达出丰富意味。这种意味可以是形式跃动的生机感、光影变化的神秘莫测；也可以是隐秘的潜意识或幻觉，如达利的一系列绘画所做到的那样；还可以是中国绘画中的情操体现和人格追求。换言之，绘画的无穷意味源于画家和欣赏者两方面的建构、想象与体悟。因此，绘画在有限空间之内又可以表现某种打破时空束缚的自由。在此基础上，我们可能更容易理解毕加索下面这段话的意思。他说，绘画不是一种简单的审美营生，而是一种魔术、一种魔力；在我们和这个陌生而充满敌意的世界之间，绘画是一个调停者，它通过把我们的欲望和恐惧凝结为形式而获得了它的魔力。

在把握绘画的审美特征时，我们还必须了解我们的国画在创作和风格上所具有的独特魅力。要而言之，它表现在以下几个方面：

第一，在工具与材料上，国画是用特制的毛笔、墨和颜料在宣纸或绢帛上作画，于是笔法、风骨、笔墨情趣等成为国画的审美核心。国画的主要工具是笔、墨、纸、砚、绢帛。纸主要用宣纸，包括生宣与熟宣。国画强调"笔墨"，笔墨几乎成为国画技法的总称。所谓"笔"，指钩、勒、皴、点等技法；所谓"墨"，指国画以墨代色，运用烘、染、泼、积等墨法，使墨色丰富而不乏变化。国画里有"墨分五彩"的说法，即是指用墨的五种效果：焦、浓、重、淡、清，加上宣纸本身的白色，可称为"六彩"。

第二，视点上不是西方常用的焦点透视，而是中国独有的散点透视。王希孟的《千里江山图》、张择端的《清明上河图》、范宽的《溪山行旅图》、戴进的《万里长江图卷》都是散点透视的典型。散点透视，就是多视点移动观察，即不把视点固定在一定的位置，而根据画面需要来移动视线，从而表现广阔深远的景象。这就打破了一个视点的限制，将景物巧妙地组织到一个画面里，使中国绘画呈现出时间空间化的独特之美，这是西方人想不通的。这种方法给画面构图带来更大的自由性，能达到"立万象于胸怀""写山水之纵横"的目的。焦点透视，即类同于视觉观物和相机摄录，它从固定的视点出发观照描绘物象，立体感、真实感很强，符合生活中人眼观物时近大远小的事实，但在表现上受时空的限制很大。

赵孟頫《鹊华秋色图》

第三，布局上诗书画印结合。国画与诗文题款、书法篆刻常常结合在一起。诗书画印四个方面的结合，既是国画的独特之处，又反映出中国文化传统中艺术鉴赏的广泛程度。在画上题诗落款，至元明清时期才形成风气。赵孟頫《鹊华秋色图》是这方面十分明显的例子。这里尤其值得指出的是印在画中的诗文题款，极富智慧地增加了中国画的色彩层次，特别是对于水墨画来说，印的那一抹红打破了黑白的单调和沉闷，似乎一点小火花，虽不显眼却让人感到一种陡然的活泼。

第四，重视空白的运用。中国书画特别讲究"留白"或"计白当黑"，强调有无结合、虚实相生。空白的运用，最终的目的是营造艺术的想象空间与传达咀嚼不尽的余味。"计白当黑"原是书法术语，但书画同源，这一点也是中国绘画的重要技巧。"留白"和"计白当黑"的关键是"做减法"，即画幅不可画得太满，而应留有恰当的空白，应巧妙地对某些内容进行虚化处理，从而给人们留下想象的余地，使画面更显空灵，使景物更有生气。像马远的《寒江独钓图》，空旷浩渺，寒意萧条，只画了一个人在江心的船上钓鱼，实现了"有为无处无还有"的审美构建。

第五，强调神似、情韵和意境。在形似与神似的问题上，从顾恺之开始，中国人就把重点放在了神似上。脱落形迹，放浪形骸，因为想要表达的只是表面和形貌之下的神韵情趣。一般而言，国画不重视"像"（与生活的逼肖），而重视"味"（韵味）。国画的"味"是中国文人的情趣爱好、精神追求、审美理想的综合体现。"味"应该是可以咀嚼的，应该是绵长而含蓄的。在中国文化里，这种味就是神韵，就是言有尽而意无穷的意境。

马远的《寒江夜钓图》：有为无处无还有。

六、音乐

音乐是人类在史前社会就已创造出来的一种艺术。所谓音乐，就是指通过乐音在时间中的流动来创造形象、表达人的感情的一种表演性听觉艺术。音乐的类型从发音体来说,可分为声乐与器乐两种;从发声方法可分民族唱法、美声唱法、通俗唱法。

音乐的审美特征主要在于:

其一,音乐是声音的艺术,准确地说,音乐是悦耳的声音艺术。比如电影《金陵十三钗》中的插曲《秦淮景》。不同的演唱者有不同的音色美,这是音乐迷人的一个原因。乐音一般来说是一个脱胎于自然原型的特殊的音响体系。音乐里的声音,不是自然界和生活中里未经过加工的声音,而是经过有效提取、有效控制和有效编排而产生的有表现力的乐音,它将原生态声音中单调的、粗糙的、尖利的部分去掉,截取其中有审美因素的成分,并按一定意图予以排列组合,这便是丰富的音乐家族。

其二,音乐重在抒情。音乐是情感的艺术,情感是音乐的内核,音乐以表达情感为内容,以激发情感为效果,以感染听众为目的。音乐的形象是听觉形象,它不以再现生活为目的,而以抒发感情为旨归。匈牙利的李斯特说,音乐之所以被视为最崇高的艺术,是因为"它是生命的血管中流通着的血液"。音乐的感染力是无法形容的,激发的力量也是巨大的。不同的音乐作品,其情感含量又各有不同。比如《江河水》和《百鸟朝凤》,前者是低沉而忧伤的,后者是奔放而喜悦的。

其三,音乐重在表演和二度创作。音乐只有经过表演(演奏),才能实现自己的价值,展现自己的美。音乐是舞台的艺术,甚至是典型的舞台表演艺术。当然,这个舞台可以是真正的室内舞台,也可以是喧闹的广场,还可以是船头或山寨。甚至船头和山寨之类的"舞台"对于音乐来说显得更为重要,因为唯其如此,音乐才能像春江水一样,常流常新。音乐有赖于表演者的表演,它是典型的再创作(二度创作)的艺术。演奏、演唱的过程是对音乐的再创造或二度创作,可以给音乐带来很大变化。

其四,音乐是流动的建筑。这是对音乐的一种有名的界定。这是因为,音乐虽是时间性艺术,但与建筑存在相通性:首先,音乐在结构上具有建筑一般的整体感和严整形式;其二,音乐如建筑一般,也具有形象性的一面,虽然音乐形象不是如建筑那样的可见形象,但它是可以通过听觉而呈现在想象中的形象。

野兽派代表马蒂斯的油画《音乐》。音乐是表演和聆听相结合的艺术。

七、舞蹈

舞蹈是艺术家族中最古老的形式之一,有人因此把舞蹈视为"一切艺术之母"。在当今中国,舞蹈与音乐已成为最为大众化的两种艺术形式,例如到处流行的平民化音乐选秀和几乎处处可见的广场舞。所谓舞蹈,就是指以精炼的人体动作为媒介,利用节奏、身段、舞步、表情、造型、力度等基本元素,塑造直观性和动态性的连贯形体来表达思想感情的艺术。《美国新知识百科全书》的定义更为简单:"舞蹈是身体的一种有节奏的运动",并指出舞蹈(dance)一词的原意是"伸展肢体"。[1]舞蹈从动作体系方面可分为芭蕾舞、现代舞、民间舞、爵士舞、交谊舞等;从表演范围与性质方面可分为生活舞蹈和艺术舞蹈。艺术舞蹈有芭蕾舞、现代舞、民族舞等,譬如中国的《丝路花雨》《红河谷》就是艺术性的民族舞。芭蕾舞又叫芭蕾舞剧,甚至有人将西方的舞剧统称为芭蕾。芭蕾起源于文艺复兴时期的意大利,成熟于17世纪的法国宫廷。到19世纪,出现了演员穿脚尖舞鞋跳舞的演技,这是芭蕾决定性的一步,从此它有了自己的标志性动作。

舞蹈的审美特征主要是:

首先,舞蹈以人体为物质基础。人体是舞蹈的物质基础,同时也是舞蹈的唯一媒介。舞蹈只有以人体为物质的手段,通过有节奏、有韵律感的连续性形体动作,来抒发感情、反映生活。这里需要说明的是:舞蹈、杂技、体操都以人体为主要物质基础,但体操与杂技以展示人体美,让观众观赏人体的矫健、灵巧为最终目的;而舞蹈却主要是把人体美作为一种手段或媒介,通过人体美,目的不仅在于构造形式美,也在于向观众表露人的一定的感情,反映一定的主题思想,而不是单纯为了炫耀技巧。

其次,舞蹈以抒情为主要目的。舞蹈拙于叙事而长于抒情。舞蹈主要不是用于反映现实生活的,而是用来表现内心感受、抒发情感的。舞蹈的产生本就是基于情感的不得不发。正如《毛诗序》所说:"言之不足,故嗟叹之;嗟叹之不足,故永歌之;永歌之不足,不知手之舞之,足之蹈之也。"很多舞蹈家和理论家也指出,舞蹈的本质就在于抒情。如"现代舞之母"邓肯就说,真正具有创造性的舞蹈家,不是通过模仿,而是用自己创造的比其他任何东西都更伟大的动作来表达感情。魏晋时期的阮籍说过"舞以宣情";闻一多也说,舞蹈是生命情调最直接、最强烈、最尖锐、最单纯而又最充足的表现。舞蹈不是在"字里行间"而是在"举手投足"间来细腻地表现感情,暗示情感变化的轨迹。比如舞剧《天鹅湖》第二幕中王子与天鹅初次相遇时的一大段古典双人舞,就是通过一系列的舞蹈动作,细腻地表现了奥杰塔从恐惧、提防、抵御到放心、信赖,继而萌发爱情、腼腆含羞的复杂感情变化过程,其感染力非常强烈。

再次,舞蹈是动态的形式化的形体美,同时又有表演的规范化与程式化。舞蹈是一种时间艺术、过程性艺术,是通过演员一连串精炼的动作、姿态来表现感情的。同时,舞蹈的动作是形式化的美的动作,是对日常动作的提炼、抽象,具有明显的虚

---

[1] 转引自汪流,等.艺术特征论[M].北京:文化艺术出版社,1984:387.

拟性、符号性和象征性。舞蹈没有台词,动作、姿态就是舞蹈的"台词",因此必须精炼,化为美的形式。在现实生活中,劈叉、旋转、圆场几乎可被认为是发疯的行为,但在舞台上不但被承认,而且被认为是美的"语言"。不过,任何舞蹈在呈现这种动态美和形式美时,多少又是有一定的规范和程式的,即使是倡导自由发挥的现代舞,在发展的过程中,也会积累一定的规范,提出某些程式。规范和程式并非都应该反对,它们实际是人们经验的总结,也是艺术传承的手段。

飞天雕像与中国民族舞剧《丝路花雨》中反弹琵琶的舞蹈造型

最后,具有鲜明的节奏感和韵律感。舞蹈是用具有节奏的人体动作和富有韵味的人体造型来表现情感的。它作为本质上的一种"动的艺术",是演员按照一定的音乐节拍所表演的动作,因此演员须根据舞蹈内容对动作的力度、速度、幅度、方向等进行处理。韵律是附于节奏上的生命感,是节奏体现出来的情趣、意蕴等。舞蹈是诗意化的有韵律感的形体,而非人的机械的移动。总而言之,音乐是舞蹈的灵魂。

舞蹈的形式美、造型美与节奏美

八、戏剧

戏剧是在舞台上由演员以对话、动作、歌唱为主要表现手段,为观众当场表演故事情节的一门综合艺术。戏剧作为一门综合艺术和舞台表演艺术,受表演时具体时空的制约,其最基本的审美特征就是要有集中尖锐的矛盾冲突,没有冲突,就没有戏剧。戏剧正是通过一系列人与人、人与周围环境之间的对立冲突来展示情节、表现人物的。广义的戏剧指话剧、中国戏曲、歌剧、舞剧等,它与电影、电视皆是综合艺术;狭义的戏剧则只指话剧。话剧是语言艺术和舞台表演艺术的结合,从语言艺术方面来说,台词是话剧最为重要的组成部分之一。拿话剧来说,从容量分有独幕剧、多幕剧;从题材与主题分有悲剧、喜剧、正剧。但不管何种戏剧艺术,都有三要素:观众、演员、剧本。

戏剧在中国的传统形式就是戏曲,这是我们的国粹。作为中国人,应该继承、热爱、发展、丰富这些国粹,为国粹的流传与繁荣做出我们自己的贡献。发扬国粹首先要了解国粹,于是,戏曲的审美特征问题就摆在了我们面前。

第一,戏曲是具有高度综合性的艺术。戏曲综合了歌、舞、剧等多种艺术元素,基本功夫讲究四功五法。所谓四功,就是唱、念、做、打四个基本内容。其中"唱"无疑是最主要的,因为中国戏曲其实就是中国式歌剧。"念"是指有韵味的音乐性念白,是日常口白或口语的拉长,分为京白和韵白。京白又叫土白或散白,比较接近生活口语;韵白的音乐性更强,离口语距离较远。一般主要人物多用韵白。"做"是指形式化、舞蹈化的形体动作。"打"是指武术和翻跌,包括把子功和毯子功两大类,前者指手持兵刃模仿武打战斗动作的基本功,后者指各种筋斗及扑跌翻腾等基本功,是生活中武术、格斗等动作的戏曲化提炼。五法是指手法、眼法、身法、发法、步法。同时,戏曲如电影、电视一样,是一种典型的集体艺术,非单个人可以完成。它需要化妆、编剧、导演、演员、音响、伴奏、领唱等各方面通力协调、全力配合才能完成。

第二,戏曲是程式化的艺术。程式化是指角色行当、表演动作、唱腔、脸谱等的固定不变的规则。首先,角色行当是程式化的:有生(老生、小生、武生、红生、娃娃生)、旦(青衣旦、花旦、刀马旦、武旦、老旦、贴旦、彩旦)、净(铜锤花脸、架子花脸)、丑(文丑、武丑)四大类,以前还有"末"这个行当。生旦以性别归类,男为"生",女为"旦"。老生又叫须生,分唱功老生、靠把老生和衰派老生;小生分翎子生、纱帽生、扇子生和穷生;武生分穿厚底靴的长靠武生和穿薄底靴的短打武生。青衣旦又叫正旦,贴旦是次要旦角,故又名二旦,彩旦即丑婆子。净丑以形象、性格归类,多为男性。"净"即俗称的"花脸",其中铜锤花脸又叫正净、大花脸,架子花脸又叫副净、二花脸或武二花。"丑"又称小花脸、三花脸,分为袍带丑(《贵妃醉酒》高力士)、方巾丑(《群英会》蒋干)、褶子丑(《野猪林》高衙内)、茶衣丑(《钓金龟》张义)和老丑(《苏三起解》崇公道)。"末"这一行当多为中年以上的男性。末行专司引戏职能,最先出场,反其义而称为"末",这一角色后来基本消失了。每一个行当分类,都是代表着一批同类人物,而不是只归一个人物所有。不过凡事都有特例,在京剧中,有一两个人物就占了一个行当分类,这就是"红生",他们是赵匡胤和大名鼎鼎的关云长。其次,表演动作是程式化的。如"起霸",又分"男霸""女霸"等,其得名源于明代传奇《千金记·起霸》一折。这是戏曲演员必练的基本功。男霸由提甲出场式亮相、云手、踢腿、弓箭步、骑马蹲裆式、跨腿、整袖、正冠、紧甲等基本动作连贯组成;女霸由出场式亮相、云手、鹞子翻身、整袖、正冠、掖翎、紧甲等基本动作连贯组成,有时还有涮腰等动作。这是表现古代将士出征前整盔束甲的情景。"走边"是指戏曲中表现身怀武艺的人物轻装潜行的表演程式,常用于巡查、夜行、暗袭等特定情境。它是武戏演员的基本功之一,主要由正、反云手,各种踢腿和飞脚、旋子、蹦子、扫堂腿等动作组合而成。此外"趟马"指策马疾行;"跑龙套""走过场"有时指千军万马。戏曲中主要人物登场一般也总有整冠、抖袖、理髯的规定动作。"甩发功""髯口功"

"水袖功""扇子功""手绢功"等,也都具有一定的程式化的要求。中国戏曲有很多的规范和规则必须要遵守,演员少了哪一个细节,票友们就可能喝倒彩。

第三,戏曲是虚拟性的艺术。有一副专门论戏曲的对联:"三五步走遍天下,六七人百万雄兵",说的就是戏剧的虚拟性。戏曲的虚拟性体现在:其一,动作是虚拟性的,如马鞭、船桨即表示策马撑船,手指翻飞、眼随手动即表示穿针引线,手拿毛笔悬空作势即表示案上书写。其二,道具布景是虚拟性的。戏曲舞台布景简单,除了幕布,大多只有一桌二椅,这便代表厅堂庭院;幕布更换,这一桌二椅又代表另一地点的厅堂庭院。其三,舞台时空也是虚拟性的。刚才提到的幕布更换即是戏曲中常见的时空变换手段。另外,戏曲里的S形台步、"过场""圆场"也是用来交代时间和地点变化的戏曲符号,其中S形台步表示穿过了大街小巷,过场的时空变换则更大,圆场是时空变换最大的,几个圆场表示的是越过了无数的山山水水。就此而言,中国戏曲是一门暗示的艺术。

第四,戏曲是写意性和形式美相结合的艺术。中国戏曲是写意的艺术,也是形式的艺术,这里"写意"与"形式"之间在很多时候构成相互的因果关系。戏曲的写意是指它不强求与生活一致,而注重人物内在神态和戏曲表演趣味的传达。因此戏曲就有了红髯、紫髯、绿髯等,也有表示惊恐的"对白眼"、表示专注的"斗鸡眼"。水袖之类服装设计、花脸之类脸谱装扮等,不求形似而求神似,具有明显写意性。这种写意性又转化为形式美得以体现,长长的水袖、小丑的白鼻梁等,要么是飘扬的线条美,要么是滑稽的形式趣味,这成为中国戏曲十分明显的舞台语言。可以说,中国戏曲就是纯美的艺术。它的美具体在于唱腔美、念白美、扮相美、脸谱美、服装美、道具美、动作美以及造型美等。譬如女大靠,作为女将或女统帅战服的戏曲化变形,是戏曲形式美的重要道具。

左:戏曲中策马扬鞭的虚拟性;
右:朱世慧在《徐九经升官记》中饰徐九经时的小丑装扮。

戏曲深深影响了中国人的生活,从很多日常词汇中都可以看到戏曲的影子。譬如"走过场"是指在舞台上出场后,很快从另一侧下场,而生活中意指做事不落到实处。"打圆场"是指按规定动作以圆圈形式绕行,以表现时空的转换,行进的速度由慢到快,而生活中意指调停或"和稀泥"。"跑龙套"是指摇旗呐喊的兵卒,而生活中意指配角或跑腿、打杂。亮相是指演员出场,而生活中意指展示自己。"有板有眼"是指有强拍(以板敲之)有弱拍(以鼓击之),而生活中意指做事扎实,有条有理。"行当"是指演员角色,而生活中意指从事的行业。"反串"是指改变角色表演,而生活中意指临时做别的不太熟悉的工作。"客串"是指非职业演员临时入戏班演出,而生活中意指临时干非本职工作或为提高人气,影视演员出演某一戏份较少的角色。此外还有"票友""压轴"等,可见戏曲广泛地渗透进了中国人的生活。

九、影视

影视指电影和电视。电影和电视是以画面和音响为媒介,在银幕或荧屏上创造感性直观形象再现社会生活的一门综合艺术。电影是技术和艺术合一的产物。声学的进步,使电影从无声走向有声;光学的进步,使电影从黑白走向彩色,从平面走向3D(立体)再走向IMAX(巨幕)。1911年,意大利的卡努杜发表《第七艺术宣言》,宣称电影是"第七艺术"。电影诞生于1895年,标志是在这一年法国卢米埃尔兄弟拍摄并放映了世界上最早的电影——《工厂的大门》。目前,电影的基本类型是故事片、纪录片、科教片、美术片四大部类。

电视的诞生比电影要晚,它于1936年诞生于伦敦的英国广播公司。1954年美国正式播放彩色电视节目。中国1958年开始播放黑白电视节目,1977年开始有彩色电视节目。最早的电视台是北京电视台,即中央电视台前身,于1978年成立。

电视与电影共同的审美特征是:

其一,它们是分工合作、博采众艺的综合艺术。影视如戏剧一样,有剧本、演员、观众三个基本要素,需要编剧、导演、演员、美工、音响、剪辑等的通力合作。在电影理论中,常常存在一个问题,即电影的作者到底是谁?是编剧吗?他仅提供了文学剧本。是导演吗?但没有好剧本、好演员也没戏。是演员吗?没有其他人员似乎也不可能。因而我们认为电影的作者其实是一个"复数",是大家合作,一起构成了电影的作者。当然相对而言,导演、演员是其中最关键的因素。导演提供拍摄总体蓝图和思路,决定表演的进度、方向,提供表演的尺度规范。所以影视界常常存在一种情况:导演造就演员。如人们常常谈论的"谋女郎""星女郎",这大体得益于她们遇到了一个好导演。另外,演员本身也很重要,因此影视界也存在另一种情况:演员造就影片,这也是很常见的,譬如张国荣对于《霸王别姬》,张曼玉对于《花样年华》,奥黛丽·赫本对于《罗马假日》。电视剧同样如此,既有电视剧成全演员的,也有电视剧被演员成全的。比如电视连续剧《渴望》(1990)就成全了李雪健,当然反过来说也是有道理的。

影视也需要借鉴歌舞、戏剧、文学等其他艺术元素,譬如朱莉·安德鲁斯主演的经典歌舞片《音乐之声》(1965)就是电影与音乐、舞蹈等艺术的结合。另一个例子是埃斯特·威廉斯主演的经典歌舞片《出水芙蓉》(1944)，由著名的米高梅影片公司出品，其中的花样游泳和歌舞令人印象深刻。众所周知，印度电影也常常和舞蹈结合在一起，舞蹈常常成为印度电影推动剧情的一种手段，当然其中很多舞蹈也是为了展现民族风情而硬性加入的。快节奏的舞蹈成为表现印度人乐观的一个窗户。文学在影视中也扮演着关键角色，甚至可以说影视是一定离不开文学的，因为所有的影视艺术开始于文学剧本，也因为文学性因素渗透在影视的很多方面。譬如影视台词，这就是文学性语言的一种。好的台词就是好的文学，有内涵，有表现力，因此有感染力。法国电影《两小无猜》(2003)："好的爱情是你通过一个人看到整个世界，坏的爱情是你为了一个人舍弃整个世界。"这样的台词饱含哲理，成就了影视的魅力。

其二，影视最基本的艺术语言是镜头和蒙太奇。当然总体看，影视的艺术语言还有声音、色彩、构图和造型等。镜头是指从开机到停机连续一次拍摄的画面。一个镜头所拍摄的人物或景物，在时间和空间上没有切断的痕迹。镜头有推、拉、摇、移、跟五种基本形式。镜头放映出来，便是一个画面或多个画面。与画面和镜头相关的一个词是景别。景别是指被拍摄者在画面中呈现出来的范围(大小、远近)，它一般分为五种：远景、全景、中景、近景和特写。在关于镜头的认识中，还出现了一个概念叫"长镜头"，它是指30秒以上的单镜头，要求在一个有一定时间长度(比如30秒以上)的统一的时空里不间断地展现一个完整的动作或事件。这一概念的提出者是现代电影理论的一代宗师——安德烈·巴赞。

蒙太奇是影视的代名词，它源自法语译音，原为建筑学上的一个常用术语。在影视中，蒙太奇的基本意思是指画面、镜头和声音的剪辑安排的方式及技巧，后来延伸成为影视中塑造艺术形象的一切方法与方式的总称，成为影视创作最基本的审美原则。如果把影视比作文学，把镜头比作语言，那么蒙太奇就等于文学中对语言的组织和安排。文学首先要干的一件事是安排和组织语言；影视首先要干的其实也是性质相同的一件事：安排和组织镜头。拍电影就像写文章，把镜头放在那里，就等于把文字放在那里。有时候影视里难免会有穿帮或低质镜头，这就等于写文章没有运用好词汇。

其三，影视是动态的视觉直观艺术，因此影视又被称为"活动的绘画"。影视是在摄影的基础上发展起来的，没有摄影，电影缺乏了最可靠的支持。摄影比绘画更好地满足了人类直接把握世界的愿望，但它没有完美地实现人们跟随世界的愿望。于是后来有了电影。电影就是摄影的动态化，是一连串摄影的排列。一幅摄影图就是一个画面，是一个镜头的截留。有了光学，有了摄影，电影的诞生势在必然。电影的表现力是空前的，至少它比摄影多走了一步。这多出的一步，主要就在于"动"，这是很关键的地方。让摄影带给人们的震撼性的视觉直观动起来，从静态的二维走向动态的三维,这就是摄影到电影的历史性的一步。

为了强化这种动态化的视觉直观,电影界人士铆足了劲。从平面的三维虚像到3D,虽然依旧是光学幻境,但感受变了。它强化了事物的三维形象,也就强化了人们的视觉感受、触觉感受,带来全新的审美感受。从3D到4D,则是外在地加入了一个动感,电影未变,影院设施变了。这都属于电影在动态化直观方面的努力,是开发人类感性的过程,也是强化电影魅力的过程。影视强化动态化视觉直观的另一个方面,就是在电视剧的长度上做文章,有些电视剧甚至连播十几年,极大程度上满足了某些人动态直观的要求。

其四,影视是逼真性与假定性相结合的艺术。人类是"睁眼看世界"的,因此"直接观看"永远比"间接观看"更受一般人的欢迎,本雅明在《机械复制时代的艺术作品》里说,在心理上,"现代大众具有着要使物更易'接近'的强烈愿望"。[①]人们相信影像是对对象或现实世界的摄录,它破天荒地以一种冷眼旁观的方式将世界的纯真原貌还原给人们。人们认为影像就是原型本身,这是照相、摄录带给人们的经验确信,影像甚至优于生活原型,因为它不仅逼真,而且可以摆脱时间的限制,能够撩拨情思的人生的各个瞬间,[②]挣脱原来的宿命,原封不动地来到我们面前。这就是人生长河里人们留下的各类影像资料的一种魅力所在。这也是我们翻阅影集之时嘴角浮现不自禁的微笑的缘由。它使人们消失"不见"的时间在此永远"可见",已经流逝的时间在此发出了迷人的芬芳。时间最可怕的地方在于:它总是在"流逝",而且"永不回头";"占有时间"便成为人类永恒的梦想。像穿越小说是人们幻想占有时间的形式一样,照片、影视也给予人们留住了时间的快乐。不管是绘画还是照片,都还是平面的静态艺术,它们只能在空间而不是时间方面"做文章"。而影视不仅是空间艺术,也是时间艺术。在它们这里,时间可以空间化,空间也可以时间化,生活之流转化成了影像之流。简言之,与摄影比较,影视在展现生活真实方面的优越性在于可以体现事物的运动。影视将一个个静止的瞬间串联为延续性的运动之流,更重要的是,它的画面似乎始终处于"现在进行时",[③]观众的感觉以现在时的方式触摸它,观众的理性也以现在时的方式思考它,影视因此是真实性构建的最佳场所。

影视又是具有假定性的。影视的假定性也叫虚拟性。毫无疑问,影视形象是假的,只不过是光学的幻影,本质上只是光的魔术和视觉的自我欺骗。承认影视形象的虚幻性并不难,稍微有点常识就可以做到。但是,影视的虚幻好像并没有真正减弱人们从中获得的真实感,甚至使人觉得影视比生活更真实,比如有些特写镜头

---

① 本雅明.机械复制时代的艺术作品[M].王才勇,译.北京:中国城市出版社,2002:13.
② 巴赞.电影是什么[M].崔君衍,译.北京:中国电影出版社,1987:11.
③ 马尔丹.电影语言[M].何振淦,译.北京:中国电影出版社,1980:3.

展现的生活细节,是一般人在实际生活中感受不到的。

但是,我们不能对影视的真实过于自信,因为影视的另一个层面是"假"。这个"假"源于影视运用了一种叫"蒙太奇"的魔术棒,再配合一些其他的科技手段。蒙太奇对于影视虚拟性的作用,在于蒙太奇是对镜头的组接安排。影视只能是镜头的组接安排,一个个镜头诚然可能等于生活的真实,但镜头的组接安排则未必等于生活的真实。蒙太奇的神奇之处在于:它可以放弃某些粗糙的无价值的场景和镜头,也可以选择并组装某些有意味有意义的镜头。影视的假定性或虚拟性就源于此,与此同时,影视的真实性和内在魅力也源于此。

默片时代的大师卓别林饰演的《大独裁者》。他说:给我一个姑娘、一个警察和一个公园,我就可以完成一部喜剧。

本章小结

历史上学者们常常从历史起源和艺术本体存在两个方面来给艺术下定义。艺术的具体存在可从静态、动态和综合三个角度去看,其结构可分物质性、符号性、意象性和意蕴性四个层面,其社会功能体现在审美、认识和教育三个方面。艺术的创作过程分准备、构思和传达三阶段,主要采用形象思维,以现实主义和浪漫主义为两种基本的创作原则。艺术作为人类文化的优秀组成部分,可分为实用艺术、造型艺术、表情艺术、语言艺术和综合艺术五大类。

推荐阅读

1. 苏立文.中国艺术史[M].徐坚,译.上海:上海人民出版社,2014.
2. 徐复观.中国艺术精神[M].北京:商务印书馆,2010.
3. 黑格尔.美学[M].朱光潜,译.北京:商务印书馆,1979.

本章自测

1. 填空题

(1)在古希腊,艺术模仿说的主要代表是德谟克利特和(　　　　)(人名)。

(2)按照中国古代的认识,文学作品结构可以分为三个层次:言——(　　　　　　　　)——意。

(3)艺术的三种基本功能是(　　　　)功能、认识功能和教育功能。

(4)艺术思维主要是(　　　　　)思维而非抽象思维。

(5)人们对于建筑的一个有名的界定是:"建筑是凝固的(　　　　　)"。

(6)中国画分为人物画、山水画和(　　　　　)三大画科。

2.简答题

(1)西方艺术起源理论中的巫术说的合理性与局限性。

(2)中国戏曲的审美特征。

(3)浪漫主义创作原则的特点。

3.论述题

举例说明艺术创作的具体过程。

4.实践题

运用艺术品的层次结构理论,尝试分析一部经典文艺作品。

参考文献

[1]巴雷特.非理性的人存在主义哲学研究[M].段德智,译.上海:上海译文出版社,1992.

[2]克莱夫·贝尔.艺术[M].薛华,译.南京:江苏教育出版社,2005.

[3]狄德罗.论戏剧艺术[M].文艺理论译丛,1958(1).北京:人民文学出版社,1958.

[4]段宝林.西方古典艺术家谈文艺创作[M].沈阳:春风文艺出版社,1980.

[5]黑格尔.美学[M].朱光潜,译.北京:商务印书馆,1979.

[6]黑格尔.哲学史讲演录[M].贺麟,王太庆,译.北京:商务印书馆,1959.

[7]加缪.局外人·鼠疫[M].郭宏安,顾方济,徐志仁,译.桂林:漓江出版社,1990.

[8]卡西尔.人论[M].甘阳,译.上海:上海译文出版社,1985.

[9]康德.判断力批判:上卷[M].宗白华,译.北京:商务印书馆,1964.

[10]康定斯基.论艺术的精神[M].查立,译.北京:中国社会科学出版社,1987.

[11]克罗齐.美学原理[M].朱光潜,译.北京:作家出版社,1958.

[12]麦琪.世界著名爱情故事精选集[M].北京:中国社会科学出版社,2004.

[13]荣格.心理学与文学[M].冯川,苏克,译.北京:生活·读书·新知三联书店,1987.

[14]苏珊·朗格.情感与形式[M].刘大基,傅志强,周发祥,等,译.北京:中国社会科学出版社,1986.

[15]塔达基维奇.西方美学概念史[M].褚朔维,译.北京:学苑出版社,1990.

[16]王一川.文学理论讲演录[M].桂林:广西师范大学出版社,2004.

[17]西美尔.时尚的哲学[M].费勇,吴蓉,译.北京:文化艺术出版社,2001.

[18]余秋雨.艺术创造论[M].上海:上海教育出版社,2005.

[19]雨果.论文学[M].柳鸣九,译.上海:上海译文出版社,1980.

[20]朱立元.美学[M].北京:高等教育出版社,2001.

第七章　审美教育

本章概要

审美教育(aesthetic education)简称美育,这一概念最早由德国诗人、剧作家、美学家席勒提出,19世纪末、20世纪初,它与美学一样随着"西学东渐"传入我国。一方面,美育作为一种特殊的教育手段,通过生动、具体、形象的方式潜移默化地促进德育、智育、体育、劳动教育的实施与实现;另一方面,作为一种有特殊目的的教育,美育旨在提升人的审美素养和人文素养,实现人生的审美化、审美的人生化,促成人的全面发展,从而走向自由。面对"现代性"带来的人性的压抑,美育的巨大价值就显现出来,因为美是自由的象征,审美的王国就是自由的王国,正是通过美,人才能实现真正的自由。

学习目标

1.了解美育的基本含义和中西美育思想的历史演进。
2.理解美育的基本特征和价值意义。
3.掌握美育在促进人的全面发展中的作用,并且能够在具体的审美活动中切实体会到美育的这一作用。

学习重难点

学习重点

1.美育的基本含义以及中西主要的美育思想。
2.美育在促进人的全面发展中的作用。

学习难点

1.在具体的教育实践中作为手段的美育与作为目的的美育。
2.美育与现代性的关系。
3.美育在现代社会中的呈现方式。

思维导图

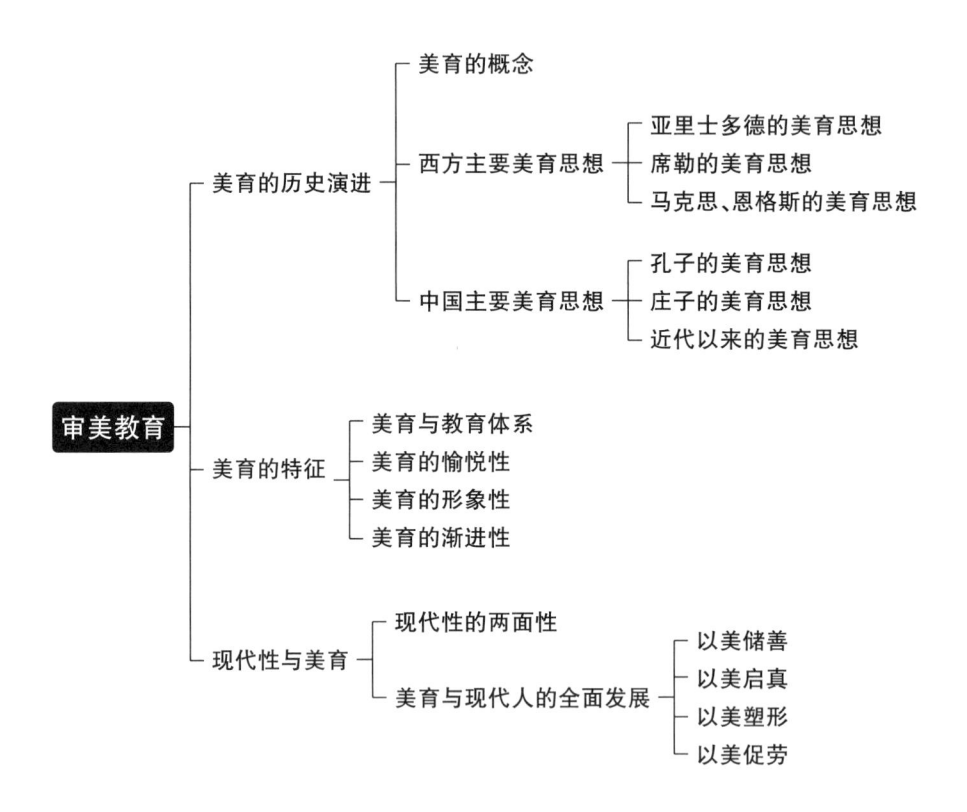

- 审美教育
  - 美育的历史演进
    - 美育的概念
    - 西方主要美育思想
      - 亚里士多德的美育思想
      - 席勒的美育思想
      - 马克思、恩格斯的美育思想
    - 中国主要美育思想
      - 孔子的美育思想
      - 庄子的美育思想
      - 近代以来的美育思想
  - 美育的特征
    - 美育与教育体系
    - 美育的愉悦性
    - 美育的形象性
    - 美育的渐进性
  - 现代性与美育
    - 现代性的两面性
    - 美育与现代人的全面发展
      - 以美储善
      - 以美启真
      - 以美塑形
      - 以美促劳

第一节 美育的历史演进

一、美育的概念

尽管西方美育思想史和中国美育思想史的撰写,通常会从古希腊和先秦时期开始,但美育与美学一样并非古已有之,而是近代以来才出现的,至今不过200多年的历史。

美育即审美教育的简称,这一概念最早由席勒提出。席勒是德国著名诗人、剧作家和美学家,他一生创作了《强盗》《阴谋与爱情》《华伦斯坦》《威廉·退尔》等多部名剧,同时,他还出版了一系列美学著作,如《审美教育书简》《论美书简》《秀美与尊严》《论悲剧艺术》《论悲剧题材产生快感的原因》等,而"审美教育"正是他在《审美教育书简》中首次提出的。《审美教育书简》是由席勒于1793—1794年写给丹麦亲王奥古斯丁堡公爵克里斯谦的27封书信组成的,后来刊登在1975年的《季节女神》杂志上。在《审美教育书简》中,席勒详细论述了美育在实现人性完满自由中的重要作用,如有健康的教育,有审视力的教育,有道德的教育,也有趣味和美的教育。最后一种教育的意图是,在尽可能的和谐之中培养我们的感性和精神的整体[①],并且他还指出,在美的观照中,心情处在法则与需要之间的一种恰到好处的中间位置,正因为它分身于二者之间,所以它既脱开了法则的强迫,也脱开了需要的强迫。[②]

随着我国近代以来"西学东渐"思潮的兴起,美育也像美学那样从西方传入我国,蔡元培、王国维、梁启超、萧公弼等是较早的美育译介者和传播者。蔡元培在为《教育大辞书》撰写"美育"词条时写到,美育者,应用美学之理论于教育,以陶养感情为目的者也。[③]王国维提到,美育者,一面使人之感情发达,以达完美之域;一面又为德育与智育之手段。[④]他们揭示出美育与人的情感陶养有关,是对人的教育的一种,开启了我国现代美育的研究与实践。

总的来说,美育即德智体美劳"五育"中的审美教育,它一方面作为一种特殊的

[①] 席勒.审美教育书简[M]//席勒经典美学文论:注释本.范大灿,译.北京:生活·读书·新知三联书店,2015:316-317.
[②] 席勒.审美教育书简[M]//席勒经典美学文论:注释本.范大灿,译.北京:生活·读书·新知三联书店,2015:286.
[③] 文艺美学丛书编辑委员会.蔡元培美学文选[M].北京:北京大学出版社,1983:174.
[④] 王国维.论教育之宗旨[C]//周锡山,编校.王国维集:第4册.北京:中国社会科学出版社,2009:8.

教育手段,通过生动、具体、形象的方式潜移默化地促进其他教育的实施与实现;另一方面作为一种有特殊目的的教育,旨在提升人的审美素养和人文素养,实现人生的审美化、审美的人生化,促成人的全面发展,从而走向自由。

二、西方主要美育思想

(一)亚里士多德的美育思想

古希腊是西方文明的发源地,古希腊时期的美育思想是两千多年西方美育思想的开端,而亚里士多德的美育思想又是这一时期非常重要且对后世产生巨大影响的美育思想。亚里士多德是古希腊最为卓越的思想家,他的哲学、美学以及美育思想为西方哲学、美学以及美育奠定了坚实基础。他于17岁时进入柏拉图学院,师从柏拉图,并成为柏拉图最为得意的弟子。亚里士多德著述等身,归于他名下的著作有47种,他的美学、美育思想主要蕴含在《诗学》《修辞学》《形而上学》《政治学》《物理学》《伦理学》等中。

1."真正的美"与"显得是美的"

"美是什么"是西方美学家们所要解决的核心问题,属于哲学问题,是一种形而上的追问。柏拉图提出美是"理式",让美脱离现实、超越感官,显得扑朔迷离,难以把握。而作为弟子的亚里士多德本着"吾爱吾师,但吾更爱真理"的原则,将美拉回现实生活,在可感的世界中进行探讨。他说:

> 我们说一切好都依据于它所处的某种特定关系。因为我们把诸如健康和适宜等身体的好看成是热和冷在身体内相互之间的或者对于外部环境的关系中按适当比例混合的缘故;优美、强壮以及其他的好和坏的状况也都是如此。因为它们每一个都依据于各自所处的某种特定的关系,并且都把自己的具有者置于与特有的影响相关的好的或坏的状况中。[1]

"美"不再属于形而上,而是与健康、强壮等相同的客观现实事物的属性,它产生于各种适当的比例关系之中。一言以蔽之,美是事物外在和内在各种适当比例混合而产生的结果。

那什么是适当呢?亚里士多德在《形而上学》中说是秩序、匀称和确定性[2],在

---

[1] 亚里士多德.物理学[M]//苗力田.亚里士多德全集:第2卷.北京:中国人民大学出版社,2016:199-200.
[2] 亚里士多德.形而上学[M]//苗力田.亚里士多德全集:第7卷.北京:中国人民大学出版社,2016:296.

《诗学》中说是量度和有序的安排①,因为一个非常小的生物不能算是美的(因为我们对它的感觉是瞬间即逝的,因此变得模糊不清);一个非常大的生物也不能当作是美的,例如有一个100里长的生物(因为我们不能同时看到它的全部,其完整一体性便不会进入视野范围内)②。太大或太小都是不适当,所以在亚里士多德看来,这样的事物是不美的。一个事物如果太小,难以被感官所捕捉,自然不能谈它美还是不美。一个事物如果太大,确实不适当,也难以在一时间看到它的整体,但这种事物有可能成为人们的审美对象,体现出"崇高"之美。这是亚里士多德理论所忽略的方面。以"美在适当比例关系"为基础,他还进一步论述到城邦之美,比如,人们知道,美产生于数量和大小,因而大小有度的城邦就必然是最优美的城邦③。

亚里士多德虽将美放在现实世界里加以考查,但并不等于他没有对美进行形而上的考查。在他的哲学思想中,世界被两分,即有限与无限、生灭与永恒等,而对无限、永恒世界的追问正是"第一哲学"的任务,因为那是存在的存在。理性、神、原动者等都是存在的存在,美的本体正与它们紧密相连。亚里士多德说:

有些人具有良好的体质,而有的人则徒有其表,那只是粉墨妆点、乔装打扮的结果,就像部落的合唱队成员一样,有些人是真正的漂亮,有些人则是由于穿戴华美而显得漂亮。④

亚里士多德的这一观点具有较为深刻的美育意义。"显得漂亮"指人的外在美,是具有生灭变化的短暂美,它源于人的装扮,而"真正的漂亮"是由于人们本身具有的美,这种美是美的本体,可理解为与亚里士多德在《动物的运动》中所说的永恒的善和真实的、第一位的善⑤同一层级的"永恒的美"。显然,亚里士多德并不赞赏"由于穿戴华美而显得漂亮",因为这是乔装打扮的结果,徒有其表,不是真正的美。

2."为了自由而高尚的情操"的艺术教育

亚里士多德十分重视教育问题。在他看来,教育不是私人的事情,而是全邦共同的责任。同时,他还指出:

---

① 亚里士多德.论诗[M]//苗力田.亚里士多德全集:第9卷.北京:中国人民大学出版社,2016:652.

② 亚里士多德.论诗[M]//苗力田.亚里士多德全集:第9卷.北京:中国人民大学出版社,2016:652.

③ 亚里士多德.政治学[M]//苗力田.亚里士多德全集:第9卷.北京:中国人民大学出版社,2016:239.

④ 亚里士多德.辩谬篇[M]//苗力田.亚里士多德全集:第1卷.北京:中国人民大学出版社,2016:551.

⑤ 亚里士多德.论动物运动[M]//苗力田.亚里士多德全集:第5卷.北京:中国人民大学出版社,2016:164.

> 应当有一种教育,依此教育公民的子女,既不立足于实用也不立足于必需,而是为了自由而高尚的情操。[1]

因此,他把对儿童的教育分为读写、体育、音乐和绘画四类。显然,前两类属于实用与必需的教育,后两类则属于自由、高尚情操的教育。

亚里士多德说过,学习绘画也并非为了在私下的交易中不致出差错;或者在各种器物的买或卖中不致上当受骗,而毋宁是为了增强对于形体的审美能力[2];……它也不像绘画,有助于更好地鉴别各种艺术品[3]。绘画发挥着提升人的审美能力的作用,而审美是超越实用功利的一种能力。关于音乐,亚里士多德则基于人生的根本追求加以阐述,人的本性谋求的不仅是能够胜任劳作,而且是能够安然享有闲暇。这里我们需要在此强调,闲暇是全部人生的唯一本源。[4]亚里士多德认为求知、理财、体育等正是为了追求享受、幸福和愉快,而闲暇本身就能带来享受、幸福和极度的愉快,所以闲暇应该是全部人生的唯一本源。而音乐不是必需之物,也不是实用之物,所以音乐正是在闲暇时的消遣,被认为是自由人的一种消遣方式[5]。从这个意义上说,音乐教育与人的幸福、愉快有关,旨在实现人性的完满与自由。

从亚里士多德的论述可知,绘画、音乐教育就是审美教育,审美教育是人的教育的一部分,它不是实用技能的教育,也不是满足某种功利欲求的教育,而提升人的审美能力,与人的幸福、愉快息息相关,最终实现人性的自由与完满的教育。

3. 净化

悲剧是亚里士多德《诗学》讨论的重要内容之一。他认为悲剧是重要且可贵的艺术形式,并给予了悲剧明确的定义,如:

> 悲剧是对某种严肃、完美和宏大行为的摹仿,它借助于富有增华功能的各种语言形式,并把这些语言形式分别用于剧中的每个部分,它是以行动而不是以叙述的

---

[1] 亚里士多德.政治学[M]//苗力田.亚里士多德全集:第9卷.北京:中国人民大学出版社,2016:275.

[2] 亚里士多德.政治学[M]//苗力田.亚里士多德全集:第9卷.北京:中国人民大学出版社,2016:275.

[3] 亚里士多德.政治学[M]//苗力田.亚里士多德全集:第9卷.北京:中国人民大学出版社,2016:274.

[4] 亚里士多德.政治学[M]//苗力田.亚里士多德全集:第9卷.北京:中国人民大学出版社,2016:273.

[5] 亚里士多德.政治学[M]//苗力田.亚里士多德全集:第9卷.北京:中国人民大学出版社,2016:274.

方式摹仿对象,通过引发痛苦和恐惧,以达到让这类情感得以净化的目的。①

引起观众的怜悯、恐惧以及对这种情感的净化是悲剧的功能。所以亚里士多德要求,悲剧不能描绘好人由顺境转入逆境,因为这会引起观众的厌恶,不能引起怜悯与恐惧;不能描绘坏人由逆境转入顺境,因为这与观众的慈善之心相抵触,怜悯与恐惧自然不能被引起;也不能描绘坏人由顺境转入逆境,因为坏人理所应当如此,这自然也不能引起观众的怜悯与恐惧。悲剧应该描绘不好不坏的普通人,因过失而遭受灾祸。因为不好不坏的普通人与观众类似,观众就是普通人,这就容易引起怜悯之情,而遭受灾祸不是因为罪恶而是因为某种过失,观众作为普通人也会犯这样的过失,故可引起恐惧之情。亚里士多德虽在此未对"净化"进行阐释,但怜悯和恐惧与人生、生命相关,故可推断它们引起的情感应该是强烈的,净化可能是在一定的节制中对强烈的情感进行泄导。

在研究音乐时,亚里士多德将音乐的旋律分为道德情操型、行为型和激发型三类,并提到了"净化",他说:

音乐应以教育和净化情感(净化一词的含义,此处不作规定,以后在讨论诗学时再详细加分析)为目的,第三个方面是为了消遣,为了松弛与紧张的消除。显而易见,所有的曲调都可以采用,但采用的方式不能一律相同。在教育中应采用道德情操型,在赏听他人演奏时也可以采用行为型和激发型的旋律。因为某些人的灵魂之中有着强烈的激情,诸如怜悯和恐惧,还有热情,其实所有人都有这些激情,只是强弱程度不等。有一些人很容易产生狂热的冲动,在演奏神圣庄严的乐曲之际,只要这些乐曲使用了亢奋灵魂的旋律,我们将会看到他们如疯似狂,不能自制,仿佛得到了医治和净化——那些易受怜悯和恐惧情绪影响以及一切富于激情的人必定会有相同的感受,其他每个情感变化显著的人都能在某种程度上感到舒畅和愉快。与此相似,行为型的旋律也能消除人们心中的积郁。②

虽然亚里士多德并未在《诗学》中对"净化"进行详细分析,但这段材料也能揭示"净化"的真正含义。人有时会具有强烈的情感、狂热的冲动,甚至如疯似狂,不能自制,怜悯和恐惧正包含在内。在亚里士多德看来,音乐对强烈的情感具有医治作用,能够让强烈的情感受到节制,让积郁于内心的情绪得到泄导,从而使人感到舒畅和愉快。这种医治作用正是"净化"。

---

① 亚里士多德.论诗[M]//苗力田.亚里士多德全集:第9卷.北京:中国人民大学出版社,2016:649.
② 亚里士多德.政治学[M]//苗力田.亚里士多德全集:第9卷.北京:中国人民大学出版社,2016:284-285.

由此,"净化"可以这样进行总结,它是艺术具有的对积郁于人的内心的过分强烈情感的抒发泄导作用,使人心再次恢复平静而感到舒畅与愉快。这也视作艺术对人所发挥的美育作用。

(二)席勒的美育思想

西方美学史上有两位不能被忘记的人物,一位是鲍姆嘉通,他在十八世纪中期提出"美学"这一独立的学科,被誉为"美学之父"。另一位就是席勒,他在十八世纪末首次明确提出"审美教育"这一概念,他的《审美教育书简》也被有些学者称为"第一部美育的宣言书"[①]。席勒不仅首次提出了"审美教育"的概念,还对美育的性质、特征、任务和社会作用等加以了深刻阐述,形成了较为系统的美育理论。

1."正是通过美,人们才可以走向自由"

席勒深受康德哲学的影响,他提出的大多数美学、美育命题也是以康德哲学、美学为基础的。席勒依照康德的观点,将人性分为感性和理性两部分。人的感性要求把一切思想表现为形象,理性则要求把一切事物加上形式。所以,感性和理性给人带来了两种冲动——感性冲动和理性冲动(或形式冲动)。前者强调人作为物质的存在,追求各种感官欲望的满足;后者要求感性世界获得理性形式,使现象界呈现出秩序、法则。在席勒看来,感性冲动与理性冲动是相互对立的,人的统一性也因此受到破坏,如:

> 感性冲动要从它的主体中排斥一切自我活动和自由,形式冲动要从它的主体中排斥一切依附性和受动。但是,排斥自由是物质的必然,排斥受动是精神的必然。因此,两个冲动都须强制人心,一个通过自然法则,一个通过精神法则。[②]

于是,席勒提出第三种冲动以克服感性冲动和理性冲动给人造成的不自由。他提出,当两个冲动在游戏冲动中结合在一起活动时,游戏冲动就同时从精神方面和物质方面强制人心,而且因为游戏冲动扬弃了一切偶然性,因而也就扬弃了强制,使人在精神方面和物质方面都得到自由。[③]席勒提出的第三种冲动为"游戏冲动",游戏并不是嬉戏玩耍,而是感性与理性的结合,它摆脱了感性和理性、物质和精神对人的强制,是一种自由的活动和状态。

感性冲动的对象是最广义的生命,即一切物质存在以及一切直接呈现于感官

---

① 陈育德.西方美育思想简史[M].合肥:安徽教育出版社,1998:207.
② 席勒.审美教育书简[M]//席勒经典美学文论:注释本.范大灿,译.北京:生活·读书·新知三联书店,2015:281.
③ 席勒.审美教育书简[M]//席勒经典美学文论:注释本.范大灿,译.北京:生活·读书·新知三联书店,2015:281.

的东西。形式冲动的对象就是形象,包括事物的一切形式特性以及事物与思维的一切关系。而游戏冲动的对象是什么呢?席勒说:

> 游戏冲动的对象,用一种普通的说法来表示,可以叫做活的形象,这个概念用以表示现象的一切审美特性,一言以蔽之,用以表示最广义的美。①

"活的形象"就是美,由于它是扬弃了来自各方面强制的游戏冲动的对象,所以美就是理性与感性、精神与物质、主体与客体在人的意识中的统一。可以说,美既是人的对象,又是人超越强制束缚的自由状态,这正是席勒重视与倡导审美教育的缘故,人们在经验中要解决的政治问题必须假道美学问题,因为正是通过美,人们才可以走向自由②。

2."人在审美状态中是个零"

审美教育可使人冲破来自理性和感性方面的束缚而实现人性的自由,助人由物质的人经审美的人而成为精神的人,或由自然暴力的王国经审美的王国而进入理性自由的王国。此外,席勒还通过审美心境来对审美教育进行进一步阐述。

席勒在《审美教育书简》第二十一封信中说过,人在审美状态中是个零。③这种像"零"一样的审美状态就是审美心境。在第二十二封信中,也有类似的表述,心绪的审美心境在一种情况下——即人们的注意力只关注在个别的和特定的作用上——必须看作是零。④为什么审美心境就是"零"的心理状态呢?席勒认为,心绪从感觉过渡到思想必须经历一个中间心境,这个中间心境就是审美心境。他说:

> 在这种中间心境中,心绪既不受物质的也不受道德的强制,但却以这两种方式进行活动,因而,这种心境有理由被特别地称为自由心境。⑤

审美心境超越感性和理性对人的强制,同时又将两者调和为一,所以它是自由的心境。基于此,席勒认为审美心境是"零",是因为美什么也达不到,除了从天性

---

① 席勒.审美教育书简[M]//席勒经典美学文论:注释本.范大灿,译.北京:生活·读书·新知三联书店,2015:284.
② 席勒.审美教育书简[M]//席勒经典美学文论:注释本.范大灿,译.北京:生活·读书·新知三联书店,2015:211.
③ 席勒.审美教育书简[M]//席勒经典美学文论:注释本.范大灿,译.北京:生活·读书·新知三联书店,2015:319-320.
④ 席勒.审美教育书简[M]//席勒经典美学文论:注释本.范大灿,译.北京:生活·读书·新知三联书店,2015:322-323.
⑤ 席勒.审美教育书简[M]//席勒经典美学文论:注释本.范大灿,译.北京:生活·读书·新知三联书店,2015:316.

方面使人能够从他自身出发为其所欲为——把自由完全归还给人,使他可以是其所应是①,即审美心境不追求感性欲望,也不追求理性形式,而是超越这两者,将人的自由本性呈现出来,让人为其所欲为、是其所应是。作为"零"的审美心境不是一无所有,而是一无所限,人在审美心境中由有限走向了无限。

如前文所述,席勒美育思想中的"游戏"就是审美,所以他说:

在人的一切状态中,正是游戏而且只有游戏才使人成为完全的人。……说到底,只有当人是完全意义上的人,他才游戏;只有当人游戏时,他才完全是人。②

完全的人就是真正的人,即实现了自由的人。游戏就是审美,审美超越感性与理性的束缚从而实现人的自由,所以游戏即审美,审美即自由。正是由于此,席勒将美看作人的第二创造者③。"自然"是人的第一创造者,它给人以生命,使人具有人形,并赋予人取得人形的功能。而"美"作为人的"第二创造者"让人在具备人形的基础上具有自由的人性,让人成为了真正意义上的人。由此可见,席勒的美育思想具有浓厚的人本主义特点。

3."作为一种道德机构的剧院"

席勒除从人性本身出发论述审美教育的重要意义外,还重视艺术所能发挥的审美教育功能。因此,他提出剧院起着教育人和教育民族的作用,剧院在国家机构中应该占据首要地位。

席勒首先指出,就我所知,不谈艺术和不写点什么的人,比谈艺术和写点什么的人要多些;但是,对艺术不作判断的人就比较少。④虽然不谈艺术和不写点什么的普通人比具有一定艺术和文化修养的人要多,但几乎没有人不欣赏艺术、没有审美需求,即"对艺术不作判断的人就比较少"。在席勒看来,戏剧艺术比其他艺术更优越,是人类最高的精神产品,所以剧院在道德教化方面必然能够发挥重要作用。

其次,有些人因单调、压抑的职业工作疲惫不堪、软弱无力,剧院可以在寓教于乐中,使他们从动物的状态提升到理智的状态。席勒说过,剧院给渴望活动的精神展现着一个无限的领域,给每种精神能力以食粮,使理智的教育和心灵的教育与最

---

① 席勒.审美教育书简[M]//席勒经典美学文论:注释本.范大灿,译.北京:生活·读书·新知三联书店,2015:320.

② 席勒.审美教育书简[M]//席勒经典美学文论:注释本.范大灿,译.北京:生活·读书·新知三联书店,2015:287-288.

③ 席勒.审美教育书简[M]//席勒经典美学文论:注释本.范大灿,译.北京:生活·读书·新知三联书店,2015:321.

④ 席勒.好的常设剧院究竟能够起什么作用——论作为一种道德机构的剧院[C]//张玉能,编译.席勒美学文集.北京:人民出版社,2011:8.

高尚的娱乐结合起来。①既然席勒提到剧院给人的娱乐是"最高尚的",那么,这种娱乐就不会是放纵、淫逸而是有所节制的和健康的,如席勒所言,有益健康的激情刺激着我们昏睡的自然本性,使之热血沸腾起来。在这里,不幸的人借别人的忧伤来宣泄他自己胸中块垒——幸福的人会变得冷静,平和的人也会变得审慎。②简言之,剧院让人在感性的审美娱乐中使内心复归平静和谐,不知不觉地获得理智和心灵的教育。

再次,由于戏剧是综合性艺术,它更加直观和生动,所以它可以将罪恶、愚蠢、不幸等真实地呈现在观众面前。席勒曾说,具体的表演肯定比僵死的文字和冷淡的讲述更有力地起作用,剧院肯定比道德和法律更深刻和更持久地起作用。③

最后,席勒还提到剧院能够发挥引导观众了解人类命运、对抗并坦然对待人生中的不幸、传播智慧等作用。

总之,席勒倡导剧院应该成为一种道德机构,其实是重视戏剧艺术的美育功能,即通过道德教化、心灵陶冶、真理传播等,最终让人必须成为一个人④。

(三)马克思、恩格斯的美育思想

马克思、恩格斯是马克思主义的创始人,一生著述颇丰,马克思主义吸收和改造了两千多年来人类思想和文化发展中一切有价值的东西⑤。虽然他们没有专论美学、美育问题的著作,但这并不意味着马克思主义与美学、美育不相关。其实,马克思、恩格斯在青年时代都十分热爱文艺,对文艺有丰富的审美经验,所以他们的美学、美育思想散见于他们的政治学、历史学、经济学、社会学等著作中,并渗透其中,马克思主义美学与美育思想是马克思主义科学体系的有机组成部分。

1.劳动生产了美

马克思主义哲学是以实践为基础的,实践主要指人类的物质生产,以使用和制造工具为核心,也就是我们经常说的劳动,因为恩格斯说过,劳动是从制造工具开始的⑥。

---

① 席勒.好的常设剧院究竟能够起什么作用——论作为一种道德机构的剧院[C]//张玉能,编译.席勒美学文集.北京:人民出版社,2011:9.
② 席勒.好的常设剧院究竟能够起什么作用——论作为一种道德机构的剧院[C]//张玉能,编译.席勒美学文集.北京:人民出版社,2011:15.
③ 席勒.好的常设剧院究竟能够起什么作用——论作为一种道德机构的剧院[C]//张玉能,编译.席勒美学文集.北京:人民出版社,2011:10-11.
④ 席勒.好的常设剧院究竟能够起什么作用——论作为一种道德机构的剧院[C]//张玉能,编译.席勒美学文集.北京:人民出版社,2011:16.
⑤ 列宁.关于无产阶级文化[C]//列宁选集:第4卷.北京:人民出版社1995:299.
⑥ 恩格斯.自然辩证法[M]//马克思恩格斯选集:第3卷.北京:人民出版社,1972:513.

人类是由猿进化而来的,所以是自然界的一部分。大约在700万年前,因自然的急剧变化,持续高温和干旱使大面积的森林消失,出现了广阔的栖息地,如大草原、灌木丛、稀疏林地等,人类的祖先于是被迫从树上来到地面上生活,促使他们直立行走。有学者认为,直立行走还可能让我们得以从地面上抬起身体,减少了暴露于阳光之下的表面积,从而帮助我们对付高温。[1]人类的祖先开始直立行走后,双手得以解放,并学会了制造和使用工具(即实践、劳动)改造外在自然,使自然得以人化,自然也反馈信息给人类,促使人类的认识、理解等能力提升,大脑得以进化,内在自然也得到改造。人类掌握了火和语言的使用,从而进一步脱离动物而向社会的人转化。此外,经过几百万年的劳动实践,外在自然与内在自然不断地被改造和认识,人类的物质需要也由此得到逐步满足,更高的精神需要就萌发出来了,而审美正在其中,随后才会有艺术的起源。正如恩格斯所言,在这个基础上它(笔者按:双手)才能仿佛凭着魔力似的产生了拉斐尔的绘画、托尔瓦德森的雕刻以及帕格尼尼的音乐。[2]据学者考证,大概在三四十万年前,人类产生了几乎是纯文化式的、不与物质需要相联系的审美意识[3],而在三万五千年前,人类创造出了艺术[4]。总之,劳动创造了人的双手,促进了人的大脑进化,让人逐步脱离动物,劳动创造了人本身[5]。

人脱离动物而成为人,是进行审美活动的基础,而实践是人向人生成的核心动力。因此,实践也就成为马克思、恩格斯美育思想的基础,是探讨马克思主义美育思想的逻辑起点。马克思在《1844年经济学哲学手稿》中提出劳动生产了美[6],其首要目的是揭示实践(即劳动)是美的根源,因为实践为人的审美意识的出现奠定了基础,让人有能力、条件和机会进行艺术创造。另外,"劳动生产了美"还说明,在物质生产不断进步的基础上,人的实践也随之丰富多样,出现了超越物质生产的精神生产,如艺术创作,而美正是像艺术创作这样的精神生产的产品。

简言之,"劳动生产了美"告诉我们,人的生成、审美意识的出现以及艺术的起源等都是实践的结果,实践即劳动、物质生产,以使用和制造工具为核心内容,故实践是探讨美学、美育问题的逻辑起点。

---

[1] 杰里·A.科因.为什么要相信达尔文[M].叶盛,译.北京:科学出版社,2009:262.
[2] 恩格斯.自然辩证法[M]//马克思恩格斯选集:第3卷.北京:人民出版社,1972:510.
[3] 伦默莱.人之初——人类的史前史、进化与文化[M].李国强,译.北京:商务印书馆,2021:79.
[4] 伦默莱.人之初——人类的史前史、进化与文化[M].李国强,译.北京:商务印书馆,2021:99.
[5] 恩格斯.自然辩证法[M]//马克思恩格斯选集:第3卷.北京:人民出版社,1972:508.
[6] 马克思.1844年经济学哲学手稿[M].中共中央马克思恩格斯列宁斯大林著作编译局,编译.北京:人民出版社,2000:54.

2.人也按照美的规律来构造

实践是马克思主义美学、美育的基础范畴,它使人脱离动物而向社会的人生成,所以恩格斯说,人类社会区别于猿群的特征又是什么呢？是劳动。①劳动即实践。只有人才能进行实践,才能在实践基础上进行审美活动,从事像艺术创作这样的精神生产。

沿循这样的思路,马克思在动物与人的对比中进一步做出阐释：

> 动物只是按照它所属的那个种的尺度和需要来构造,而人懂得按照任何一个种的尺度来进行生产,并且懂得处处都把内在的尺度运用于对象。因此,人也按照美的规律来构造。②

如果蜜蜂、燕子、蚂蚁等营造巢穴也算一种生产,那么,动物只生产满足它们直接需要即肉体需要的东西。这就是动物按照"它所属的那个种的尺度和需要"进行生产的意思。动物进行的生产是片面的,是直接在肉体需要支配下进行的,因而不能算是真正的生产（实践）。人就与动物不一样,"人懂得按照任何一个种的尺度来进行生产",即人不会受制于自身的局限,能够通过劳动实践,认识世界,掌握规律,创造出先进的科技和文化,使人能够像鸟一样高飞,像鱼一样潜水,像蜜蜂那样建造出精湛的建筑,等等。"把内在的尺度运用于对象"是说,人将外在自然改造为能满足人类需求的为我的自然,即自然的人化。人的需求不像动物那样仅仅是肉体需求,还有更高的精神需求,如马克思所言,人甚至不受肉体需要的影响也进行生产,并且只有不受这种需要的影响才进行真正的生产。③"人也按照美的规律来构造",显然,这是这段话的结论。人按照任何一个种的尺度进行生产,这就要求人必须掌握或符合客观规律,否则生产是徒劳的,而将人的"内在尺度"运用于对象是为了满足人的某种需要,即人的生产是有目的的。符合客观规律是"真",满足人的某种需求或目的是"善",两者结合起来的生产就是按照"美的规律"来构造。由此可见,"美的规律"就是在符合客观规律基础上满足人的某种需求或目的,"美"就是合规律性与合目的性的统一,即"真"与"善"的统一。

马克思提出的"美的规律"对今日审美教育具有巨大的启示。美育应该培养学生掌握"美的规律",因为按照"美的规律"进行生产就是按照合规律性（"真"）与合目的性（"善"）相统一的原则进行生产,其产品必然是科学的、有用的,因而是美的,

---

① 恩格斯.自然辩证法[M]//马克思恩格斯选集：第3卷.北京：人民出版社,1972：513.
② 马克思.1844年经济学哲学手稿[M].中共中央马克思恩格斯列宁斯大林著作编译局,编译.北京：人民出版社,2000：58.
③ 马克思.1844年经济学哲学手稿[M].中共中央马克思恩格斯列宁斯大林著作编译局,编译.北京：人民出版社,2000：58.

这对学习和从事任何一个专业都有效。

3."有音乐感的耳朵"与"能感受形式美的眼睛"

马克思、恩格斯具有较为丰富的对艺术的审美经验,并且也尝试过进行文艺创作,所以他们深知艺术对人民的巨大作用,重视艺术的教育功能。

恩格斯曾对德国民间故事书进行了这样的评价:

> 民间故事书的使命是使农民在繁重的劳动之余,傍晚疲惫地回到家里时消遣解闷,振奋精神,得到慰藉,使他忘却劳累,把他那块贫瘠的田地变成芳香馥郁的花园;它的使命是把工匠的作坊和可怜的徒工的简陋阁楼变幻成诗的世界和金碧辉煌的宫殿,把他那身体粗壮的情人变成体态优美的公主。但是民间故事书还有一个使命,这就是同《圣经》一样使农民有明确的道德感,使他意识到自己的力量、自己的权利和自己的自由,激发他的勇气并唤起他对祖国的热爱。①

恩格斯评价的德国民间故事书其实就是民间文学。恩格斯认识到,文学不仅是读者娱乐休闲、放松心情的有效途径,还是一个可以驰骋想象的自由空间。此外,文学还能够发挥道德教化作用,唤起读者的爱国热情,激起他们追求自由的斗志和力量。这是恩格斯更为重视的,并将它视作文学的"使命"。

但值得注意的是,虽然文学的确如恩格斯所说的那样,具有种种积极的功能,但如果接受者没有一定的审美能力、文化修养等,文学的这些功能也无法实现。马克思说:

> 如果你想得到艺术的享受,那你就必须是一个有艺术修养的人。②

显然,马克思所谓的"艺术修养"并不是艺术创作技能,而是关于艺术的基本知识和一定的文化素养。这正是审美教育的重要目标之一,即提升人的审美和人文素养。所以,一个人想要获得艺术享受,艺术要成功地对人产生积极的作用,前提是艺术接受者具备相应的艺术修养,而艺术修养的获得与提升需要审美教育。一般来说,眼睛和耳朵是人的审美感官,所以马克思认为人的眼睛和耳朵与动物的眼睛和耳朵不同,因为动物不能审美,只有人才能审美,才具有有音乐感的耳朵和能感受形式美的眼睛③。马克思说:

---

① 恩格斯.德国民间故事书[M]//马克思恩格斯全集:第41卷.北京:人民出版社,1982:14.
② 马克思.1844年经济学哲学手稿[M].中共中央马克思恩格斯列宁斯大林著作编译局,编译.北京:人民出版社,2000:146.
③ 马克思.1844年经济学哲学手稿[M].中共中央马克思恩格斯列宁斯大林著作编译局,编译.北京:人民出版社,2000:87.

只有音乐才能激起人的音乐感；对于没有音乐感的耳朵来说，最美的音乐毫无意义，不是对象。[①]

"有音乐感的耳朵"就是具有相应"艺术修养"的耳朵、审美的耳朵。通过几百万年的劳动实践，人脱离动物，超越单纯的物质需求和肉体需求而具有了更高的精神需求，如审美需求，所以人的耳朵能够从错落有致、和谐美妙的乐音中，获得无关物质与肉体的精神享受，这就是审美愉悦。那么，仅仅具有物质和肉体需求的动物的耳朵没有音乐感，不能欣赏音乐，不知艺术为何物，它们只关注与物质、与肉体需求相关的对象，所以最美的音乐对它们来说毫无意义，不是对象。动物的眼睛所关注的对象亦是如此，它们看到的都是与自己的物质与肉体需求相关的对象，而对象的外在形式却毫无意义。马克思接着说：

对于一个挨饿的人来说并不存在人的食物形式，而只有作为食物的抽象存在；食物同样也可能具有最粗糙的形式，而且不能说，这种进食活动与动物的进食活动有什么不同。忧心忡忡、贫穷的人对最美丽的景色都没有什么感觉；经营矿物的商人只看到矿物的商业价值，而看不到矿物的美和独特性；他没有矿物学的感觉。[②]

马克思在此科学地揭示出人的更高的精神活动——审美活动，必须要以物质需要满足为基础，因为人的最基本的生产活动是维持生命和生活，即物质生产活动。当一个人吃不饱、穿不暖，生命受到威胁时，他首先关注的事情是如何活下去，所以他的眼睛所关注的是食物本身，而不会在意食物的形式，这与动物的眼睛类似。一个商人只关注事物的商业价值，重视的是利益，那么，他也看不到事物的形式，从本质上说，他的眼睛也与动物的眼睛一样。在马克思的论述中，事物的"形式"与审美相关，能够感受形式的眼睛就是超越肉体欲望、物质利益的审美的眼睛。简言之，"有音乐感的耳朵"和"能感受形式美的眼睛"是马克思主义美育所要实现的目标之一，让人具有相应的审美和人文素养，感受到动物不能感受的超越肉体欲望、物质利益的精神享受，即审美愉悦。

当然，马克思、恩格斯的美育思想不仅仅局限于提升人的审美或艺术修养，而是与马克思主义的社会理想紧密相连的。马克思主义认为，共产主义社会是人类社会发展的最高形态，共产主义社会中的人则是全面发展的人，即实现了自由的人。审美教育有助于实现人的全面发展，让人获得自由，或者说审美素养是全面发

[①] 马克思.1844年经济学哲学手稿[M].中共中央马克思恩格斯列宁斯大林著作编译局，编译.北京：人民出版社，2000：87.
[②] 马克思.1844年经济学哲学手稿[M].中共中央马克思恩格斯列宁斯大林著作编译局，编译.北京：人民出版社，2000：87.

展的自由的人所具有的一种素养和能力。正如马克思和恩格斯所言,在共产主义的社会组织中,完全由分工造成的艺术家屈从于地方局限性和民族局限性的现象无论如何会消失掉,个人局限于某一艺术领域,仅仅当一个画家、雕刻家等等,因而只用他的活动的一种称呼就足以表明他的职业发展的局限性和他对分工的依赖这一现象,也会消失掉。在共产主义社会里,没有单纯的画家,只有把绘画作为自己多种活动中的一项活动的人们。[1]法国哲学家德里达说过,不去阅读且反复阅读且讨论马克思——可以说也包括其他一些人——而且是超越学者式的'阅读'和'讨论',将永远都是一个错误,而且越来越成为一个错误、一个理论的、哲学的和政治的责任方面的错误。……不能没有马克思,没有马克思,没有对马克思的记忆,没有马克思的遗产,也就没有将来:无论如何得有个马克思,得有他的才华,至少得有他的某种精神。[2]鉴于此,马克思主义美育思想及其美育启示值得深入挖掘与研究,从而引领我们今日的美育工作,促进新时代审美教育的进一步发展。

三、中国主要美育思想

(一)孔子的美育思想

美育是近代以后才传入我国的,古代虽有"美育"一词,如"美育群材"(《中论·艺纪》)[3],但它的含义是通过礼乐教化使人养成君子人格,与提升人的审美素养和人文素养的美育还有一定距离。通过今天的"美育"回溯过去可发现,我国具有悠久的美育思想史与实践史,它伴随着西周礼乐制度的建立而出现,春秋末期经儒家的发挥、创新而系统化。孔子是儒家的创立者,也是三代文明的集大成者。他积极吸收和改造三代文明,创立儒家学说,为中华文化做出了卓越贡献,故朱熹曰"天不生仲尼,万古长如夜"(《朱子语类·孔孟周程张子》)[4]。孔子的思想主要保留在《论语》中,所以《论语》是研究孔子美育思想的重要文献。

1.里仁为美

殷周鼎革后,周公"制礼作乐",进行西周的制度建设,让礼乐成为西周的国家制度、社会规范。春秋中期以后,王室衰微,诸侯并起,礼崩乐坏,礼乐无法维系国家运行和社会治理,并成为掩饰尔虞我诈的工具。

在春秋末期,孔子以力挽狂澜之势,欲通过恢复周礼而达到救世的目的,但他

---

[1] 马克思,恩格斯.德意志意识形态[M]//马克思恩格斯全集:第3卷.北京:人民出版社,1960:460.
[2] 雅克·德里达.马克思的幽灵:债务国家、哀悼活动和新国际[M].何一,译.北京:中国人民大学出版社,1999:21.
[3] 徐干.中论[M].上海:泰东图书局,1929:28.
[4] 黎靖德.朱子语类:第6册[M].北京:中华书局,1986:2350.

并非单纯地复古而是对礼乐进行了改革与创新。孔子曰:"礼云礼云,玉帛云乎哉?乐云乐云,钟鼓云乎哉?"(《论语·阳货》)[1]孔子一语道出礼乐不应是徒有其表的形式,而应具有精神内涵。礼乐的精神内涵是什么呢?孔子曰:

人而不仁,如礼何?人而不仁,如乐何?(《论语·八佾》)[2]

如果一个人根本不具备"仁"的品质,那么,对他谈论礼乐修养是毫无意义的。孔子揭示出,"仁"是礼乐的内在精神,礼乐是"仁"的外在形式。据《论语》记载,孔子经常在弟子面前提到"仁",如"巧言令色,鲜矣仁"(《论语·学而》)[3];"仁者先难而后获,可谓仁矣"(《论语·雍也》)[4];"夫仁者,己欲立而立人,己欲达而达人"(《论语·雍也》)[5];"克己复礼为仁"(《论语·颜渊》)[6];"樊迟问仁。子曰:'爱人。'"(《论语·颜渊》)[7];"刚、毅、木、讷近仁"(《论语·子路》)[8],等等。孔子并没有对"仁"的本质进行定义,仅仅是对"仁"的某些侧面进行解释,不过,也呈现出"仁"与各种道德都有关系,包含各种各样的道德品质,正如冯友兰所言:"惟仁亦为全德之名,故孔子常以之统摄诸德。"[9]孔子还将"仁"设置为君子的品格,如"君子务本,本立而道生。孝悌也者,其为仁之本与"(《论语·学而》)[10];"君子去仁,恶乎成名?君子无终食之间违仁,造次必于是,颠沛必于是"(《论语·里仁》)[11]。"仁"是道德之全体,是君子品格,所以孔子提出:

里仁为美。择不处仁,焉得知?(《论语·里仁》)[12]

郑玄《注》曰:"里者,仁之所居。居于仁者之里,是为美。"[13]从表面上看,孔子表达出居住在仁爱之乡或与仁爱之人为邻是美好的,但其言下之意则是,"仁"是"美"的内涵。孔子以"仁"释礼乐,同样以"仁"释美,孔子所谓的"美"是一种"善-美"而

---

[1] 程树德.论语集释:第4册[M].北京:中华书局,1990:1216.
[2] 程树德.论语集释:第1册[M].北京:中华书局,1990:142.
[3] 程树德.论语集释:第1册[M].北京:中华书局,1990:16.
[4] 程树德.论语集释:第2册[M].北京:中华书局,1990:406.
[5] 程树德.论语集释:第2册[M].北京:中华书局,1990:428.
[6] 程树德.论语集释:第3册[M].北京:中华书局,1990:817.
[7] 程树德.论语集释:第3册[M].北京:中华书局,1990:873.
[8] 程树德.论语集释:第3册[M].北京:中华书局,1990:940.
[9] 冯友兰.中国哲学史:上册[M].重庆:重庆出版社,2009:66.
[10] 程树德.论语集释:第1册[M].北京:中华书局,1990:13.
[11] 程树德.论语集释:第1册[M].北京:中华书局,1990:234-235.
[12] 程树德.论语集释:第1册[M].北京:中华书局,1990:226.
[13] 何晏,注.邢昺,疏.论语正义[M]//阮元,校刻.十三经注疏:下册.北京:中华书局,1980:2471.

非徒有其表的美,与德米特里耶娃提出的"真正的美"类似,即"'真正的美'乃是对正义、善良与和谐的理想的肯定"①。

"善-美"观念也被孔子用来评价艺术,《论语·八佾》载:"子谓《韶》:'尽美矣,又尽善也。'谓《武》:'尽美矣,未尽善也。'"②孔子首先肯定了《韶》和《武》都"尽美",但是《武》是记载武王伐纣的乐舞,孔安国《注》曰"《武》,武王乐也。以征伐取天下,故未尽善"③。而《韶》是舜时的乐舞,体现出舜继承尧的美德并发扬光大的内涵,所以"尽善尽美"。关于人的形象,孔子认为也应如此,如:

质胜文则野,文胜质则史。文质彬彬,然后君子。(《论语·雍也》)④

"文"指礼仪,进一步说是礼仪对人的举手投足的规范与修饰,属于外表美。"质"是人的质朴的天然本性,相较于"文",它属于人的内在。"野"即粗野、无修养的意思。"史"表示虚伪浮夸,如包咸《注》曰"史者,文多而质少"⑤,邢昺《疏》曰"文胜质则史者,言文多胜于质,则如史官也"⑥。可能春秋末期的一些史官并不实事求是而虚伪浮夸,故孔子以"史"称"文胜质"。朱熹《集注》曰:"彬彬,犹班班,物相杂而适均之貌。"⑦在孔子看来,人的理想形象是"文"与"质"的和谐统一,即内外兼修、美善相因,这也就是君子人格。

简言之,孔子美育思想认为真正的美是充满道德内涵的美而不是徒有其表的美,倡导"文质彬彬"的人格理想,这正是君子人格,即"善-美"的人格。

2.兴、观、群、怨

《诗》是我国第一部诗歌总集,本收录三千余首诗歌,但经孔子按照"思无邪"(《论语·为政》)⑧的原则"删诗"后留下305篇,故又称"诗三百",它在汉代被尊为"经",即《诗经》。305首诗分为风、雅、颂三部分,它们的创作年代横跨西周初年至春秋中期500多年。《诗经》反映出当时的社会风貌、思想情感等多方面内容,犹如一部西周初至春秋中期的社会文化发展史。所以孔子用它教育学生,并对他们说:"不学《诗》,无以言。"(《论语·季氏》)⑨

---

① 尼·阿·德米特里耶娃.审美教育问题[M].冯湘一,译.上海:知识出版社,1983:28.
② 程树德.论语集释:第1册[M].北京:中华书局,1990:222.
③ 何晏,注.邢昺,疏.论语正义[M]//阮元,校刻.十三经注疏:下册.北京:中华书局,1980:2469.
④ 程树德.论语集释:第2册[M].北京:中华书局,1990:400.
⑤ 何晏,注.邢昺,疏.论语正义[M]//阮元,校刻.十三经注疏:下册.北京:中华书局,1980:2479.
⑥ 何晏,注.邢昺,疏.论语正义[M]//阮元,校刻.十三经注疏:下册.北京:中华书局,1980:2479.
⑦ 朱熹.四书章句集注[M].北京:中华书局,1983:89.
⑧ 程树德.论语集释:第1册[M].北京:中华书局,1990:65.
⑨ 程树德.论语集释:第4册[M].北京:中华书局,1990:1168.

在孔子看来，《诗经》中的语言是"雅言"(《论语·述而》)[1]，又具有"乐而不淫，哀而不伤"(《论语·八佾》)[2]的情感特点，并且古代的诗歌是综合性艺术，往往配以乐舞，如《墨子·公孟》载："诵《诗》三百，弦《诗》三百，歌《诗》三百，舞《诗》三百。"[3]所以，孔子认为《诗经》具有巨大的审美教育功能。《论语·阳货》载：

子曰："小子何莫学夫《诗》？《诗》可以兴，可以观，可以群，可以怨。迩之事父，远之事君；多识于鸟兽草木之名。"[4]

孔子首先指出《诗》具有兴、观、群、怨四种功能。孔安国《注》曰："兴，引譬连类。"[5]意思是援引类似或相关的事物说明事理，这与人的联想力、想象力有关。刘勰进一步指出："故比者，附也；兴者，起也。附理者切类以指事，起情者依微以拟议。起情故兴体以立，附理故比例以生。"(《文心雕龙·比兴》)[6]刘勰强调"兴"的"起情"作用，即兴起人情。质言之，"兴"是诗歌具有的兴起人情以及激发人的联想、想象等感性能力的作用。观，郑玄《注》曰"观风俗之盛衰"[7]，邢昺《疏》曰"'可以观'者，《诗》有诸国之风俗，盛衰可以观览知之也"[8]。诗歌具有反映现实的作用，所以"观"就是接受者可以通过诗歌了解当时的现实状况。群，孔安国《注》曰"群居相切磋"[9]，焦循《补疏》曰"案诗之教，温柔敦厚，学之则轻薄嫉忌之习消，故可以群居相切磋"[10]。诗歌有利于消除人内心的嫉妒之心，让人以诚相待，诗歌之"群"有利于使人与人保持良好的关系，促进社会和谐。怨，孔安国《注》曰"怨刺上政"[11]。君王有过错，人们可以通过诗歌对他加以讽谏，同时，人们内心不满的情绪也借以发泄，这与亚里士多德所谓的"净化"有相通之处。

此外，孔子还提出《诗经》具有"迩之事父，远之事君，多识于鸟兽草木之名"的功能。经过孔子"删诗"后的《诗经》符合儒家雅正的观念，包含各种各样的道德内涵。邢昺《疏》曰："《诗》有《凯风》《白华》相戒以养，是有近之事父之道也。又有

---

[1] 程树德.论语集释：第2册[M].北京：中华书局，1990：475.
[2] 程树德.论语集释：第1册[M].北京：中华书局，1990：198.
[3] 孙诒让.墨子间诂：下册[M].北京：中华书局，2001：456.
[4] 程树德.论语集释：第4册[M].北京：中华书局，1990：1212.
[5] 何晏，注.邢昺，疏.论语正义[M]//阮元，校刻.十三经注疏：下册.北京：中华书局，1980：2525.
[6] 刘勰，著.范文澜，注.文心雕龙注：下册[M].北京：人民文学出版社，1958：601.
[7] 何晏，注.邢昺，疏.论语正义[M]//阮元，校刻.十三经注疏：下册.北京：中华书局，1980：2525.
[8] 何晏，注.邢昺，疏.论语正义[M]//阮元，校刻.十三经注疏：下册.北京：中华书局，1980：2525.
[9] 何晏，注.邢昺，疏.论语正义[M]//阮元，校刻.十三经注疏：下册.北京：中华书局，1980：2525.
[10] 刘宝楠.论语正义：下册[M].北京：中华书局，1990：690.
[11] 何晏，注.邢昺，疏.论语正义[M]//阮元，校刻.十三经注疏：下册.北京：中华书局，1980：2525.

《雅》《颂》君臣之法,是有远之事君之道也。"①这就是说,阅读《诗经》可让人明白侍奉父母和效忠君王的道理,即养成忠孝之德。孔子曰:"女为《周南》《召南》矣乎?人而不为《周南》《召南》,其犹正墙面而立也与?"(《论语·阳货》)②这也是在强调《诗经》发挥的道德教化作用。康有为《注》曰:"为,犹学也。《周南》《召南》,《诗》首篇名,所言皆男女之事最多。盖人道相处,道至切近莫如男女也。修身齐家,起化夫妇,终化天下。"③如果不学习《周南》《召南》,就不懂得基本的人伦道德,犹如面对墙壁站立,无法进步。《诗经》常用比兴手法,以草木虫鱼等为引譬连类、托物言志的载体。据有关学者统计,《诗经》记载的动物、植物种类共250种以上④。所以,阅读《诗经》必定能增加对草木鸟兽方面的知识。综上所述,诗歌是综合性艺术,不仅能兴发和排遣人的情感,发挥道德教化的作用,还能促进社会和谐,提升人的知识,美育、德育和智育都在对《诗经》的欣赏过程中实现。

3.从心所欲,不逾矩

除强调美善相因、文质彬彬以及《诗经》对人的综合性作用外,孔子还在总结自己一生的经历基础上,倡导自由的审美境界,这也是孔子美育思想的最高追求。

孔子曰:

吾十有五而志于学,三十而立,四十而不惑,五十而知天命,六十而耳顺,七十而从心所欲,不逾矩。(《论语·为政》)⑤

孔子说他十五岁"志于学",朱熹《集注》曰"古者十五而入大学。心之所之谓之志。此所谓学,即大学之道也"⑥。所以孔子并不是十五岁才开始学习,而是十五岁开始立志学习大学之道,即修身齐家治国平天下,十五岁以前,他主要学习基础知识,如由文字学、音韵学、训诂学组成的"小学"。"三十而立"并不是三十岁时成家立业,因为孔子十九岁娶妻,二十岁生子,没有等到三十岁时才成家。孔子曰:"兴于《诗》,立于礼,成于乐"(《论语·泰伯》)⑦;"不学《礼》,无以立"(《论语·季氏》)⑧。所谓"三十而立"应该是三十而"立于礼"的意思,指孔子三十岁时各方面都合于礼,人格全面成熟。经过几十年的学习,恪守礼仪,使人格全面成熟,到四十岁时,孔子自然能够明白事物之规律、人事之规则而没有疑惑,此之谓"四十而不惑",朱熹《集

---

① 何晏,注.邢昺,疏.论语正义[M]//阮元,校刻.十三经注疏:下册.北京:中华书局,1980:2525.
② 程树德.论语集释:第4册[M].北京:中华书局,1990:1213.
③ 康有为.论语注[M].北京:中华书局,1984:264-265.
④ 孙作云.《诗经》研究[M]//孙作云文集:第2卷.开封:河南大学出版社,2003:7.
⑤ 程树德.论语集释:第1册[M].北京:中华书局,1990:70-76.
⑥ 朱熹.四书章句集注[M].北京:中华书局,1983:54.
⑦ 程树德.论语集释:第2册[M].北京:中华书局,1990:529-530.
⑧ 程树德.论语集释:第4册[M].北京:中华书局,1990:1169.

注》曰"于事物之所当然,皆无所疑,则知之明而无所事守矣"①。冯友兰说,孔子有守旧的一面,比如他所谓的"天"就是有意志的上帝,是"主宰之天"。②人间的兴衰、个人的祸福等都是"天"之所命,即天命。而"知天命",是孔子五十岁达到的人生境界。正是由于五十岁时已知天命,自己人生的顺逆、通塞等都是天之所命,所以在六十岁时,孔子做到了"耳顺",即坦然地面对别人对自己的褒贬毁誉。

孔子七十岁时进入"从心所欲,不逾矩"的境界,即晚年达到的人生境界。"不逾矩"就是不违背礼义,"从心所欲"即自然而然、自由。晚年的孔子已将外在的礼义规范内化于心,即德行生成为德性,他自然而然地思、行,却无不合于礼。孔子所思、所行并非由于外在的礼的强制,而是出自于内心的自愿自觉,从而走向自由,实现了伦理转化为审美。《中庸》曰:"诚者,天之道也。诚之者,人之道也。诚者不勉而中,不思而得,从容中道,圣人也。"③由此可见,七十岁的孔子已经达到了由人即天、天人合一的境界,此境界是超道德而道德的圣人境界,也是自由的审美境界。

(二)庄子的美育思想

中华传统文化源远流长,"儒道互补"是贯穿其中的一条基本线索④,加上两汉之际传入我国的佛教,儒释道成为中华传统文化的三大支柱。就中国美育而言,除儒家外,道家也十分重要,它作为儒家美育的对比和补充,推进与丰富了中华美育精神。庄子是战国时期宋国蒙城人,做过蒙邑的"漆园吏"。劳思光说过,道家思想至庄子而定型。⑤《庄子》一书分为《内篇》《外篇》和《杂篇》,《内篇》为庄子自著,《外篇》《杂篇》出自庄子门人之手。但《外篇》《杂篇》的基本思想大体与庄子本人一致,故《庄子》中的美育思想今以庄子的美育思想称之。

1.举莛与楹,厉与西施,恢恑憰怪,道通为一

美育的一项重要任务就是提升受教者的审美素养,而知道什么是美、什么是丑,即辨别美丑,可以说是一个人审美素养的体现。庄子美育思想也十分重视这一内容。

老子开创了道家哲学,提出"道"为宇宙万物的生命本源及其规律,如"大道泛兮,其可左右。万物恃之以生而不辞,功成不名有,衣养万物而不为主。常无欲,可名于小;万物归焉而不为主,可名为大。"(《老子》三十四章)⑥庄子传承了老子之

---

① 朱熹.四书章句集注[M].北京:中华书局,1983:54.
② 冯友兰.中国哲学史:上册[M].重庆:重庆出版社,2009:53.
③ 郑玄,注.孔颖达,疏.礼记正义[M]//阮元,校刻.十三经注疏:下册.北京:中华书局,1980:1632.
④ 李泽厚.美的历程[M]//美学三书.合肥:安徽文艺出版社,1999:55.
⑤ 劳思光.新编中国哲学史:卷1[M].北京:生活·读书·新知三联书店,2019:245.
⑥ 王弼,注.楼宇烈,校释.老子道德经注校释[M].北京:中华书局,2008:85.

"道",也认为:"夫道,有情有信,无为无形;可传而不可受,可得而不可见;自本自根,未有天地,自古以固存;神鬼神帝,生天生地;在太极之上而不为高,在六极之下而不为深,先天地生而不为久,长于上古而不为老。"(《庄子·大宗师》)[1]所以"道"是道家哲学的本体范畴,宇宙万物因"道"而存在,遵循"道"而运作,世间存在的"美"自然不能游离于"道","道"也是"美"的本体。

既然"道"是"美"的本体,"美"是天地间的一种现象,所以"美"就是相对的而非绝对的。《庄子·秋水》中有一则这样的寓言:秋天霖雨绵绵,河水上涨,所有小溪流都灌注进大河之中,大河变得十分宽阔,牛马都分不清河的两岸以及河中水洲,"于是焉河伯欣然自喜,以天下之美为尽在己"[2];河伯是这条河的河神,他又顺流而下,来到北海,北海无边无际,所以河伯望洋兴叹;北海之神说,"今尔出于崖涘,观于大海,乃知尔丑,尔将可与语大理矣"[3]。庄子首先揭示出美丑具有相对性。对于小溪流而言,大河是美的,但在北海面前,大河却是丑的。不过,北海之神紧接着说:

天下之水,莫大于海,万川归之,不知何时止而不盈;尾闾泄之,不知何时已而不虚;春秋不变,水旱不知。此其过江河之流,不可为量数。而吾未尝以此自多者,自以比形于天地,而受气于阴阳,吾在于天地之间,犹小石小木之在大山也,方存乎见少,又奚以自多!(《庄子·秋水》)[4]

虽然北海是天下最宽广的大海,但北海之神并不自满自大,因为北海之美也是相对的,在天地、阴阳面前,北海犹如大山中的小石、小木。庄子的言下之意是,小溪、大河、北海的美都是相对的,不是真正的美,只有天地阴阳的美才是真正的,即"大美"或道之美。"大美"超越现象界的美丑,是美的本体,故曰"天地有大美而不言"(《庄子·知北游》)[5]。

在《庄子·齐物论》中,庄子谈到人与动物之间也存在美的相对性,如:

毛嫱丽姬,人之所美也;鱼见之深入,鸟见之高飞,麋鹿见之决骤。四者孰知天下之正色哉?[6]

毛嫱丽姬都是古代的美女,而动物见了她们却仓皇而逃。这说明毛嫱、丽姬之美是相对于人而言的,动物并不认为她们是美的,所以美丑是相对的、人、鱼、

---

[1] 郭庆藩.庄子集释:上册[M].北京:中华书局,2004:247.
[2] 郭庆藩.庄子集释:中册[M].北京:中华书局,2004:561.
[3] 郭庆藩.庄子集释:中册[M].北京:中华书局,2004:563.
[4] 郭庆藩.庄子集释:中册[M].北京:中华书局,2004:563.
[5] 郭庆藩.庄子集释:中册[M].北京:中华书局,2004:735.
[6] 郭庆藩.庄子集释:上册[M].北京:中华书局,2004:93.

鸟、鹿各自有各自的审美标准("正色")。其实,只有人才能审美,动物不具备审美能力。大约在700万年前,人类的祖先开始逐渐直立行走,双手逐步解放,学会了使用和制造工具去改造外在自然,即"实践"。经过几百万年的实践,在外在自然不断被改造的同时,人的内在自然,即思维、感官、心理,也不断被改造。一方面,实践使物质资料不断丰富,人的物质需求得以满足,在此基础上才会有更高的精神需求,审美需求正在其中。另一方面,在实践过程中,外在自然通过劳动者的双手反馈信息给人,人的思维、认识、情感等能力得以提升,进一步脱离动物,让感官成为人的感官,最终形成有音乐感的耳朵和能够感受形式美的眼睛[1]。动物无法使用和制造工具,即"实践",它们失去了具有审美意识、审美能力的基石。庄子所谓的动物见到毛嫱、丽姬之美后仓皇而逃,不是因为动物具有与人不一样的审美观,而是它们根本就没有审美观,它们逃跑是出自天性,害怕自己的生命受到威胁,是生理反应。

美丑具有相对性的确是庄子美育思想的重要内容,但庄子并未就此止步,而是在揭示美丑相对性基础上,倡导对真正的"美"的追求。《庄子·齐物论》曰:

故为是举莛与楹,厉与西施,恢恑憰怪,道通为一。[2]

莛为草茎,楹为木柱,莛与楹比喻小大。厉是丑女,西施是美女,她们代表美丑。恢恑憰怪指形形色色或奇形怪状的东西。无论大小、美丑,还是世间各种事物,在"道"的境域中都可通而为一,即平等无别。因为"道"是本体,是永恒的存在,大小、美丑是具有相对性的现象,此时的美会在彼时成为丑。因此,庄子倡导人们不要拘泥于世间的美,当然也不是让人去追求丑,而是认识到美丑的相对性,应以真正的"大美"("道")为人生追求。

2. 庖丁解牛

劳思光将人的自我境界分为了四种:形躯我、德性我、认知我和情意我。[3]而《庄子·养生主》中的寓言"庖丁解牛"正是对"情意我"的肯定。

《养生主》首先对"庖丁解牛"给人的印象进行了描绘,如:

庖丁为文惠君解牛,手之所触,肩之所倚,足之所履,膝之所踦,砉然向然,奏刀騞然,莫不中音。合于《桑林》之舞,乃中《经首》之会。[4]

---

[1] 马克思.1844年经济学哲学手稿[M].中共中央马克思恩格斯列宁斯大林著作编译局,编译.北京:人民出版社,2000:87.
[2] 郭庆藩.庄子集释:上册[M].北京:中华书局,2004:69-70.
[3] 劳思光.哲学问题源流论[M].香港:香港中文大学出版社,2001:8-11.
[4] 郭庆藩.庄子集释:上册[M].北京:中华书局,2004:117-118.

庖丁是名叫丁的庖人。文惠君，有人认为是战国魏国国君梁惠王。《桑林》是商汤时的乐舞，《经首》是尧乐《咸池》中的乐章名。庖丁在为文惠君杀牛时，他手肩足膝的动作和进刀割解的声音都带有节奏感，合于《桑林》的舞步和《经首》的韵律。文惠君对此十分惊叹，并问他是如何做到的，庖丁回答道："臣之所好者道也，进乎技矣。"(《庄子·养生主》)[1]这是庖丁解牛的总原则，即庖丁所追求的是超越"技"的"道"。"技"是技术、技艺，属于刻意为之的"有为"，"道"是自然而然地超越有为的"无为"。庖丁正是冲破了技术、技艺的束缚而走向自然而然的"无为"，才让解牛过程像是一场自由的乐舞表演。

"技进乎道"虽是庖丁解牛的总原则，但要实现对技艺的超越还是不容易的，庖丁说：

始臣之解牛之时，所见无非牛者。三年之后，未尝见全牛也。方今之时，臣以神遇而不以目视，官知止而神欲行。依乎天理，批大郤，导大窾，因其固然。技经肯綮之未尝，而况大軱乎！良庖岁更刀，割也；族庖月更刀，折也。今臣之刀十九年矣，所解数千牛矣，而刀刃若新发于硎。彼节者有间，而刀刃者无厚；以无厚入有间，恢恢乎其于游刃必有余地矣，是以十九年而刀刃若新发于硎。(《庄子·养生主》)[2]

首先，要超越技艺的束缚就得"以神遇而不以目视"。庖丁刚开始杀牛时，眼睛看到不过是一整头牛，三年之后，不再关注整头牛了。而现在，庖丁不再用眼睛去看而是用心神来领会，即"以神遇而不以目视"，用现代语言来表述就是靠感觉杀牛。第二，庖丁提到"依乎天理"。"天理"指的是牛身上的自然纹理或身体结构，包括筋肉的间隙、骨节的空隙等。正是由于"依乎天理"，杀牛的刀才能在筋肉、骨节的狭窄间隙中游刃有余。普通的庖人一个月就要换一把刀，好的厨子一年换一把刀，而庖丁掌握了牛的"天理"，所以他的刀用了十九年还像是新磨的一样。能够掌握牛的"天理"，自然能"以神遇而不以目视"，靠心领神会的感觉而不是靠眼睛观看进行杀牛。此外，庖丁的言语还透露出超越技艺的束缚有一个非常重要的基础，那就是"今臣之刀十九年矣，所解数千牛矣"。庖丁拥有十九年的解牛经验，解了几千头牛，也就是说，他经过了长久而艰苦的训练，才掌握了牛的"天理"，"以神遇而不以目视"，达到游刃有余的自由境界。

在长期艰苦训练基础上，掌握牛的"天理"，在心领神会的感觉中才能实现对"技"的超越而进入自由的"道"的境界。在道家哲学中，"道"虽长养万物，但从不与万物争利，所以老子曰："天之道，利而不害。圣人之道，为而不争。"(《老子》八十一

---

[1] 郭庆藩.庄子集释：上册[M].北京：中华书局，2004：119.
[2] 郭庆藩.庄子集释：上册[M].北京：中华书局，2004：119.

章)[1]"道"具有超越功利性的特点,得道之人也是清心寡欲、淡然无极之人。庖丁解牛结束后,他"提刀而立,为之四顾,为之踌躇满志,善刀而藏之"(《庄子·养生主》)[2]。文惠君是诸侯国的君王,庖丁可以从他那里得到功名利禄。但"踌躇满志"却揭露出庖丁解牛不是为获得功名利禄,而是自得之乐。庖丁的自得之乐不是由于功利欲望得到了满足,而是源自于在解牛过程中实现了自由。所以,庖丁解牛是对功利、认识、感官、技艺等束缚的超越而实现了自由,自由给他带来了自得之乐,此时,庖丁的自我不是认识之我、功利之我而是自由的审美之我,即劳思光所说的"情意我",劳动也不是与庖丁对立的异化劳动而是自由的创造性劳动,故可以在其中感受到美和愉悦。

3. 至乐无乐

人生活在世界上总有种种需求,而人的情感就与需求的满足与否息息相关。当人的需求得到满足时,人就会感到快乐,否则就悲伤,甚至愤怒。庄子也同意这样的看法,不过,在庄子美育思想中,因需求得到满足而感到的快乐属于世俗之乐。

世俗之乐正是庄子美育思想所贬斥的,如《庄子·至乐》曰:

夫天下之所尊者,富贵寿善也;所乐者,身安厚味美服好色音声也;所下者,贫贱夭恶也;所苦者,身不得安逸,口不得厚味,形不得美服,目不得好色,耳不得音声;若不得者,则大忧以惧。其为形也亦愚哉![3]

世俗之人所乐的对象要么与物质需求有关,要么与耳目之乐或生理享乐有关,这些需求显然与道家倡导的寂寞无为、清心寡欲之"道"相违背。所以,《庄子·刻意》曰:"悲乐者,德之邪也;喜怒者,道之过也;好恶者,德之失也。"[4]人的物质需求和生理享乐的欲望总是无穷无尽,是有限的外物难以满足的,人的需求刚得到满足而获得快乐,更多的欲望又涌现出来,随之而来的则是忧愁悲哀,人被物欲所奴役,即《庄子·知北游》所谓的"乐未毕也,哀又继之。哀乐之来,吾不能御,其去弗能止。悲夫,世人直谓物逆旅耳"[5]。庄子美育思想贬斥世俗之乐而倡导真正的快乐,而真正的快乐才是至极的快乐,即"至乐"。《庄子·至乐》曰:

今俗之所为与其所乐,吾又未知乐之果乐邪,果不乐邪?吾观夫俗之所乐,举群趣者,硁硁然如将不得已,而皆曰乐者,吾未之乐也,亦未之不乐也。果有乐无有

---

[1] 王弼,注.楼宇烈,校释.老子道德经注校释[M].北京:中华书局,2008:192.
[2] 郭庆藩.庄子集释:上册[M].北京:中华书局,2004:119.
[3] 郭庆藩.庄子集释:中册[M].北京:中华书局,2004:609.
[4] 郭庆藩.庄子集释:中册[M].北京:中华书局,2004:542.
[5] 郭庆藩.庄子集释:中册[M].北京:中华书局,2004:765.

哉？吾以无为诚乐矣，又俗之所大苦也。故曰："至乐无乐，至誉无誉。"①

世俗之人一窝蜂地追求的快乐并不是真正的快乐，庄子美育思想认为真正的快乐是"以无为诚乐"，即清净无为才是真正的快乐。《庄子·至乐》曰："天无为以之清，地无为以之宁，故两无为相合，万物皆化生。芒乎芴乎，而无从出乎！芴乎芒乎，而无有象乎！万物职职，皆从无为殖。故曰天地无为也而无不为也，人也孰能得无为哉！"②天地无为而自然清虚宁静，天地无为而生养万物，万事万物都是在无为的状态中产生的，所以庄子美育思想倡导人们学习这种无为的精神，因为"无为而无不为"，没有刻意为之，但什么都做到了、获得了。在世俗之人看来，无为是巨大的苦恼，而在庄子美育思想看来，无为是"至乐"，因为"至乐活身，唯无为几存"（《庄子·至乐》）③，只有无为的精神才能获得至乐，至乐有利于人的生命。"至乐无乐"的意思就是，极致的快乐是超越物质需要和肉体欲望的快乐，这种快乐产生于"无为"的精神，并且有利于人的生命。

"无为"的精神与"游"相近，因为"游"是超越世俗、功利等的自由状态，故曰"游乎四海之外"（《庄子·逍遥游》）④，"游乎尘垢之外"（《庄子·齐物论》）⑤，"游心于淡"（《庄子·应帝王》）⑥，等等。《庄子·田子方》曰："夫得是至美至乐也，得至美而游乎至乐，谓之至人。"⑦这里的"得是"之"是"即"游"。一个人进入"游"的状态，就能荡去心灵中的欲望，拭去眼睛上的灰尘，以清净无为、逍遥自然之心映照万物，万物的生命本真由此而呈现，这就是"至美"，得此"至美"而感受到"至乐"，"至美至乐"就是至人的境界。至人就是得道之人，《庄子·让王》曰：

古之得道者，穷亦乐，通亦乐。所乐非穷通也，道德于此，则穷通为寒暑风雨之序矣。⑧

如果一个人在"通"时感到快乐，"穷"则不快乐，那么他还是世俗之人。像至人那样的得道之人，无论"穷"或"通"都感到快乐，因为他以"道"为乐，穷通只不过是寒暑风雨的变化罢了。

总之，庄子美育思想倡导人们超越功利欲望而追求真正的"至乐"，"至乐"是

---

① 郭庆藩.庄子集释：中册[M].北京：中华书局，2004：611.
② 郭庆藩.庄子集释：中册[M].北京：中华书局，2004：612.
③ 郭庆藩.庄子集释：中册[M].北京：中华书局，2004：612.
④ 郭庆藩.庄子集释：上册[M].北京：中华书局，2004：28.
⑤ 郭庆藩.庄子集释：上册[M].北京：中华书局，2004：97.
⑥ 郭庆藩.庄子集释：上册[M].北京：中华书局，2004：294.
⑦ 郭庆藩.庄子集释：中册[M].北京：中华书局，2004：714.
⑧ 郭庆藩.庄子集释：下册[M].北京：中华书局，2004：983.

在无为逍遥的状态中获得的自得之乐、精神之乐,获得"至乐"也意味着进入了"至人"境界——至美至乐的人生境界。这正体现出庄子美育思想最终以"情意我"为指归。

(三)近代以来的美育思想

美育与美学一样都是"西学东渐"的产物,作为学科形态的美育是在19世纪末20世纪初传入我国的,王国维、梁启超、蔡元培、萧公弼、鲁迅、丰子恺等人为此做出了巨大的贡献。他们不仅引进、推广了西来之美育,还积极推动了中国古代美育的现代转型,为我国现代美育的创设、发展、研究等奠定了坚实的基础。

1.王国维的美育思想

王国维是把学科形态的美学引进中国的第一人,《红楼梦评论》《屈子文学之精神》《古雅之在美学上之谓之》《人间词话》《宋元戏曲考》等是他撰写的重要且影响深远的美学著作,有学者甚至称他为中国近代的"美学之父"[1]。同时,他也是中国近代美育的早期启蒙者,并且最早在我国提出与论述了现代意义上的"美育"。

王国维十分关注和重视教育问题。在《论教育之宗旨》(1903)一文中,他提出教育的宗旨就是使人成为"完全之人物"。人由身体和精神两部分构成,精神又分为知、情、意三部分,这三部分分别对应教育中的智育、美育和德育,所以美育就是关于情感的教育,即"情育"[2]。在这篇文章中,王国维明确提出了美育的定义,如:

美育者一面使人之感情发达,以达完美之域;一面又为德育与智育之手段,此又教育者所不可不留意也。[3]

王国维从两方面阐述了美育,即作为目的的美育与作为手段的美育。一方面,美育"使人之感情发达,以达完美之域"。这是作为目的的美育,即美育的目的是使人的情感得到陶冶、兴发,感性能力得到提升,达到"完美"的境界。王国维所谓的"忘一己之利害而入高尚纯洁之域,此最纯粹之快乐也"[4]就是一个人达到的"完美"的境界,它与孔子倡导的"孔颜乐处",庄子追求的"至美至乐"相通。另一方面,作

---

[1] 单世联,徐林祥.中国美育史导论[M].南宁:广西教育出版社,1992:440.
[2] 王国维.论教育之宗旨[C]//周锡山,编校.王国维集:第4册.北京:中国社会科学出版社,2008:7.
[3] 王国维.论教育之宗旨[C]//周锡山,编校.王国维集:第4册.北京:中国社会科学出版社,2008:8.
[4] 王国维.论教育之宗旨[C]//周锡山,编校.王国维集:第4册.北京:中国社会科学出版社,2008:8.

为手段的美育有助于德育与智育的实施,如孔子曰:"《诗》可以兴,可以观,可以群,可以怨。迩之事父,远之事君;多识于鸟兽草木之名。"(《论语·阳货》)①对《诗经》的学习与欣赏不仅有利于忠孝之德的养成,还有助于自然知识的获得。在王国维看来,美育具有重要的功能,但他并不因此而否定智育与德育,相反,他倡导三者应该相互配合、并行不悖,从而使人在精神上达到"真善美之理想",再加上体育对身体的训练,人才可能成为"完全之人物"②。简言之,美育与智育、德育一同使人在精神上达到真善美之理想,三者属心育,而体育使人获得健康、强壮的身体,德智体美相互配合,使人身心健康以成为"完全之人物"。

除对美育本身进行论述外,王国维还探讨了孔子美育思想和学校美育的问题。他在《孔子之美育主义》(1904)一文中指出,孔子的学说"始于美育,终于美育"③。这一观点是中肯的。孔子曰:"兴于诗,立于礼,成于乐。"(《论语·泰伯》)④诗歌具有巨大的情感兴发作用,让人在情感体验中不知不觉地走上人性发展之路。礼是外在于人的规范,具有强制性作用,所以需要在人发展到一定阶段时介入教育。音乐使人性得以完满,此时已将外在的伦理道德、礼仪规范内化于心,成为自己的自愿自觉,所以由音乐而完成的人性完满是一种自由愉悦的状态,它"积淀着社会的成果","渗透着人类的智慧和道德",是"人格的最终完成""人生的最高实现"⑤。"兴于诗""成于乐"都是在感性的审美体验中进行的教育,即审美教育,这就是一个人的教育始于美育又终于美育。王国维还发现,孔子之教人,于诗乐外,尤使人玩天然之美。⑥比如,《论语·先进》记载的暮春时节,几个青少年到沂水中游泳,在舞雩台上吹风,最后"咏而归"⑦。这是曾点的志向,孔子也十分赞同。这可见出孔子重视日常美景陶养性情的作用,同时借玩味美景彰显一种至高的人生境界,如,之人也,之境也,固将磅礴万物以为一,我即宇宙,宇宙即我也⑧。

在学校美育方面,王国维在《论小学校唱歌科之材料》(1907)一文中论述到小

---

① 程树德.论语集释:第4册[M].北京:中华书局,1990:1212.
② 王国维.论教育之宗旨[C]//周锡山,编校.王国维集:第4册.北京:中国社会科学出版社,2008:8.
③ 王国维.孔子之美育主义[C]//周锡山,编校.王国维集:第4册.北京:中国社会科学出版社,2008:5.
④ 程树德.论语集释:第2册[M].北京:中华书局,1990:529-530.
⑤ 李泽厚.华夏美学[M]//美学三书.合肥:安徽文艺出版社,1999:263-264.
⑥ 王国维.孔子之美育主义[C]//周锡山,编校.王国维集:第4册.北京:中国社会科学出版社,2008:5.
⑦ 程树德.论语集释:第3册[M].北京:中华书局,1990:806.
⑧ 王国维.孔子之美育主义[C]//周锡山,编校.王国维集:第4册.北京:中国社会科学出版社,2008:5.

学音乐教育问题。小学开展音乐教育的目的有三：（一）调和其感情；（二）陶冶其意志；（三）练习其聪明官及发声器是也。① 在王国维看来，（一）与（三）是音乐教育本身的任务，（二）则与修身有关，促进德育，所以音乐在内容（即歌词）方面应该加以注意，他说：

  若徒以干燥拙劣之辞，述道德上之教训，恐第二目的未达，而已失其第一之目的矣。欲达第一目的，则于声音之美外，自当益以歌词之美。②

  如果用干燥拙劣、缺乏美感的歌词述说道德教训，不仅"陶冶其意志"的目的无法达到，就连"调和其感情"也无法实现。所以，王国维倡导小学音乐教育应选择同时具备"声音之美"和"歌词之美"的作品，这样才能使音乐同时发挥调和情感与陶冶意志的功能。关于"歌词之美"，王国维明确指出"古人之名作"和"古诗中之咏自然之美及古迹者"③就是非常好的材料，它们进入音乐而成为歌词就是"歌词之美"，能够更好地发挥音乐陶冶意志、道德教化的功能。

  2. 蔡元培的美育思想

  蔡元培是中国近代以来影响极大的美育研究者和实践者，如果说王国维是中国近代以来的"美学之父"，那么，他就是中国近代以来的"美育之父"④。蔡元培不仅对美育进行了理论上的研究，还通过制定教育方针，将美育具体落实到教育实践中去，倡导"以美育代宗教"⑤，使美育产生了广泛的社会影响，参与推动中国社会的进步。因此，在中国美育史上，蔡元培是近代美育向现代美育转折点上的一座丰碑⑥。

  人生在世，总是为某些目的、愿望等而进行种种行动或行为。人的行动受意志支配，意志是人类能动性的表现。但意志本身是盲目的，它需要知识和感情的引导。比如，一个人求生恶死、趋利避害，甚至"以众人的生与利为目的，而一己的生

---

① 王国维. 论小学校唱歌科之材料[C]//周锡山，编校. 王国维集：第4册. 北京：中国社会科学出版社，2008：17.
② 王国维. 论小学校唱歌科之材料[C]//周锡山，编校. 王国维集：第4册. 北京：中国社会科学出版社，2008：17.
③ 王国维. 论小学校唱歌科之材料[C]//周锡山，编校. 王国维集：第4册. 北京：中国社会科学出版社，2008：17.
④ 单世联，徐林祥. 中国美育史导论[M]. 南宁：广西教育出版社，1992：483.
⑤ 蔡元培认为："一、美育是自由的，而宗教是强制的；二、美育是进步的，而宗教是保守的；三、美育是普及的，而宗教是有界的。"参见蔡元培. 以美育代宗教[C]//文艺美学丛书编辑委员会，编. 蔡元培美学文选. 北京：北京大学出版社，1983：180.
⑥ 邱明正，于文杰. 美育志[M]. 上海：上海人民出版社，1998：229.

与利即托于其中",蔡元培认为,此种行为,仅仅普通的知识就可以指导了[①]。但是一个人超越人我之别、一己之生死利害而舍己为人,这种伟大高尚的行为就不是靠知识引导,而是完全发动于感情的[②]。不过,人的感情有强弱之分,强烈的感情才能促使人超越人我之别和一己之生死利害,所以就需要将人的感情转弱为强、转薄为厚,而实现它的方法为陶养。基于此,蔡元培在《美育与人生》一文中提出:

陶养的工具,为美的对象;陶养的作用,叫作美育。[③]

可以这样理解,用美的对象陶养人的感情就是美育。1930年,蔡元培为《教育大辞书》撰写的"美育"词条与此有所不同,如,美育者,应用美学之理论于教育,以陶养感情为目的者也。……美育者,与智育相辅而行,以图德育之完成者也。[④]不过,陶养人的感情这一美育的目的并未改变。

为什么"美的对象"可以陶养人的感情呢?蔡元培认为,是因为"美的对象"普遍与超脱。一瓢水一人喝了,其他人就喝不了;一块土地一个人占有了,其他人就无法在其上立足。蔡元培曾说,这种物质上不相入的成例,是助长人我的区别、自私自利的计较的。[⑤]而"美的对象"则不然,他说:

凡味觉、嗅觉、肤觉之含有质的关系者,均不以美论;而美感的发动,乃以摄影及音波辗转传达之视觉与听觉为限,所以纯然有"天下为公"之概。名山大川,人人得而游览;夕阳明月,人人得而赏玩;公园的造像,美术馆的图画,人人得而畅观。[⑥]

"美的对象"超越了人我之别,是普遍的,可以彼此分享。超脱是对功利性的超越,如蔡元培说:

宫室,可以避风雨就好了,何以要雕刻与彩画? 器具,可以应用就好了,可以要

[①] 蔡元培.美育与人生[C]//文艺美学丛书编辑委员会,编.蔡元培美学文选.北京:北京大学出版社,1983:220.

[②] 蔡元培.美育与人生[C]//文艺美学丛书编辑委员会,编.蔡元培美学文选.北京:北京大学出版社,1983:220.

[③] 蔡元培.美育与人生[C]//文艺美学丛书编辑委员会.蔡元培美学文选.北京:北京大学出版社,1983:220.

[④] 蔡元培.美育[C]//文艺美学丛书编辑委员会.蔡元培美学文选.北京:北京大学出版社,1983:174.

[⑤] 蔡元培.美育与人生[C]//文艺美学丛书编辑委员会.蔡元培美学文选.北京:北京大学出版社,1983:220.

[⑥] 蔡元培.美育与人生[C]//文艺美学丛书编辑委员会.蔡元培美学文选.北京:北京大学出版社,1983:220-221.

图画？语言,可以达意就好了,何以要特别音调的诗歌？可以证明美的作用,是超乎利用的范围的。①

由此可见,美育利用"美的对象"陶养人的感情,可使人打破人我之别,超越利害计较,进入超脱的状态。

蔡元培不仅对美育本身进行了理论上的阐释,还对如何实施美育进行了思考。他将美育分为三个方面:家庭美育、学校美育与社会美育。②关于家庭美育,其实蔡元培并不看好,他说到,我从不信家庭有完美教育的可能性,照我的理想,要从公立的胎教院与育婴院着手。③他还说到,在这些公立机关未成立前,若能在家庭里面,按照上列的条件小小布置,也可承认为家庭美育。④家庭能否实施美育,这是可以继续讨论的。不过,他倡导设立公立的胎教院的确是有意义的,因为这涉及胎儿美育。在蔡元培看来,胎教院应设在风景优美的地方,建筑形式匀称,要有庭院、广场以供孕妇散步、运动、观赏星月等,养殖其中的植物动物要悦目秀丽,还要引水成泉,蓄养美观活泼的鱼在里面;胎教院内部的壁纸、地毯需要花纹疏秀、颜色恬静,器具轻便雅致,雕刻绘画优美柔和,"应有健全体格的裸体像与裸体画",让人阅览的文学要乐观向上,音乐与绘画一样不能太刺激。⑤孕妇在这样的环境中,可以将美的体验传给胎儿,实施胎儿美育。孩子出生后,母亲和婴儿就迁往育婴院。第一年由母亲自己抚养孩子,第二、三年,如果母亲要去工作,就把孩子交给育婴员照看。蔡元培认为,育婴院在建筑、室内装潢、雕刻图画、音乐等方面与胎教院的要求一致。不过,他特别提到,院内成人的言语与动作,都要有适当的音调态度,可以作儿童的模范。就是衣饰,也要有一种优美的表示。⑥

儿童满三岁就进入学校美育阶段。首先是家庭美育与学校美育的过渡环节——幼稚园,"舞蹈、唱歌、手工都是美育的专课",但同时也要在计算、说话的教

---

① 蔡元培.美育与人生[C]//文艺美学丛书编辑委员会.蔡元培美学文选.北京:北京大学出版社,1983:221.

② 蔡元培.美育实施的方法[C]//文艺美学丛书编辑委员会.蔡元培美学文选.北京:北京大学出版社,1983:154.

③ 蔡元培.美育实施的方法[C]//文艺美学丛书编辑委员会.蔡元培美学文选.北京:北京大学出版社,1983:154.

④ 蔡元培.美育实施的方法[C]//文艺美学丛书编辑委员会.蔡元培美学文选.北京:北京大学出版社,1983:155.

⑤ 蔡元培.美育实施的方法[C]//文艺美学丛书编辑委员会.蔡元培美学文选.北京:北京大学出版社,1983:154-155.

⑥ 蔡元培.美育实施的方法[C]//文艺美学丛书编辑委员会.蔡元培美学文选.北京:北京大学出版社,1983:155.

育中,注意在排列上、音调上迎合儿童的美感体验①。六岁后,儿童进入小学,专属美育的课程,是音乐、图画、运动、文学等②;随后又进入中学,在专门的美育课中,可增加一点悲壮、滑稽的著作。蔡元培强调:

> 但是美育的范围,并不限于这几个科目;凡是学校所有的课程,都没有与美育无关的。③

除音乐、美术、文学等专门的美育课程外,数学、几何与美术上的比例有关,物理学、化学与音乐、色彩有关,天文学与星月光辉之美有关,它们都是美育的材料。这就涉及美育课程与"课程美育",前者是专门或主要实施审美教育的课程,后者是在其他课程中或者在讲授其他知识时,渗透审美教育、情感陶冶的内容、元素。中学以后,学生进入专门教育阶段,相当于大学。如果爱好艺术,学生就可进入音乐学院、美术学院、戏剧学院、文学院等,这些都是关乎美育的学科或学院。其他同学虽进入别的学科,但蔡元培倡导学校的建筑、陈列品都应该合乎美育的条件,也要时常举行音乐会、展览会、辩论会等,进行"普及的美育"④。

当学生毕业后,就进入社会,此时,社会就承担着美育的任务。蔡元培认为应该从设置专门的美育机关开始,如美术馆、美术展览会、音乐会、剧院、影戏馆、历史博物馆、古物学博物馆、博物学陈列所与植物园、动物园⑤。此外,他还倡导重视城市道路、建筑的美化,公园、名胜的布置,古迹的保存以及公墓的规划⑥。一言以蔽之,美育,一直从未生以前,说到既死以后,可以休了⑦。

3.萧公弼的美育思想

19世纪末20世纪初是中国古典型美育向现代型美育转型的时期。王国维、

---

① 蔡元培.美育实施的方法[C]//文艺美学丛书编辑委员会.蔡元培美学文选.北京:北京大学出版社,1983:155.
② 蔡元培.美育实施的方法[C]//文艺美学丛书编辑委员会.蔡元培美学文选.北京:北京大学出版社,1983:155.
③ 蔡元培.美育实施的方法[C]//文艺美学丛书编辑委员会.蔡元培美学文选.北京:北京大学出版社,1983:155.
④ 蔡元培.美育实施的方法[C]//文艺美学丛书编辑委员会.蔡元培美学文选.北京:北京大学出版社,1983:156.
⑤ 蔡元培.美育实施的方法[C]//文艺美学丛书编辑委员会.蔡元培美学文选.北京:北京大学出版社,1983:156-157.
⑥ 蔡元培.美育实施的方法[C]//文艺美学丛书编辑委员会.蔡元培美学文选.北京:北京大学出版社,1983:158-159.
⑦ 蔡元培.美育实施的方法[C]//文艺美学丛书编辑委员会.蔡元培美学文选.北京:北京大学出版社,1983:159.

蔡元培、鲁迅、梁启超等人为美育的转型及其宣传推广做出了巨大贡献,为现代美育理论的构建奠定了基础。此外,萧公弼也同样值得我们重视。他在"五四"以前,与其他美学家、美育家一样,倡导重视美育的现实功能,并从自己的立场出发,提出了具有时代意义的美育观点,以提升当时中国人的精神境界。据考证,萧公弼是四川绵竹人,就读于四川大学前身之一的四川工业专门学校,1915年,他与"蜀中大儒"彭举在成都创办《世界观》杂志,同时参与反对袁世凯复辟帝制等革命活动,著有《美学》《广告诗之审美者》《〈易〉为中国之灵魂学》《修养宜重王学说》《科学国学并重论》等,涉及美学(含美育)、哲学、文化以及经世致用等多个领域①。

好美恶丑与趋利避害一样是人的天性,但萧公弼发现,我国近日之社会美术之缺乏,制造之简陋,已不寒而栗。乃其最者,无行文人,恒喜舞文弄墨,以艳情小说蛊惑当时(《美学·概论》)②,所以当时的青年男女之忽于审美,而有以铺其毒也(《美学·概论》)③。这说明当时的一些青年男女审的不是"美"而是"淫"。萧公弼说过,好色者,美的本质也。好淫者,美的玩赏也。好色者,精神之快感也。好淫者,肉体之欲望也。(《美学之要义及其地位》)④在他的论述中,"色"其实是"美"的意思,"好色"即对"美"的喜好、追求,它给人以精神上的快感,"淫"则是感官享乐、肉体欲望的满足。所以,萧公弼倡导青年男女"好色而不淫",不要"色而淫",因为:

是知色而不淫,提斯警悟,乃得入高尚审美之领域,而有无穷快乐者也。且美的机能快感,以身体健康为第一要义。则色而淫者,断未有不精神委惫,戕贼厥身者,此又与美之原则相背驰者也。(《美学之要义及其地位》)⑤

此外,萧公弼还把美分为"内美"与"外美"两种,他提出,外部之美,则假于外物,托于色相,意觉美观,缘生爱恋,是此美为自外部发生,是谓"外美"。若理性自适,意志修洁,天君泰然,良知愉快而感美者,是此美自内部发生,名曰"内美"。(《美学之要义及其地位》)⑥外物的形式、色彩等引起人们感官上的愉悦,这种物就具有"外美",而"内美"就是人们理智把握的对象,能让人们的心情舒适、唤起人们的良知,它不是来自事物的外部,而是来自于事物的内部,我们基本可将两者看作形式之美与内容之美。因此,萧公弼倡导人们要善于捕捉、欣赏"内美",艺术家也要创

---

① 谭玉龙.萧公弼著述整理及其美学思想研究[M].北京:中央编译出版社,2020:6-17.
② 萧公弼.美学[J].寸心杂志,1917(01):1-7.
③ 萧公弼.美学[J].寸心杂志,1917(01):1-7.
④ 萧公弼.美学(四续)[J].寸心杂志,1917(06):1-10.
⑤ 萧公弼.美学(四续)[J].寸心杂志,1917(06):1-10.
⑥ 萧公弼.美学(四续)[J].寸心杂志,1917(06):1-10.

造具有"内美"的艺术作品,如,彼诗文者,特词章家意志之寄托耳。无声音笑貌以悦耳,无美曼婀娜以悦目,然千载之下,使人读之,或拍案叫绝,或感慨欷歔,或长言吟歌,或手舞足蹈,乐而忘倦者,何也? 以其能激发人之感情思想,内美作用故也。(《美学之要义及其地位》)① 在他看来,文艺对人能否发挥审美教育作用关键在"内美"。

萧公弼明确区分了"好色(美)"与"好淫",让当时的青年男女不要以纯粹的欲望满足为审美。而"美"又分为"内美"与"外美",艺术家要以创造"内美"为己任,欣赏者也要观"内美",因为"内美"不仅是艺术作品的内在意蕴,还是圣人的高尚道德情操的体现。但是,萧公弼的美育思想中的最高境界并不是追求"内美"扬弃"外美",或者是取"色"去"淫",而是一种"忘美"的境界。

萧公弼开篇就讲,惟太上忘美,其次知美,下焉者欲而已矣。(《美学·概论》)② 他在《美学之要义及其地位》中也说过复因根器智慧之不同,而有太上、知之、纵欲三种之差别。③ 可见,他将审美分为了三个层次——忘美、知美和纵欲。

王国维曾说,美术之为物,欲者不观,观者不欲。(《〈红楼梦〉评论》)④ 人如果充满"欲",那么,他就不可能对艺术作品进行审美观照。同理,进行审美观照的人也不能带有"欲"。王国维将这种"欲"也称作"眩惑"。"眩惑"就让吾人自纯粹知识出,而复归于生活之欲(《〈红楼梦〉评论》)⑤。王国维之"欲"或"眩惑"其实与萧公弼笔下的"欲"或"纵欲"相通,即萧公弼反对的"好淫",它是一种阿私所好,或醉生梦死,其去禽兽也几希(《美学·概论》)⑥。"欲"就是一种无精神性的纯粹肉体欲望的满足与享乐,这与禽兽没有分别。在《发生的生物学的美学》中,萧公弼提到,今之青年男女,误于审美正鹄,迷恋姿色之美,沉溺肉体之欲,以致耗精疲神,戕贼厥身,年始及壮,躬若老耄。⑦ 这就是"纵欲"或"好淫"的真实写照。所以,这种"欲"其实根本就不是审美——"乌足以语于美哉"⑧!

"知美"就是一般人所达到的境界。萧公弼倡导人们要好"色(美)"去"淫"以及"重内而轻外",其实就是"知美"之境。这种境界"察物之媸妍,辨理之是非",也就说人有善恶美丑真假之分别,知道去追求真善美而丢弃假丑恶。这种"知美"让人们具有分辨美丑的能力,确实能让社会取得一定的进步,因为如果媸妍同观,精粗

---

① 萧公弼.美学(四续)[J].寸心杂志,1917(06):1-10.
② 萧公弼.美学[J].寸心杂志,1917(01):1-7.
③ 萧公弼.美学(四续)[J].寸心杂志,1917(06):1-10.
④ 王国维.王国维文学论著三种[M].北京:商务印书馆,2001:5.
⑤ 王国维.王国维文学论著三种[M].北京:商务印书馆,2001:6.
⑥ 萧公弼.美学(四续)[J].寸心杂志,1917(06):1-10.
⑦ 萧公弼.美学(三续)[J].寸心杂志,1917(04):1-6.
⑧ 萧公弼.美学[J].寸心杂志,1917(01):1-7.

齐等,是茅茨土阶之制,必无改于今矣,饮血茹毛之风,必相沿而不革矣(《美学之发达及学说》)[1]。但是萧公弼认为,人如果有了"知美"的观念后,就会心生欲念去追求美好的东西,故吾人观珍异则思把玩,视好花则拟攀折,见奇鸟则欲牢笼,遇美人则怀缱绻(《美学之发达及学说》)[2]。人们因为追求美好的东西,就会发生争斗,而且还会让自己快感与不快感之情生(《美学之发达及学说》)[3]。因为,对于美好的东西,人们得之则喜,失之则郁[4]。所以在萧公弼的美育思想中,这种"知美"只能排在第二个层次。

萧公弼的《美学》借用佛教理论阐发美学观点,如忘美之境、美与丑、淫与色、内美与外美等,其论述特点是"以佛释美"。具体来讲,萧公弼是站在大乘佛学的角度,推崇一种"忘美"之境。佛教认为,人的眼耳鼻舌身意("六根")接触外界后产生的色声嗅味触法("六尘")不仅是虚假的,而且还刺激人们产生欲望,增加人的无明。佛教把"六根""六尘"称为色或相,或色相。色相就是虚相、假相。佛教的最高境界就是求得涅槃,证得佛果,而要达到这一境界,首先就要否定自我,否定外物,否定宇宙间的一切。萧公弼引用《金刚经》说,无人相,无我相,无众生相。[5]"人""我""众生"都被否定了,哪里还有什么美与丑?这就是"夫相之不存,何有于美"?紧接着,萧公弼用《大乘起信论》的话讲,一切诸法,以心为主,从妄念起,凡所分别,皆分别自心,心不见心,无相可得[6],美与丑、善与恶都是一种"法",这种"法"是因人的妄念和分别心而产生的。萧公弼所提倡的是一种"人我两忘,法执双融"(《美学·概论》)[7]、"思虑寂然,嗜欲不萌"(《美之要义及其地位》)[8]的态度,人们褪去了妄念,消除了分别心,那么美与不美都已经不存在了——"美丑之态,无由发现"(《美之要义及其地位》)[9],这就是"忘美"的境界。

萧公弼美育思想的最高境界是"忘美"之境,而这种"忘美"之境并不是要人们不分美丑或是去美求丑。一方面,"忘美"之境需要以"知美"为基础,因为"知美"让人们区分"色"(美)与"淫"(丑)、"内美"与"外美"。另一方面,"忘美"之境又要超越"知美",因为"知美"会让人们心生欲念去追求美、色,而在追求过程中会产生情感上的烦恼,甚至是争斗。"忘美"之境就是在基于"知美"又超越之的过程中,打破美丑的界限,让人自然而然地处于高尚的道德修养的境界。它不是一种刻意为之的

---

[1] 萧公弼.美学(二续)[J].寸心杂志,1917(03):1-7.
[2] 萧公弼.美学(二续)[J].寸心杂志,1917(03):1-7.
[3] 萧公弼.美学(二续)[J].寸心杂志,1917(03):1-7.
[4] 萧公弼.美学(续)[J].寸心杂志,1917(02):1-6.
[5] 萧公弼.美学[J].寸心杂志,1917(01):1-7.
[6] 萧公弼.美学[J].寸心杂志,1917(01):1-7.
[7] 萧公弼.美学[J].寸心杂志,1917(01):1-7.
[8] 萧公弼.美学(四续)[J].寸心杂志,1917(06):1-10.
[9] 萧公弼.美学(四续)[J].寸心杂志,1917(06):1-10.

道德境界,而是一种超道德而道德的境界或曰自由的审美境界,而这种审美境界融摄道德之善,它是真善美的融合为一,也就是蔡元培先生所说的脱离一切现象世界相对之感情,而为浑然之美感[1]。

第二节 美育的特征

一、美育与教育体系

体系是由若干事物或思想观念按一定原则构成的相互联系、相互制约的一个整体。那么,教育体系通常指的是,一个国家的各级各类、各种形式的教育,相互联系、相互衔接而构成的一个整体。教育体系受时间和空间的限制,不同国家或不同时期的教育体系会有所不同。但是,许多国家,尤其是近几十年,都较为一致地重视美育,并将它设置为本国教育体系的一部分。

二战以后,以美、苏为首的两大阵营进入了"冷战"时期。1959年,苏联成功发射人造卫星上天,给美国带来了巨大震动。为了赶超苏联,美国教育界将重心放在了自然科学和高新科技方面,包含美育在内的人文科学教育受到冲击。人文教育的缺失必然造成人才综合素质的下降,所以在20世纪70年代,美国加强了被忽视已久的人文教育,美育正在其中。1994年,《2000年目标:美国教育法》颁布,艺术教育[2]被写入美国联邦法律,这一法令承认,艺术是一门核心课程,在教育中具有与英语、数学、历史、公民与政治、地理、科学和外语同样的重要地位[3]。苏联人造卫星上天也影响到日本,人文科学教育同样在日本受到削弱。不过,1984年,日本对教育进行了改革,提出五项原则,即国际化原则、自由化原则、多样化原则、信息化原则和重视人格化原则,其中,重视人格化原则的基本精神是教育应该促使年轻一代在德、智、体、美几个方面都得到和谐的发展[4]。

美育在传入我国之初,就受到学者们的重视,王国维、蔡元培等积极推动美育成为教育体系的一部分。王国维提出对"完全之人物"的教育分为内外两种,即心

---

[1] 蔡元培.对于教育方针之意见[C]//高平叔.蔡元培美育论集.长沙:湖南教育出版社,1987:5.
[2] 在欧美国家,艺术教育往往被等同于审美教育,如全美艺术教育方针研究委员会前秘书长史密斯(R. A. Smith)指出:"审美教育的总的目的,就是要培养人们的艺术欣赏能力,以便使他们在观赏艺术品时,获得艺术品所能提供的珍贵经验。"参见[美]史密斯.艺术感觉与美育[M].滕守尧,译.成都:四川人民出版社,2000:39.
[3] 王伟.当代美国艺术教育研究[M].郑州:河南人民出版社,2004:3.
[4] 戴本博.外国教育史:下册[M].北京:人民教育出版社,1990:333.

育与体育,而心育由智育、德育与美育构成,三者并行而得渐达真善美之理想,又加以身体之训练,斯得为完全之人物,而教育之能事毕矣[①]。蔡元培也将教育分为两部分——政治教育与超轶政治教育,前者包含军国民主义、实利主义与德育主义,后者包含世界观与美育主义。他以身体为喻说明这五种教育缺一不可,如,军国民主义者,筋骨也,用以自卫;实利主义者,肠胃也,用以营养;公民道德者,呼吸机循环机也,周贯全体;美育者,神经系也,所以传导;世界观者,心理作用也,附丽于神经系而无迹象之可求。此即五者不可偏废之理也。[②]中华人民共和国成立后,美育依然受到重视。1952年,教育部颁布《小学暂行规程(草案)》和《中学暂行规程(草案)》,要求施行智育、德育、体育、美育全面发展的教育。进入新时期以后,关于普及美育、完善美育的步伐加快。《关于第七个五年计划的报告》(1986年4月)明确要求:"各级各类学校都要认真贯彻执行德育、智育、体育、美育全面发展的方针,并根据各自的特点适当加强劳动教育。"基于此,有学者提到,美育正式作为一项重要的教育方针重返教育舞台是在1986年,因为其正式具有了法律和政治的保障。[③]1990年后,党中央、国务院继续制定颁布多项支持、发展美育事业的政策法规,如《中共中央国务院关于深化教育改革全面推进素质教育的决定》(1999年6月)、《学校艺术教育工作规程》(2002年7月)、《全国学校艺术教育发展规划(2001—2010年)》(2002年5月)等。其中,《中共中央国务院关于深化教育改革全面推进素质教育的决定》要求:"实施素质教育,必须把德育、智育、体育、美育等有机地统一在教育活动的各个环节中。……要尽快改变学校美育工作薄弱的状况,将美育融入学校教育全过程。"党的十八大以后,中国特色社会主义进入新时代,美育受到前所未有的重视。中共中央办公厅、国务院办公厅印发《关于全面加强和改进新时代学校美育工作的意见》,教育部也印发了《关于切实加强新时代高等学校美育工作的意见》,等等。美育被明确要求纳入各级各类学校人才培养的全过程,贯穿学校教育各学段,并且要以提高学生审美和人文素养为目标,弘扬中华美育精神,培养德智体美劳全面发展的社会主义建设者和接班人。

此外,美育还在教育体系中占据基础地位。感觉是事物直接刺激感官时对事物的个别属性的反应和把握,它是一切认识的起点。以感觉为基础的感性认识又是人类的低级认识,不过,更高级的理性认识要以感性认识为基础。美育的重要任务之一就是发展人的感性能力,使人能够敏锐地感受到各种各样的形象,辨别出其中的差异和细节。从婴幼儿开始,人类就通过具体、生动的形象认识世界,发展自

---

① 王国维.论教育之宗旨[C]//周锡山,编校.王国维集:第4册.北京:中国社会科学出版社,2008:8.
② 蔡元培.对于教育方针之意见[C]//文艺美学丛书编辑委员会.蔡元培美学文选.北京:北京大学出版社,1983:5.
③ 吴东胜.美育通论[M].广州:暨南大学出版社,2018:146.

我,成为日后进行认识、道德、实践等活动的基础。所以苏联教育家苏霍姆林斯基曾说,我一千次地确信,没有一条富有诗意的、感情的和审美的清泉,就不可能有学生全面的智力发展。①

总之,美育是教育体系中不可或缺的一部分,并且在其中占据基础地位。

二、美育的愉悦性

愉悦性是审美教育的一个重要特点,愉悦性即"乐(lè)",可以理解为我们日常生活中说的快乐。

"乐"是人的情感之一,与人的需求满足与否有关。当人的需求得到满足时就会感到快乐,否则就会沮丧、忧愁、伤心,甚至愤怒。动物的快乐主要产生于肉体需要的满足,比如食物与交配,能够维持自己的生命,繁衍后代,它们的快乐是一种肉体欲望之乐。达尔文曾证明了人类从某些低级类型诞降而来②,所以人也像动物一样需要首先满足肉体需要,维持自己的生命和生活。但是人能够从事动物无法从事的劳动实践,即使用和制造工具,这不仅使人直立行走,解放双手,脱离动物,还使人在不断改造外在自然和内在自然基础上,进一步拉开与动物的距离而成为社会的人,让人除具有肉体欲望的需求外,还追求更高的精神需求,如伦理、宗教、审美等。而精神需求的满足给人带来的快乐是超越肉体欲望的精神之乐,美育所具有的愉悦性正是这种精神之乐。

美育为什么可以给人带来精神之乐呢?首先,审美教育的过程充满着快乐。除必要的美学理论知识讲解外,美育常常引导学生在具体的审美体验中受到启发、陶冶。无论是课堂上为学生展播优秀的文艺作品,还是鼓励他们课后自行对艺术、自然等进行鉴赏,都是旨在让学生在具体的审美体验中接受审美教育。贺拉斯在《诗艺》中提出著名的美育原则——"寓教于乐",如:

> 诗人的愿望应该是给人益处和乐趣,他写的东西应该给人以快感,同时对生活有帮助。在你教育人的时候,话要说得简短,使听的人容易接受,容易牢固地记在心里。……如果是一出毫无益处的戏剧,长老的"百人连"就会把它驱下舞台;如果这出戏毫无趣味,高傲的青年骑士便会掉头不顾。寓教于乐,既劝谕读者,又使他喜爱,才能符合众望。③

贺拉斯提到文艺应该"给人益处""对生活有帮助"以及"劝谕读者",这是可取的。但这些作用奠定在文艺给观众的"乐趣""快感"与"使他喜爱"的基础上,否则

---

① 苏霍姆林斯基.教育的艺术[M].肖勇,译.长沙:湖南教育出版社,1983:161.
② 达尔文.人类的由来:上册[M].潘光旦,胡寿文,译.北京:商务印书馆,1983:7.
③ 亚里士多德,贺拉斯.诗学 诗艺[M].罗念生,杨周翰,译.北京:人民文学出版社,1962:155.

观众不会感兴趣,与文艺之间的审美关系无法确立,审美活动无法进行,那么,文艺对观众的道德教化必然无法实现。于是,贺拉斯提出了"寓教于乐"的美育原则,即将文艺的道德教化功用寓于愉快的情感体验之中,或者说观众在对文艺的愉悦的审美体验中不知不觉地受到道德浸染。比如,近年来,消防类题材的电影、电视剧大量涌现,《烈火英雄》《逃出生天》《救火英雄》《特勤精英》等是其中具有代表性的作品。这些作品主题鲜明,制作精良,情节跌宕起伏,人物塑造卓越,给观众带来了一场视听上的盛宴。而在观众沉浸在美的享受中的同时,我国消防队员在人民生命财产安全受到威胁时,不畏牺牲、勇往直前、无私奉献等崇高精神深深地打动着观众。换句话说,在审美体验中,观众更加深入地体会到救火英雄们的崇高品质,从而使自己的精神、心灵得到净化,这就是"寓教于乐"。

其次,美的本质也决定了美育具有愉悦性。从古到今,中西美学家对美的本质有不同的看法,美也具有多种类型,如优美、壮美、崇高、悲剧、喜剧,等等,尽管如此,我们在日常生活中体验到的"美"却较为一致地具有一种特性——"乐",即美的对象总是给人"乐"的享受。荀子曾说,夫乐者,乐也,人情之所必不免也,故人不能无乐。(《荀子·乐论》)①第一个"乐(yuè)"指音乐,准确地说,应该是诗舞乐的结合,第二个"乐(lè)"指快乐。在荀子看来,音乐不仅是演奏者内心快乐情感的表达,还能够给观众带来快乐,所以作为审美对象的音乐的本质就是"乐"。但是,"乐"需要受到一定的约束,否则就导致混乱,故荀子强调,乐者,乐也。君子乐得其道,小人乐得其欲。以道制欲,则乐而不乱;以欲忘道,则惑而不乐。(《荀子·乐论》)②唐代李荣则明确提出,美,乐也。(《道德真经注上》)③"美"本质上就是使人快乐。他又说到,称心为美,乖意为恶。(《道德真经注上》)④"称心"就是合自己的心意,"乖意"则与自己的心意相背。前者给人以快乐愉悦,后者让人忧愁不满。这进一步说明,"美"就是一种快乐,否则就为丑。当然,美的对象给人的快乐并非肉体欲望之乐,而是对象通过人的视听感觉直指人心的超越欲望功利的精神享受,即审美愉悦。所以,美育通过美的对象使学生受到感化,教育自然带有愉悦性的特点。

第三,美育的结果旨在引导学生享受充满趣味的人生。美育的直接目的是提升学生的审美素养和人文素养,而实际上,审美与人文素养的提升是为了学生获得更高的人生境界或精神境界。张世英将人生境界由低到高分为四种:欲求境界、求知境界、道德境界与审美境界。⑤审美境界是人生的最高境界。审美不是生理欲望的满足,而是一种精神享受活动,所以它是对欲求境界的超越。求知境界是作为主

---

① 王先谦.荀子集解:下册[M].北京:中华书局,1988:379.
② 王先谦.荀子集解:下册[M].北京:中华书局,1988:382.
③ 蒙文通.辑校李荣《道德经注》[M]//蒙默.蒙文通全集:第5卷.成都:巴蜀书社,2015:241.
④ 蒙文通.辑校李荣《道德经注》[M]//蒙默.蒙文通全集:第5卷.成都:巴蜀书社,2015:256.
⑤ 张世英.美在自由——中欧美学思想比较研究[M].北京:人民出版社,2012:302-316.

体的人不再拘泥于最低生存需求,而产生了对客体进行认知的需求,但此时的主客体之间是相互割裂甚至对立的。张世英指出,"求知境界"往往与"功利境界"紧密联系在一起,因为人之所以有求知欲,最初是出于无功用的好奇心,后来则出于功用心,即出于通过认识规律,使客体为我所用的目的[①]。道德境界虽是对社会有利的,主体具有了责任感、义务感等,处于这一境界的人不谋求自己的私利而谋求他人之利、社会之利、国家之利,有时甚至舍己为人。但这一境界终究与功利有关,而且主体总是处于外在的伦理规范的束缚中,没有实现充分的自由,它虽高于求知、功利的境界,但并不是人生最高境界。之所以认为审美境界是人生的最高境界,是因为审美活动是超越肉体享受、功利欲望的精神享受活动,同时,也是消解主客两分或对立的主体间性活动。在审美活动中,审美对象不再是与我对立的客体,我也不是与客体相对立的主体,审美对象与我一样有生命、有情感,物我关系超越了主客两分而走向一个主体与另一个主体之间的关系,即主体间性,物我合一,心物交融,整个心灵进入了超然物外的自由境界之中,而自由给人的是"至乐"。一言以蔽之,美育助人进入最高的人生境界,即审美境界,审美境界就是自由的境界,自由的实现就是一种超越一般的快乐的至乐,这与颜回获得的"自得之乐"类似。

三、美育的形象性

除必要的有关美学、艺术、文化等的理论知识讲授外,美育还要使用具体可感、生动鲜明的形象来影响、感染学生,使他们的审美能力、审美情趣、审美理想等得到培养与提升。所以美育具有形象性,这是美育的又一特点。

中西历代哲学家、美学家对"美"的理解和定义都有所不同,如美是理式、美是和谐、美在意象、美在生命等,但无论如何,美都是通过一系列具体的形象呈现出来的,正如德国哲学家黑格尔所说的,美只能在形象中见出。[②]我国美学家蒋孔阳也提出过,美是自由的形象。[③]

我们知道,人通过劳动实践逐渐认识、掌握和改造对象,使对象为我所用,从而实现自由。正确和成功地认识、掌握、改造对象即合规律性,使对象为我所用即合目的性,前者为真,后者为善。合规律性与合目的性的统一,即真与善的统一就是美,就是自由。对象能够显现自由,或对象能让人感受到自由,那么,它就是美的形象、自由的形象,所以说美是自由的形象。

审美教育的基本手段和工具就是一系列美的形象,它们分为自然美、艺术美和社会美。自然美就是自然界中的美的形象,比如青城山之美。青城山之美不是抽

---

① 张世英.美在自由——中欧美学思想比较研究[M].北京:人民出版社,2012:305.
② 黑格尔.美学:第1卷[M].朱光潜,译.北京:商务印书馆,1979:161.
③ 蒋孔阳.美学新论[M]//蒋孔阳全集:第3卷.合肥:安徽教育出版社,1999:204.

象的概念,而是由四季常青的草木、状若城郭的诸峰千姿百态、妙趣横生的动人形象构成的,让人心旷神怡,切实沉浸在"青城天下幽"的美景之中。作为我国四大名著之一的《红楼梦》是一面反映封建社会晚期的镜子,包含有当时政治、经济、文化等丰富的信息。但是使它蜚声海内外的并不是像历史文献那样对现实的实录,而是将丰富的信息化入贾宝玉、林黛玉等人物以及他们的行动中。所以《红楼梦》的美(即艺术美)离不开形象,正是通过其中一系列生动的形象,人们才了解当时的世态人生。社会美即社会领域中的美,人的美是社会美的核心。人的美由外在美与内在美构成。前者体现在人体、容貌、服饰、语言、风度等方面,后者与人的品德、情操、修养、学识等相关。相对于内在美而言,人的外在美本身就是形象,但内在美更为重要,人的美由内在美主导。尽管如此,在日常生活中,人们了解一个人最初是由形象开始的;《大学》曰"诚于中,形于外"[1],人的品质、情操、修养、学识等内在美必须通过外在形象才能呈现出来。例如,宋庆龄为中国人民的独立、解放奉献了毕生精力,这样的崇高品质在她的外在形象上淋漓尽致地展现出来,让人们深切感受到她的优雅圣洁之美。

简言之,美育并非单纯的美学、文艺理论知识的教育,而是通过具体可感、生动鲜明的自然美、艺术美和社会美来感染学生、净化学生,以提升他们的感性能力,而"凡是美,都是形象""美离不开形象"[2],所以具体可感、生动鲜明的自然美、艺术美和社会美指的是一系列丰富多彩的美的形象,美育具有形象性的特点。

四、美育的渐进性

渐进性是审美教育的第三个特点,它指的是对学生的审美教育不是一蹴而就的,而是一个循序渐进的过程。

一方面,美育要以物质需要的满足为基础,进而实现由功利到超功利的转变。马克思曾说过,忧心忡忡的、贫穷的人对最美丽的景色都没有什么感觉。[3] 对美景的感觉就是审美,而审美是人的更高级的精神享受活动,它必须超越物质需要、肉体欲望、功利得失。而在马克思、恩格斯看来:

> 我们首先应当确定一切人类生存的第一个前提也就是一切历史的第一个前提,这个前提就是:人们为了能够"创造历史",必须能够生活。但是为了生活,首先就需要衣、食、住以及其他东西。因此第一个历史活动就是生产满足这些需要的资

---

[1] 郑玄,注.孔颖达,疏.礼记正义[M]//阮元,校刻.十三经注疏:下册.北京:中华书局,1980:1673.

[2] 蒋孔阳.美学新论[M]//蒋孔阳全集:第3卷.合肥:安徽教育出版社,1999:204.

[3] 马克思.1844年经济学哲学手稿[M].中共中央马克思恩格斯列宁斯大林著作编译局,编译.北京:人民出版社,2000:87.

料,即生产物质生活本身。……已经得到满足的第一个需要本身、满足需要的活动和已经获得的为满足需要用的工具又引起新的需要。①

人的首要活动是物质生产,满足的是衣食住行等首要需要,即物质需要。当物质需要得到满足时,人才可能去追求更高的精神需要,这就是马克思所谓的"新的需要"。因此,物质需要都没有满足的贫穷的人,会把主要精力放在维持自己生命和生活上,不会对美景有所感觉,一般而言,也不会花精力和时间去审美。从这个意义上说,美育需以物质需要满足为基础,进而实现由功利到超功利的转变。

另一方面,在物质需要得到满足的基础上,人虽可以进行审美,但审美也是有层次的,由一般性审美向高品位审美的提升也是循序渐进的。李泽厚将人的审美分为三个层次:悦耳悦目、悦心悦意与悦志悦神。

美总是以某种形象呈现于人的感官,它给人的感官带来的快乐就是"悦耳悦目",但这种耳目之乐仍融入了人的想象、理解、情感等。在西方美学史上,从客体方面探求美本质所得出的结论,如最美的形状是圆形,美在各种关系的和谐,蛇形最美,等等,这些观点其实暗含着对象的形式能够给人的耳目带来某种快乐,即悦耳悦目。尽管悦耳悦目还是较为低层次的审美,但它仍然是一种由动物到人的飞跃。实践使人的感官不同于动物的感官,因为动物的感官只能发现与生命、生存相关的对象,这些对象与它们的物质需要、生理欲望紧密相关。例如,雄孔雀精心打理自己的羽毛,雌孔雀也被它所吸引,但雌孔雀通过美丽的羽毛不是获得精神上的享受而是性吸引,雄孔雀打理羽毛的目的也是为了交配,所以达尔文认为动物也能审美的观点是值得商榷的②。经过几百万年的劳动实践,人的感官可以超越物质需要、生理欲望,去感受和玩味对象的形象,这就是马克思所说的有音乐感的耳朵和能感受形式的眼睛③。在审美活动中,人的耳目不再拘泥于生理欲望,也不束缚于理性认识,而是通过审美对象的形象获得精神上的快感,即美感。

"悦心悦意"指通过耳目,美的对象带来的愉悦走向人的内在心灵。比如齐白石的画,线条、色彩、构图等给人的耳目带来美的享受,但并不止于此,画中形象能够唤起观画者内心清新放浪、春天般的生活的快慰与喜悦。所以,李泽厚说过,悦心悦意是对人类的心思意向的某种培育。看罗丹、伦勃朗的造型艺术,听巴赫、贝多芬的音乐,就并不是只悦耳悦目,而是培育心意。读文学作品,这点

---

① 马克思,恩格斯.德意志意识形态[M]//马克思恩格斯选集:第1卷.北京:人民出版社,1972:32.
② 达尔文.物种起源[M].周建人,叶笃庄,方宗熙,译.北京:商务印书馆,1995:220.
③ 马克思.1844年经济学哲学手稿[M].中共中央马克思恩格斯列宁斯大林著作编译局,编译.北京:人民出版社,2000:87.

当然更明显。①

人的最高审美能力和审美的最高层次为"悦志悦神"。"悦志"指超道德而道德，即不受外在伦理规范的束缚却又合于伦理道德，孔子晚年所达到的"从心所欲不逾矩"就是这种境界。"悦神"是自我突破有限、实现无限，从而进入大道之境、存在之域。这也是我国历史上许多文人歌颂和追求的理想状态。苏洵曾写道，开樽自献酬，竟日成野醉。青莎可为席，白石可为几。(《藤樽》)②苏轼也说，醉中走上黄茅冈，满冈乱石如群羊。冈头醉倒石作床，仰看白云天茫茫。(《登云龙山》)③在"醉"之中，天地成为人的屋宇，万物成为人的家居，天人合一，物我不二，即天地与我并生，而万物与我为一(《庄子·齐物论》)④。"悦志""悦神"冲破了道德、时空的种种束缚而实现了自由，自由就是人能够获得的"至乐"。

综上所述，审美教育需在长期的实践基础上，使人超越物质需要、生理欲望等并追求审美对象的"悦耳悦目""悦心悦意"，进而实现"悦志悦神"这一审美的极境。美育要实现这一目标不是立竿见影的，而是循序渐进的。

第三节 现代性与美育

一、现代性的两面性

20世纪90年代中后期，"现代性"成为我国学术界讨论的热门话题，涉及文学、文化、哲学、美学、政治学、经济学等许多领域。

"现代"在拉丁语中为modo，意思是今天、当前，是与过去、之前相区别的时间性概念。它在6世纪的拉丁语中演变为modernus，具有希腊文neo(即新)的含义，对中世纪人来说，modernus是与古代相对的现在的一种新的东西⑤。可见，凡是与古代相区别的事物、思想、时代等都可以称作"现代"，"现代"也因此具有了明显的文化意涵。"现代"是游移的而非固定的概念，因为时代不同，它的所指就会呈现出一定的差异。这正如雷内·韦勒克所言，英文中的'现代'(modern)这个术语至今

---

① 李泽厚.美学四讲[M]//美学三书.合肥:安徽文艺出版社,1999:542.
② 苏洵,撰.曾枣庄,金成礼,笺注.嘉祐集笺注[M].上海:上海古籍出版社,1993:470.
③ 苏轼.苏轼诗集:第2册[M]//曾枣庄,舒大刚,主编.三苏全书:第7册.北京:语文出版社,2001:477.
④ 郭庆藩.庄子集释:上册[M].北京:中华书局,2004:79.
⑤ 寇鹏程.古典、浪漫与现代——西方审美范式的演变[M].上海:上海三联书店,2005:226.

还保留着早期的意义,凡与古代相对,从中世纪以来的一切均可称作'现代'。①随后,学者们对"现代"进行不断研究、阐发,为它所体现的"新"不断注入新的内涵,使"现代"逐渐成为新社会形态、新生活方式、新思想态度、新文明样态等的代名词。换句话说,这一系列新社会形态、新生活方式、新思想态度、新文明样态等具有的现代特性就是"现代性"。美国学者劳伦斯·卡洪总结道,对于'现代性'来说,在当代知识界的讨论中它有一个相对固定的所指。它指的是过去的几个世纪在欧洲和北美发展起来的一种新文明,这种文明在20世纪早期得到了最充分的表现。'现代性'表明这种文明是现代的,就是说在某种意义上它在人类的历史上它是独一无二的。②

现代性是"现代化"的结果,是人类社会从农业社会向工业社会发展的现代化进程中形成的特征,现代性就是人类社会各方面的现代化。詹姆斯·奥康内尔说:"在社会科学中,有一个名词用以指一种过程,在这个过程中,传统的社会或前技术的社会逐渐消逝,转变成为另一种社会,其特征是具有机械技术以及理性的或世俗的态度,并具有高度差异的社会结构。这个名词就是现代化。"③现代化使社会具有机械技术、理性或世俗态度等进步性,同时也造成了社会结构的高度差异。因此,社会的现代化就决定了两种现代性的出现,即作为西方文明史的一个阶段的现代性与作为美学概念的现代性,也可理解为社会现代性与文化现代性。卡林内斯库对两种现代性进行了较为详细的解释:

关于前者,即资产阶级的现代性概念,我们可以说它大体上延续了现代观念史早期阶段的那些杰出传统。进步的学说,相信科学技术造福人类的可能性,对时间的关切(可测度的时间,一种可以买卖从而像任何其他商品一样具有可计算价格的时间),对理性的崇拜,在抽象人文主义框架中得到界定的自由理想,还有实用主义和崇拜行动与成功的定向——所有这些都以各种不同程度联系着迈向现代的斗争,并在中产阶级建立的胜利文明中作为核心价值观念保有活力、得到弘扬。

相反,另一种现代性,将导致先锋派产生的现代性,自其浪漫派的开端即倾向于激进的反资产阶级态度。它厌恶中产阶级的价值标准,并通过极其多样的手段来表达这种厌恶,从反叛、无政府、天启主义直到自我流放。因此,较之它的那些积极抱负(它们往往各不相同),更能表明文化现代性的是它对资产阶级现代性的公

---

① R.韦勒克.文学思潮与文学运动的概念[M].刘象愚,选编.北京:中国社会科学出版社,1989:253.
② 转引自寇鹏程.中国审美现代性[M].上海:上海三联书店,2009:2.
③ 詹姆斯·奥康内尔.现代化概念[C]//西里尔·E·布莱克.比较现代化.杨豫,陈祖洲,译.上海:上海译文出版社,1996:19.

开拒斥,以及它强烈的否定激情。①

两种现代性虽然相互对立,却不可分离,因为正是由于社会现代性才导致了文化或美学的现代性中的批判、拒斥。生活在现代社会中的人,一方面享受着现代性带来的科技飞速进步、经济持续发展、物质资料不断丰盈等福利,另一方面又承受着现代性造成的物欲膨胀、诗意人生的丧失、内心荒漠化、人的异化以及贫富差距加大、生态环境恶化等巨大痛苦。两种现代性其实显示出现代性的两面性,即现代性在从各方面解放人类的同时又反过来束缚人类,使人类片面发展为单面人,所以本雅明尖锐地指出,现代性对个人的自然创作冲动的压抑远比个人的力量强大,如果一个人越来越感到疲惫而以死亡作为逃避,那是非常可以理解的。②

面对两种现代性带来的现代性的两面性,审美教育的巨大价值就显露出来,因为美是自由的象征,审美的王国就是自由的王国。审美能够使物质的东西得到理性的尊重,使理性的东西得到感性的青睐,正是通过美,人们才可以走向自由③。

二、美育与现代人的全面发展

美育即审美教育,它本身旨在提升人的审美素养和人文素养,能够让人悦耳悦目、悦心悦意,甚至悦志悦神,使感性不再受到理性的压制,从而实现人的自由。除此之外,美育与德育、智育、体育与劳动教育具有紧密的关系,促进其他教育有效培养出能够适应现代社会要求的身心健康的德智体美劳全面发展的人。

(一)以美储善

中华民族历来重视伦理道德,中华文化也常被认为是一种伦理型文化。梁漱溟先生就说过,融国家于社会人伦之中,纳政治于礼俗教化之中,而以道德统括文化,或至少是在全部文化中道德气氛特重,确为中国的事实。……我们尽可确言道德气氛特重为中国文化之一大特征。④正由于此,我国古人并不把文学艺术当成单纯供娱乐休闲的对象,而是能够发挥道德教化功能的载体。

孔子曰:"礼云礼云,玉帛云乎哉?乐云乐云,钟鼓云乎哉?"(《论语·阳货》)⑤

---

① 马泰·卡林内斯库.现代性的五副面孔——现代主义、先锋派、颓废、媚俗艺术、后现代主义[M].顾爱彬,李瑞华,译.北京:商务印书馆,2002:48.
② 本雅明.发达资本主义时代的抒情诗人[M].张旭东,魏文生,译.北京:生活·读书·新知三联书店,1989:94.
③ 席勒.审美教育书简[M]//席勒经典美学文论:注释本.范大灿,译.北京:生活·读书·新知三联书店,2015:211.
④ 梁漱溟.中国文化要义[M].上海:上海人民出版社,2011:22—23.
⑤ 何晏,注.邢昺,疏.论语注疏[M]//阮元,校刻.十三经注疏:下册.北京:中华书局,1980:2525.

马融《注》曰:"乐之所贵者,移风易俗,非谓钟鼓而已。"[1]荀子曰:"乐者,乐也。君子乐得其道,小人乐得其欲。以道制欲,则乐而不乱;以欲忘道,则惑而不乐。故乐者,所以道乐也,金石丝竹,所以道德也。乐行而民乡方矣。故乐者,治人之盛者也,而墨子非之。"(《荀子·乐论》)[2]孔子、荀子所重视的并非礼乐的形式,而是礼乐发挥的移风易俗、导人向善的作用。也就是说,儒家具有一种通过美育促进德育的思想。张彦远将儒家的这种美育思想引入了绘画,明确提出,夫画者:成教化,助人伦,穷神变,测幽微,与六籍同功,四时并运,发于天然,非由述作。(《历代名画记·叙画之源流》)[3]在西方美育中,也存在类似的思想,如亚里士多德认为音乐应发挥教育、净化和消遣的作用,他提到,我们仍然主张,音乐不宜以单一的用途为目的,而应兼顾多种用途。音乐应以教育和净化情感为目的,第三个方面是为了消遣,为了松弛与紧张的消释。[4]要言之,这些美学家旨在通过美育实施德育,重视文艺的道德教化功能,使欣赏者获得道德的浸染而变得更加善良。这就是以美储善。

审美确实可在人的德性修养方面发挥积极的作用,美育能够促进德育。这首先是因为文艺可承载道德内涵,彰显道德精神。例如,小说《三国演义》中的关羽,英勇仗义,赤胆忠心,以忠义名于世;李白的诗歌《赠汪伦》,朴实地体现出汪伦对李白的真挚深厚的友情;董其昌的山水画《秋山高士图》,画中虽无高士,但通过几株树、几座山体现出"以天地为师"的"闲静无他好萦"的高士精神(《董玄宰自题画幅》)[5]。近年来,消防题材的电影、电视剧如雨后春笋般破土而出,《逃出生天》《救火英雄》《特勤精英》《烈火英雄》等是这类影视剧的代表。它们的故事架构清晰,情感真挚,剧情跌宕起伏,展现出在火灾面前,消防人员舍己为民、不畏艰险的崇高道德品质。当然,文艺有时也通过揭露丑恶来达到扬善的目的,如杜甫《自京赴奉先县咏怀五百字》曰:"朱门酒肉臭,路有冻死骨。荣枯咫尺异,惆怅难再述。"[6]杜诗生动地刻画出当时统治阶层不顾百姓死活而贪图享乐的丑恶形象。人们通过欣赏这些文艺作品,就会得到心灵的洗礼、道德的浸染,使人更加坚定地追求善、向往善而否定恶、批判恶。

蔡元培先生多次倡导"以美育代宗教",其中的一个重要原因是美育是自由的,

---

[1] 何晏,注.邢昺,疏.论语注疏[M]//阮元,校刻.十三经注疏:下册.北京:中华书局,1980:2525.
[2] 王先谦.荀子集解:下册[M].北京:中华书局,1988:382.
[3] 张彦远.历代名画记[M].上海:上海人民美术出版社,1964:1.
[4] 亚里士多德.政治学[M]//苗力田,主编.亚里士多德全集:第9卷.北京:中国人民大学出版社,2016:284.
[5] 汪砢玉.珊瑚纲[M]//景印文渊阁四库全书:第818册.中国台北:台湾商务印书馆,1986:795.
[6] 杜甫,著.杨伦,笺注.杜诗镜铨:上册[M].上海:上海古籍出版社,1980:110.

而宗教是强制的①。其实,纯粹的道德教育也是强制的,因为作为思想品质、道德修养教育的德育,总是让人遵守一定的行为规范与准则,体现着"善"的要求。而这种规范、准则是外在于人的强制,人始终处于服从的状态之中。所以在日常生活中,人有时会对这种强制、服从产生逆反心理。所谓"美育是自由的"并不是说,美育让人毫无规则、无拘无束、任性妄为,而是美育是通过审美体验的途径,通过生动形象的方式,将道德观念传递给欣赏者,让他们在不知不觉中获得道德教育。冯梦龙曾说,试令说话人当场描写,可喜可愕,可悲可涕,可歌可舞;再欲捉刀,再欲下拜,再欲决胆,再欲捐金;怯者勇,淫者贞,薄者敦,顽钝者汗下。虽小诵《孝经》《论语》,其感人未必如是之捷则深也。(《〈古今小说〉序》)②人对文艺的审美体验往往是深入其中、情真意切的,以美育促德育有时比单纯的道德说教更能使道德观念深入人心。所以,高尔基说过,美学是未来的伦理学。(《论作家》)③

(二)以美启真

席勒曾说,审美状态在认识和道德方面可以结出丰硕的果实。④美育在发挥以美储善功能的同时,还可以发挥以美启真的作用,即美育对智育的促进。智育是传授知识、培训技能的教育,使受教者认识、掌握客观规律,其目的是求真。实践美学认为,美是合规律性与合目的性的统一⑤。合规律性即真,合目的性为善。审美就自然包含对真的把握。艺术是美的结晶,是实施美育的重要途径,美育促进、启发人对自然、社会、历史等认识的功能,在对艺术的审美中尤为突出。

艺术同哲学、政治、法律、历史等一样是社会意识形态,是社会存在的反映,那么,艺术对欣赏者而言,具有一定的认识功能,如孔子曰:"小子何莫学夫《诗》?《诗》可以兴,可以观,可以群,可以怨。迩之事父,远之事君,多识于鸟兽草木之名。"(《论语·阳货》)⑥其中,《诗》可促使人"多识于鸟兽草木之名"讲的正是艺术的认识功能。但艺术是以生动、活动、具体、可感的形象而非抽象的概念反映现实,所以对艺术的欣赏可视作一种通过审美体验而获得知识、加深认识、启迪智慧的活动,此即为以美启真的一方面内容。北宋画家张择端创作的《清明上河图》,以五米多长

---

① 蔡元培.以美育代宗教[C]//文艺美学丛书编辑委员会,编.蔡元培美学文选.北京:北京大学出版社,1983:180.

② 高洪钧,编著.冯梦龙集笺注[M].天津:天津古籍出版社,2006:80.

③ 转引自斯托洛维奇.审美价值的本质[M].凌继尧,译.北京:中国社会科学出版社,2007:100.

④ 席勒.审美教育书简[M]//席勒经典美学文论:注释本.范大灿,译.北京:生活·读书·新知三联书店,2015:323.

⑤ 李泽厚.美学的对象与范围[C]//中国社会科学院哲学研究所美学研究室,上海文艺出版社,文艺理论编辑室,合编.美学:第3期.上海:上海文艺出版社,1981:17.

⑥ 何晏,注.邢昺,疏.论语注疏[M]//阮元,校刻.十三经注疏:下册.北京:中华书局,1980:2525.

的画卷描绘了清明节时北宋都城汴京(今河南开封)的城市风貌和各色人等的生活。一方面,对它的审美欣赏可让人感知到画家用笔兼工带写,设色淡雅,运用了我国绘画独特的散点透视法。另一方面,正是通过画家高超的写实手法,欣赏者才能看见当时的士、工、农、商等各类人群的生活、工作,目睹城市中的手工作坊、茶馆、酒店等各种状况,再现了北宋末年工商业的发展和城市的繁荣,为我们提供了形象可感的历史资料。

《清明上河图》描绘的不同衣着、不同神态的人物共500多人,他们做着各自的事情,其间还有戏剧性的情节和冲突①。对该画作的观赏就需要细致的观察力,或者说对这样的画作进行审美鉴赏可以锻炼人的观察力。这正是科学的求真活动所需要的能力。另外,如前所述,想象是审美能力的重要内容。文艺的形式是有限的,但它的意蕴却可以是无限的,所以文艺总是给接受者留下许多未定点,需要接受者发挥想象去填补、扩充。李白《望庐山瀑布》曰:"飞流直下三千尺,疑是银河落九天。"②细细品味"飞""落"字眼,结合天上的银河,积极调动审美想象,欣赏者才能通过诗歌有限的字句,体会到雄奇壮丽的庐山瀑布。当然,其中也有形象思维在发挥作用。钱学森先生就十分重视科学研究中的形象思维。③而想象、灵感等在求真活动中的作用也是不可忽视的。当科学家意识到一点可能有价值的东西,紧紧抓住不放,然后开展想象推理、概念思维、逻辑推论以及实验,最终成功了。这是以美启真的第二个方面内容。不过,李泽厚先生说过,'以美启真',也就是'启'一下而已,它会启示你真理的方向,但达到真理的道路,还是要靠真正的理论思维来把握,并要有经验来证明。④以美启真并不是用审美教育代替智育。

以美启真还有一方面的内容是,科学求真活动是十分艰辛的,探求真理的过程是十分漫长的,需要人的思想、思维高度集中。而对艺术、自然进行审美欣赏可以让人心情放松,让高速运转的大脑得以休整。劳逸结合才能使人更加有效地投入下一阶段的求真活动,也有利于科研人员的身心健康。

(三)以美塑形

以美塑形涉及美育促进体育的问题。体育是提高人的身体素质、增进身体健康的教育,以提高人对外界环境的适应能力和生存能力。美育诉诸于心,体育诉诸于身。身心相互依存、相互促进,人的生命存在是身心合一的有机体。

---

① 李希凡,总主编.中华艺术通史:五代两宋辽西夏金卷·下编[M].北京:北京师范大学出版社,2006:157.
② 李白.李太白全集:中册[M].北京:中华书局,1977:989.
③ 参见钱学森.钱学森讲谈录——哲学、科学与艺术[M].北京:九州出版社,2009:85.
④ 李泽厚.中国哲学如何登场——与刘绪源对谈(新编版)[M].南京:南京大学出版社,2021:92.

司马谈曾说过,凡人所生者神也,所托者形也。神大用则竭,形大劳则敝,形神离则死。死者不可复生,离者不可复反,故圣人重之。由是观之,神者生之本也,形者生之具也。(《论六家要旨》)①美育通过对人的感性、情感、心灵、精神等影响,一定有利于至少间接有利于身体某些器官的调节,发挥保持人的身体健康的作用。

体育虽以身体健康为主要目标,但人们并不满足于此。体育运动中的体操、滑冰等,不仅为观众展现出运动员健康的体魄,还在优美的音乐伴奏中,将优雅、矫健的身姿造型呈现给观众。古希腊时期的人们十分重视体育,他们刻苦锻炼身体,认为,练就一个灵巧、健美的身体,在竞赛中炫耀裸体,夺取桂冠,那简直是人生最大的幸福。……至于祭祀神明,无非是向神展露最美的裸体,与神狂欢豪饮。②人们在通过体育锻炼追求健康基础上,还进一步追求健美,让健康的身体成为美的形象。

美育中必不可少的内容是传授关于美本质的知识。2000多年来,有一些美学家重视美的客观性,从事物的客观属性中寻找美的本质,如亚里士多德认为,美的最高形式是秩序、匀称和确定性。③斯多噶学派专门就身体美提出,形体美在于很匀称的各个部分,在于美丽的肤色和发达的肌体。④从这个角度说,大学美育可以引导大学生通过体育运动塑造自身和谐、匀称的形体,实现由单纯的健康进而到健美的目的,这即是以美塑形。

对人而言,美有内外之分。孔子曰:"质胜文则野,文胜质则史。文质彬彬,然后君子。"(《论语·雍也》)⑤屈原曰:"纷吾既有此内美兮,又重之以修能。"(《离骚经》)⑥人们应追求内外兼修、表里如一之人格美。这告诉运动员,健康、健美的形体、身姿仅仅是"文""修能"(即修态),除此以外,还需要"质""内美"的培养。这也是体育更深层次目的——体育精神的养成与显现。体育精神是体育运动者的个人文化、道德品质、价值观念、审美趣味等的结合体,是他们内美的彰显。例如,赛场上的运动员遵守规则,尊重裁判、对手和观众,具有良好的团队合作精神,以高超的体育技能、灵活矫健的身姿赢得了比赛,那么,这就应该视作对内外合一之美的恰当诠释。

---

① 司马迁.史记:第10册[M].北京:中华书局,1959:3292.
② 叶朗.现代美学体系[M].北京:北京大学出版社,1999:43.
③ 亚里士多德.形而上学[M]//苗力田.亚里士多德全集:第7卷.北京:中国人民大学出版社,2016:296.
④ 转引自[波]沃拉德斯拉维·塔塔科维兹.古代美学[M].杨力,耿幼壮,龚见明,高潮,译.北京:中国社会科学出版社,1990:255.
⑤ 何晏,注.邢昺,疏.论语注疏[M]//阮元,校刻.十三经注疏:下册.北京:中华书局,1980:2479.
⑥ 王逸.楚辞章句[M].上海:上海古籍出版社,2017:2.

可以说,美育能够促进体育,引导大学生在掌握相关美学知识基础上,追求健康、健美,最终养成内外兼修的人格美。

(四)以美促劳

马克思主义哲学本质上是以实践为本体的哲学,实践美学也以实践为探讨美和艺术问题的逻辑起点。实践有狭义和广义之分。狭义的实践指以物质手段改造自然,处理人的吃穿住行等实际生存问题的物质生产活动,这种生产活动是以使用工具和制造工具为核心和标志的[1]。广义的实践,除物质生产外,还包含在它基础上逐渐衍生出的精神生产实践和话语生产实践。[2]还有学者进一步拓宽了广义实践的概念,认为,"实践"应是人的各种有意识活动的总和,既包含物质生产与劳动,也包括精神生产与劳动;既包括物质性的工具实践,又包括行为性的伦理实践,还包括精神性的审美实践;如此等等。……因此,实践本体论中的"实践",如果用一种较通俗的说法——"人生实践"——来代替,也许更恰当些。[3]狭义的实践——以使用和制造工具为核心和特征的物质生产活动,就是劳动。

显然,劳动的意义并不限于进行物质生产。大约在700万年前,由于种种自然环境变化的原因,出现了已获得直立行走能力的灵长类动物[4],他们是人类最早的祖先。直立意味着双手的解放,双手不再像脚一样用于行走,这为双手学会使用和制造工具奠定了基础。就在双手使用和制造工具以及改造自然的实践过程中,大脑不断对双手发出指令,双手向大脑回馈信息,大脑与双手双向互动、共同进化,逐步使猿的脑进化为人的脑,并且不断推动生产力的发展。这也促使原始人之间需要更加密切的合作,这些正在形成中的人,已经到了彼此间有些什么非说不可的地步了[5]。他们的口腔结构、发声器官因这样的需要而进化,语言便随之产生。可以说,劳动,即物质生产实践,在"人"成为人的过程中发挥着决定性作用,劳动创造了人的双手,劳动创造了人的大脑,劳动创造了人本身[6],劳动是人同其他动物的最后的本质的区别[7]。人通过劳动改造外在自然的同时,也改造了人自身的内在自然,

---

[1] 李泽厚.批判哲学的批判:康德述评[M].北京:生活·读书·新知三联书店,2007:73.
[2] 张玉能.新实践美学论[M].北京:人民出版社,2007:19-28.
[3] 朱立元.发展和建设实践本体论美学[J].广西师范大学学报(哲学社会科学版),2001(1):1-3.
[4] 伦默莱.人之初——人类的史前史、进化与文化[M].李国强,译.北京:商务印书馆,2021:162.
[5] 恩格斯.劳动在从猿到人转变过程中的作用[C]//马克思恩格斯选集:第3卷.北京:人民出版社,1972:511.
[6] 恩格斯.劳动在从猿到人转变过程中的作用[C]//马克思恩格斯选集:第3卷.北京:人民出版社,1972:508.
[7] 恩格斯.劳动在从猿到人转变过程中的作用[C]//马克思恩格斯选集:第3卷.北京:人民出版社,1972:517.

塑造了脱离动物性的人性,让动物性的感官进化为人的感官,即不只是关注事物对人的物质需求的满足,还开始追求超越物质需求的精神需求。人的耳朵和眼睛成为有音乐感的耳朵、能感受形式美的眼睛[1],人的双手才能仿佛凭着魔力似的产生了拉斐尔的绘画、托尔瓦德森的雕刻以及帕克尼尼的音乐[2]。马克思曾说过,我在我的生产中物化了我的个性和我的个性的特点,因此我既在活动时享受了个人的生命表现,又在对产品的直观中由于认识到我的个性是物质的,可以直观地感知的因而是毫无疑问的权力而感受到个人的乐趣。[3]作为物质生产实践的劳动,就是人的个性及个性特点物化或对象化的过程,是人的生命表现。人在可直观感知的劳动产品中感到乐趣,而这种乐趣不是由于产品满足了人的欲望或物质需要,它是源自于人的本质力量的对象化。所以,从产品中获得的乐趣应该是一种审美愉悦,劳动产品此时可成为劳动者的审美对象,劳动过程是人的本质力量对象化的过程,不仅"劳动产生了美"[4],劳动本身就是美。

劳动教育是让受教者树立劳动光荣、伟大、崇高的观念,使之热爱劳动,培养勤俭、奋斗、创新、奉献的劳动精神,具备满足生存需要的基本劳动能力的教育。美育的功能之一是让人理解美、认识美,自觉追求美。而劳动创造美,劳动本身就是美,所以美育自然促使人热爱劳动。劳动使人脱离动物,使人成为社会的人、审美的人进而进行审美创作,劳动或实践是人的存在、审美、艺术的基础。明白这一道理,劳动的伟大、光荣、崇高自然显现,因为只有人才劳动。当然,作为美育的重要实施途径之一的艺术欣赏,可让受教者深入感知劳动精神。例如,电影《北大荒》(李文歧执导,2009年上映)通过一位上海女孩的视角,再现了20世纪50年代至60年代十万官兵在北大荒艰苦创业的事迹。他们为了改变这片荒芜的土地,不畏艰险,勇往直前,将生命融入了这片土地,最终使北大荒变成了北大仓,凝结成了可歌可泣的北大荒精神。这正是一种奋斗、奉献、崇高的劳动精神。在美学领域中,劳动精神其实是人格美、社会美的重要来源与具体体现。美育通过艺术欣赏,将劳动精神落实于具体生动的艺术形象上,深入受教者的心灵,让他们感受到劳动精神就是美,从而热爱劳动,以劳动为光荣、伟大和崇高。

审美教育除通过艺术美的欣赏外,还可通过欣赏自然美的途径来实施。而美

---

[1] 马克思.1844年经济学哲学手稿[M].中共中央马克思恩格斯列宁斯大林著作编译局,译.北京:人民出版社,2000:87.

[2] 恩格斯.劳动在从猿到人转变过程中的作用[C]//马克思恩格斯选集:第3卷.北京:人民出版社,1972:510.

[3] 马克思.1844年经济学哲学手稿[M].中共中央马克思恩格斯列宁斯大林著作编译局,译.北京:人民出版社,2000:184.

[4] 马克思.1844年经济学哲学手稿[M].中共中央马克思恩格斯列宁斯大林著作编译局,译.北京:人民出版社,2000:54.

育不仅要让人具体感受自然美,还要使人明白自然为什么美。在人无力改造自然、科学认识自然以及掌握自然规律之时,人不能支配自然而是自然支配人。那时,自然不仅不美,不是人的审美对象,还是压迫、威胁人的对象。劳动是人通过使用和制造工具改造自然,掌握自然规律,满足人的主观目的,使与人对立的自然成为人化的自然界[①]。而人化的自然才可能成为人的审美对象,即美。《中庸》曰:"诚者,非自成己而已也,所以成物也。成己,仁也。成物,知也。性之德也,合外内之道也。"[②]"成物"与"成己"是同时进行和实现的。人在劳动中改造外在自然的同时,也改造着自己的内在自然,让自己的感官超越动物性而获得审美能力,成为审美的感官。另外,随着人不断地改造外在自然,生产力不断进步,物质资料也丰富起来,人于是萌生出对更高需要的追求,审美需要正包孕其中。人要具有审美感官、审美需求,自然要人化,自然美才能生成。而这一切的基础都是人的物质生产实践,即劳动。

要言之,劳动创造美,劳动本身美,劳动创造人本身,使人具有审美感官,形成了更高的精神需求,使美的类型更加丰富。美育让人爱美、爱劳动,使人能够深入体会劳动的伟大、光荣与崇高。

本章小结

本章的主要知识点是美育的基本概念:一方面作为一种特殊的教育手段,美育通过生动、具体、形象的方式潜移默化地促进其他教育的实施与实现;另一方面作为一种有特殊目的的教育,美育旨在提升人的审美素养和人文素养,实现人生的审美化、审美的人生化,促成人的全面发展,从而走向自由。美育具有愉悦性、形象性与渐进性的特点,在教育体系中处于十分重要的基础地位。美育能够发挥以美储善、以美启真、以美促形与以美促劳的作用,实现人的全面发展。

推荐阅读

1. 马克思.1844年经济学哲学手稿[M].北京:人民出版社,2000.
2. 冯友兰.贞元六书[M].上海:中华书局,2014.

[①] 马克思.1844年经济学哲学手稿[M].中共中央马克思恩格斯列宁斯大林著作编译局,译.北京:人民出版社,2000:87.
[②] 郑玄,注.孔颖达,疏.礼记正义[M]//阮元,校刻.十三经注疏:下册.北京:中华书局,1980:1633.

本章自测

1.填空题

(1)提出"净化"理论的古希腊哲学家是(　　　　　)。

(2)亚里士多德提出应当有一种教育既不立足于实用也不立足于必需,而是为了(　　　　　)。

(3)首次提出"审美教育"这一概念的是德国学者(　　　　　)。

(4)提出"里仁为美"的先秦哲学家是(　　　　　)。

(5)王国维认为在小学开展音乐教育的目的是(　　　　　)(　　　　　)(　　　　　)。

(6)被誉为我国近代以来的"美育之父"是(　　　　　)。

2.简答题

(1)审美教育的基本概念是什么?

(2)怎样理解席勒美育思想中的"游戏"?

(3)怎样理解马克思主义美学与美育的基本范畴"实践"?

3.论述题

(1)审美教育具有哪些特征?

(2)"劳动产生了美"的主要内涵是什么?

(3)美育如何促进人的全面发展?